電子電路創意專題實作

含 SDGs 永續發展目標與 ESG

林明德・葉忠福・WonDerSun　編著

[序 PREFACE]

理論與實務的結合
專題實作課程最佳教材
—— 專題實作企劃小組

　　新課綱強調「核心素養」導向教學，主要內涵為「三大面向、九大項目」，因此本書的設計，跳脫傳統以知識內容導向，強調知識與情境脈絡之間的連結，建立學習意義，以助學習者將所學應用到專題實作情境中。

　　第一篇〈專題理論與創意開發〉共有 7 個單元，通論的部分以「PIPE-A」架構為基礎，建立專題實作實施流程模組；接下來在創意訓練的課程中，強調學生參與和主動學習，以運用與強化創意與創新等相關能力。

　　第二篇中，作者精心規劃了「自動導向式太陽能集熱板」、「浴室輔助控制裝置」、「省電充電插座」、「電烙鐵輔助控制裝置」、「乙級電腦硬體檢修卡輔助測試裝置」等 5 個主題。皆以基礎零件為出發點進行構想與設計，旨在引導學生產出兼具創新性與實用性的專題研究成果。內容編排上特別注重知識傳遞的易讀性，更引導讀者從構思到實作，不僅強化學習深度，更突顯「做中學」的實用特色。

　　第三篇為本書各章節的學後習題的參考答案，特別是在活動學習單的部分，作者提供課堂上學生的成果報告，相信從實作的發想與討論中，更能啟發同學們創意思考，訓練動手解決問題的能力。

　　本書從專題實作的基礎論論談起，提供 PIPE-A 架構，趣味的內容與題目設計，讓學生有機會去覺察問題、提出想法、使用策略與解決問題，創意思考與創造力因而得到系統性的訓練，最後應用在實際的操作上，不僅落實核心素養的內涵，並展現了專題實作的學習成果。

PIPE-A：專題實作模組架構

專題實作的第一步

—— WonDerSun

　　這是一本針對專題實作課程所精心撰寫的書，結合專題實作所需的理論基礎與各層面的呈現技巧。希望藉由書中的內容，對專題實作的課程提供一個明確且完整的架構，讓學生能充分瞭解專題實作學習的目標與精神，並提供學生在專題實作課程中所需的重要參考內容。

　　本書提出 PIPE-A 專題實作實施流程架構，並以此架構為基礎，建立目標明確的模組，透過這些模組緊密地連接，形成專題實作所需的完整流程，學生只需按部就班，一步步完成每一個模組的內容，必定可以順利完成專題，並且呈現完美的成果。

　　希望藉由本書的架構與內容，對於專題實作相關課程及領域，貢獻一己棉薄之力，也期盼各位先進不吝指教，讓本書更臻完善。

從動手實作中展現創新應變能力
落實核心素養自主行動內涵

國立臺灣大學 新能源研究中心 葉忠福

　　108課綱以「核心素養」作為課程發展的主軸，為落實課綱的理念與目標，及兼顧各教育階段間的連貫和各領域科目間的統整，成就每一個孩子「適性揚才、終身學習」為願景，以學生為學習之主體，成為具有社會適應力與應變力的終身學習者。核心素養旨在培養以人為本的「終身學習者」，回應其基本理念（自發、互動、共好）。核心素養的內涵分為三大面向：「自主行動」、「溝通互動」、「社會參與」，由此三大面向，再向下細分發展為九大項目，這也就是通稱的核心素養之「三面九項」。

　　本專題實作教材，為專門設計提供給前述「自主行動」面向之下的「系統思考與解決問題」與「規劃執行與創新應變」這二項目學習教材之用。讓學生具備108課綱所強調：「素養」是與生活情境有緊密連結及互動關係的能力。

　　本教材對於學生自我創造力及解決問題能力訓練，能有顯著效果。本書擁有「直覺力」及「創造力」自我測試題目設計，可在趣味中學習；並教導學生如何「激發創意」、「發明創作」與「智權保護」，並加入最新「創客運動」及「群眾募資」等，運作模式的教學資料，使學生學習到許多高實用性的技能。

　　本專題實作教材的特色，在於透過有系統的學習，讓學生先習得具備「通識性」職能之「創意思考與創造力訓練」的方法後，再配合本教材中具「專業性」的專題實作範例，實際應用和動手實作。將具有「創意思考及解決問題」特質之「創新應變能力」獲得啟發，並經由動手實作將成果展現出來。讓「自主行動」面向中的內涵精神，真正以學生個人為學習的主體，進行系統思考以解決問題！並得以落實讓學生具備「創造力與行動力」之教育目的。

推薦序

本書作者林明德老師自民國 73 年任教本校，表現高度敬業與教育熱忱，已培育出無數菁英學子，長期用心指導學生參與全國中小學科展競賽，屢得優勝佳績並獲教育部頒獎肯定，積極傳承專業技術輔導學生參與乙級證照考試，奠定學生預備升學準備與就業能力，更於執教期間通過「甲級數位電子」、「乙級視聽電子」、「乙級工業電子」、「乙級儀表電子」等技術證照檢定，用心嘗試自我實踐與創新研究，先後榮獲「室內網球訓練輔助系統」、「新型數位化語音相框」、「居家安全警報裝置」、「微控式交流電源插座」、「智慧型生活化撲滿」、「可程式上下限數位脈搏計」、「自動導向式太陽能集熱裝置」、「新型桌上型打孔裝置」等多項國家專利證書，更於民國 89、89 年參與全國創新展覽會，榮獲教師組第二名、第三名佳績。林老師於專業技術與教學工作的傑出表現，獲得本校全體師生一致肯定，經學校力薦參與「中華民國第五屆十大傑出技術楷模」甄選，榮獲電機電子類唯一當選代表，個人對林老師的傑出成就深感佩服。

工職學校實施專題製作課程教學，長久以來只存在課綱而缺課程發展標準，導致教材資源明顯欠缺，以致於學校教師大多必須經過漫長摸索與嘗試之後，才能開啟實施專題製作教學課程，因而普遍無法彰顯此課程之教學成果，減低學生用心思考、與人分享解決問題的機會。此時，本書作者累積多年職教經驗與豐富創新研究的成果，對於專題製作理論、研究方法、分析、作品包裝與成果論述等重要歷程，加以舉出五例，具有專業性亦符合生活化需求，係工職學校實施專題製作課程的優選教材，也很適合興趣於電子電機資訊專業人士進階研究，特此推薦。

王志誠

復興商工校長

推薦序

此書作者林明德老師就讀國立台北科技大學技職研究所期間，專心於「我國工職學校專題製作課程實施創新教學對學生創造力影響」之論文研究，加以其個人累積長期專題製作課程教學之經驗，對如何啟發學生進行專題製作有深入研究，彙整個人在電子資訊領域專業應用研究，與擔任專題製作課程教學之經驗，用心著作「專題製作—電子電路篇」一書，個人仔細閱讀之後，發掘內容包括專題製作基礎理論、專題製作方法、相關專題文獻研究、專題製作的流程規畫等實施歷程，又以符合生活應用和淺顯易懂之實例詳實說明，對指引嘗試規劃研究專題發展之讀者很有幫助，係提供老師教授專題製作課程之優選參考教材。

「專題製作」已於 96 學年度經教育部納入各級工職學校必修課程，實施專題製作研究過程，正可訓練學習者如何正確思考產出創新構想，對提升解決問題之能力與熟悉正確學習很有幫助；本書作者將專業知識融入生活之方式，深入淺出呈現實踐專題製作之發展過程，能有效實踐專業領域之技術創作，更累積多年執教與創新研究經驗完成著作，啟發學生實踐專題製作與不吝分享學習的用心令人佩服，相信此書對於工職學校學生或技專院校學生進階研究專題製作很有助益，值得大力推薦。

國立台北科技大學技術及職業教育研究所所長

作者序

一、本書係遵照教育部公布之電機與電子群「專題實作」課程綱要編輯而成。

二、本書係針對電子、電機、資訊領域的學生，以及對電子電路專題實作有興趣之人士撰寫。

三、本書內容主要係針對專題實作基本通論、發展分組與撰寫計畫書、專題研究歷程、作品整合與詮釋作品等基礎理論內容，舉實例詳細說明，讓讀者熟悉規劃專題研究，有效豐富專題研究與製作之成果，進而提增正確解決問題之能力。

四、本書精心設計「自動導向式太陽能集熱板」、「浴室輔助控制裝置」、「省電充電插座」、「電烙鐵輔助控制裝置」、「乙級電腦硬體檢修卡輔助測試裝置」等五個主題，運用基礎零件進行構想設計，以產出具有創新性與實用性作品之專題研究，每一主題申論之內容力求淺顯易懂以加深學習效果。

五、本書作者從事技術高中專業課程教學多年，感受學生對電子、電機或資訊實務操作能力普遍不足，又如何因應實施專題實作課程存在諸多難題，所以希望本書能夠幫助讀者提升專題製作的基本學識，增進實作專題的正確觀念與實務操作能力。

六、本書編輯過程力求嚴謹，然而疏漏之處難免，敬請教學先進及讀者能惠予指正，不勝感激。

林明德

[目錄 CONTENTS]

第一篇　專題理論與創意開發

第 1 章　專題通論
- 1-1　專題實作的意義　1-2
- 1-2　專題實作的目的　1-4
- 1-3　專題實作流程　1-6
- 學後習題　1-7

第 2 章　創意思考訓練
- 2-1　設備教具與學習步驟　1-10
- 2-2　學習單：「直覺力」的自我測驗　1-13
- 2-3　創造性思考訓練的意涵　1-15
- 2-4　思考方式的二元論　1-19
- 2-5　創意的產生與技法體系　1-22
- 學後習題　1-24

第 3 章　團體創意訓練
- 3-1　腦力激盪創意技法概要　1-26
- 3-2　腦力激盪與團體創意思考　1-27
- 3-3　其他創意技法簡述　1-29
- 3-4　團體腦力激盪：案例解說示範　1-31
- 學後習題　1-33

第 4 章　創造力訓練
- 4-1　學習單：「創造力」的自我測驗　1-36
- 4-2　創造力的迷思及表現之完整過程　1-39
- 4-3　創造力的殺手與如何培養創造力　1-41
- 4-4　台灣奇蹟：創意好發明行銷全世界　1-45
- 學後習題　1-49

第 5 章　創新發明訓練

　5-1　發明來自於需求　　　　　　　　　　　　　　　　1-52
　5-2　商品創意的產生及訣竅　　　　　　　　　　　　　1-54
　5-3　創新發明的原理及流程　　　　　　　　　　　　　1-56
　5-4　創新機會的主要來源　　　　　　　　　　　　　　1-58
　學後習題　　　　　　　　　　　　　　　　　　　　　　1-62

第 6 章　智慧財產保護

　6-1　如何避免重複發明？　　　　　　　　　　　　　　1-64
　6-2　認識專利　　　　　　　　　　　　　　　　　　　1-67
　6-3　專利分類　　　　　　　　　　　　　　　　　　　1-69
　6-2　專利申請之要件　　　　　　　　　　　　　　　　1-74
　學後習題　　　　　　　　　　　　　　　　　　　　　　1-78

第 7 章　創客運動與群眾募資

　7-1　什麼是創客運動與創客空間？　　　　　　　　　　1-80
　7-2　創客運動的發展　　　　　　　　　　　　　　　　1-82
　7-3　什麼是群眾募資？　　　　　　　　　　　　　　　1-85
　7-4　群眾募資平台的發展　　　　　　　　　　　　　　1-88
　學後習題　　　　　　　　　　　　　　　　　　　　　　1-94

第二篇　專題實作篇

第 1 題　自動導向式太陽能集熱板

　封　面
　摘　要
　目　錄
　圖目次
　表目次
　第 1 章　緒　論　　　　　　　　　　　　　　　　　　2-1.1
　第 2 章　理論研究　　　　　　　　　　　　　　　　　2-1.3
　第 3 章　研究設計與實施　　　　　　　　　　　　　　2-1.11
　第 4 章　研究成果　　　　　　　　　　　　　　　　　2-1.16
　第 5 章　結論與建議　　　　　　　　　　　　　　　　2-1.20
　參考文獻　　　　　　　　　　　　　　　　　　　　　　2-1.22
　附錄　　　　　　　　　　　　　　　　　　　　　　　　2-1.23

第 2 題　浴室輔助控制裝置

封　面
摘　要
目　錄
圖目次
表目次
第 1 章　緒　論 … 2-2.1
第 2 章　理論研究 … 2-2.2
第 3 章　研究設計與實施 … 2-2.9
第 4 章　研究成果 … 2-2.11
第 5 章　結論與建議 … 2-2.13
參考文獻 … 2-2.14
附錄 … 2-2.15

第 3 題　省電充電插座

封　面
摘　要
目　錄
圖目次
第 1 章　緒　論 … 2-3.1
第 2 章　理論研究 … 2-3.2
第 3 章　研究設計與實施 … 2-3.9
第 4 章　研究成果 … 2-3.12
第 5 章　結論與建議 … 2-3.15
參考文獻 … 2-3.16
附錄 … 2-3.17

第 4 題　電烙鐵輔助控制裝置

封　面
摘　要
目　錄
圖目次
第 1 章　緒　論 … 2-4.1
第 2 章　理論研究 … 2-4.3
第 3 章　研究設計與實施 … 2-4.8
第 4 章　研究成果 … 2-4.11
第 5 章　結論與建議 … 2-4.13
參考文獻 … 2-4.14
附錄 … 2-4.15

第 5 題　乙級電腦硬體檢修卡輔助測試裝置

封　面	
摘　要	
目　錄	
圖目次	
表目次	
第 1 章　緒　論	2-5.1
第 2 章　理論研究	2-5.2
第 3 章　研究設計與實施	2-5.10
第 4 章　研究成果	2-5.14
第 5 章　結論與建議	2-5.22
參考文獻	2-5.23
附錄	2-5.24

第三篇　錦囊篇

學後習題參考答案	3-2

附錄　升學篇

1. 考招分離與多元入學	附 2
2. 學習歷程檔案	附 12

附錄　建構理解 SDGs 與 ESG 的系統性思考篇

1. 掌握 SDGs 與 ESG 的核心概念	附 26
2. 永續主題的選定與系統性思考方法	附 28
3. SDGs17 目標與 169 項細則	附 32

[第一篇]
專題理論與創意開發

1 專題通論

1-1 專題實作的意義
1-2 專題實作的目的
1-3 專題實作流程

　　面對知識爆炸的時代，各個學科領域不斷地發展並延伸出許多新的知識，而在傳統的學校教學中，老師在課堂上進行單向講授教學的方式，勢必會無法因應這樣知識快速變化的時代，並且滿足學生在學習上的需求。專題實作課程實施過程中，除了提升學生的專業知識外，同時訓練學生具有統整知識與解決問題的能力，才能具備面對與適應未來變化快速的工作環境。

1-1 ▶ 專題實作的意義

專題導向學習（Project Base Learning，PBL）的學習方式蘊含了 John Dewey 的教育哲學，強調以學生為中心與活動為主的教學方式。2004 年在 Barak 與 Dori 的研究中更具體提出，專題導向學習不僅能提供學生團隊合作與問題解決的機制，讓學生在學習的過程中，培養溝通、管理、創造等技巧，更能透過專題實作來提升學生解決問題的能力。

基於專題導向學習的觀念與理論設計的專題實作課程，定義為「讓學生能整合知識，並透過團隊合作方式進行學習，以提升問題解決能力」的一門科目。希望學生能應用所學的專業知識與理論，透過訂定主題、蒐集資料，進行實驗、測試、實地訪查、問卷調查、統計分析與製作等過程，完成預設的工作目標。這種實務性的課程實施，將會提升學生蒐集與統整資料的能力，並藉著專題實作，讓學生貼近與產業界的距離。

專題實作課程採取開放式問題，由學習者主導學習活動，提高學習動機。透過小組（通常 2～4 人）合作模式，學生可藉由分工與討論等方式達成目標，不但能增進表達協調能力，也訓練學生負責任的態度。老師處於指導者的位置，有別於傳統單向教學，學習活動可以是雙向的。

John Dewey（1859–1952），常翻成「杜威」，著名教育家、哲學家。

專題實作課程的特色有以下幾點：

1. 學習者主動

老師轉換為「指導協調」的角色，學習者由傳統被動學習轉為主動。由學習者主動設定研究主題、主動蒐集與學習相關資料、主動完成專題成品等。

2. 團隊合作

透過小組合作的方式，完成專題目標，學生除了學會分工、合作、討論、協調等團隊合作的能力外，也會經歷包容、關懷等心境，學習聆聽、腦力激盪的歸納概括能力等。

3. 做中學

利用所學理論基礎，實際動手實現設定的研究主題，直到完成。除了理論與實務的結合之外，也能較貼近產業界的脈動。

4. 問題解決

從發現問題、尋求解答，到問題解決，是實務工作中最需要的能力，專題實作過程提供完整解決問題的訓練。建議老師不要在問題發生的第一時間，立即給予學生答案與解決對策，應給予學習者學習空間。

5. 歷程學習

專題實作課程的實施，不侷限在課堂上，老師不僅要定期瞭解學生進度，評量專題報告與成品外，更應重視專題實施過程，要求學生記錄學習歷程，透過專題實施過程，反饋與省思，讓學習更扎實。

1-2 ▶ 專題實作的目的

專題學習的目的是期望學生以專題導向學習為基礎，並透過團隊合作的方式，培養學習者獨立思考與解決問題，訓練學習者在目前的知識基礎上，透過尋找問題、設定問題、蒐集資料、應用資訊，以達到解決問題為目的，學習者經歷建立假設、嘗試錯誤等過程，進行更有意義的學習。概括來說，專題實作課程的目的為提升學習者以下的能力。

一 解決問題的能力

學習者透過開放的學習空間與時間，尋找問題，然後蒐集、分析資料，選定主題進行探究知識的過程。當發生問題時，學習者（或小組）必須獨立思考，尋找解決問題的方法，進而解決問題。不同於傳統紙筆測驗或口頭問答，問題與答案的廣度與深度都加深了，老師也由教授者轉換為指導者，甚至旁觀者。解決問題的過程並可以培養學習者獨立學習、主動學習的學習態度。

二 蒐集資料的能力

網路資料無遠弗屆、不分國籍，我們身處在資訊發達的世代，該如何蒐集、整理這些資料（data），成為我們所需的資訊（information）是非常重要的工作，我們可以透過專題實作一開始時的資料蒐集，學習蒐集資料、過濾可用資料的各種技巧。

三 實務應用的能力

學習者能運用所學的專業知識和技能，與現有的儀器、設備及工具等，整合製作出實物或成品，驗證所學的專業知識，讓學習更貼近產業界的實際狀態。

四 團隊合作的能力

以 2～4 人為小組，在專題實作過程中通力合作，透過溝通、協調、分工、互補的學習過程，培養學習者團隊合作的素養與能力。

五 知識整合與表達能力

透過撰寫專題計畫、專題報告，整合有關專題的相關知識，完整呈現專題實作的過程與結果。另外，期中與期末的口頭報告，也可訓練學習者表達與反覆思考的能力。這種書面報告與口頭報告的能力，也是未來大學，甚至研究所階段，進行較為嚴謹研究時所需具備的能力。

1-3 ▶ 專題實作流程

　　專題實務製作透過理論與實務的結合，進行學習活動。整個專題課程由尋找組員與設定題目開始，撰寫專題的計畫書，並擬定分工與時程表後，大量蒐集相關資料，作為製作過程的參考。再來，可能採用實作、問卷、實驗等方式實施與完成專題目標。最後則需要將專題實作過程與結果撰寫成專題報告，並進行期末口頭報告，以成品、專題報告、口頭報告等供老師評量專題實施成效。另外，也應把握各種機會，參加競賽或研討會等，分享專題成果，爭取榮譽。

　　依據專題實作的過程，我們將專題實作的實施流程區分為準備（Preparation）、實施（Implementation）、呈現（Presentation）、評量（Evaluation）與進階（Advance）等五個階段，簡稱為 PIPE-A，各個階段說明如下。

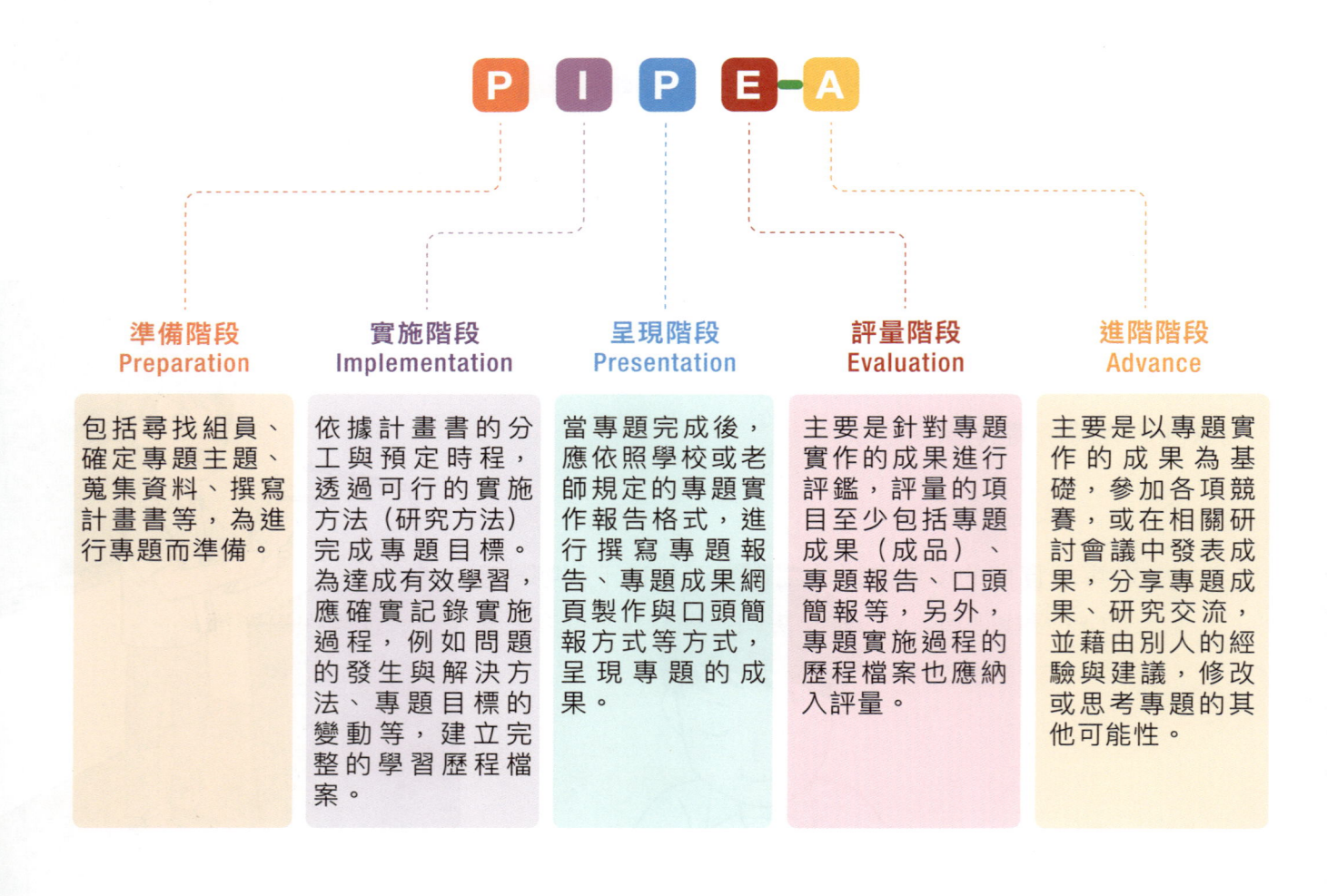

P I P E-A

準備階段 Preparation
包括尋找組員、確定專題主題、蒐集資料、撰寫計畫書等，為進行專題而準備。

實施階段 Implementation
依據計畫書的分工與預定時程，透過可行的實施方法（研究方法）完成專題目標。為達成有效學習，應確實記錄實施過程，例如問題的發生與解決方法、專題目標的變動等，建立完整的學習歷程檔案。

呈現階段 Presentation
當專題完成後，應依照學校或老師規定的專題實作報告格式，進行撰寫專題報告、專題成果網頁製作與口頭簡報方式等方式，呈現專題的成果。

評量階段 Evaluation
主要是針對專題實作的成果進行評鑑，評量的項目至少包括專題成果（成品）、專題報告、口頭簡報等，另外，專題實施過程的歷程檔案也應納入評量。

進階階段 Advance
主要是以專題實作的成果為基礎，參加各項競賽，或在相關研討會議中發表成果，分享專題成果、研究交流，並藉由別人的經驗與建議，修改或思考專題的其他可能性。

學後習題

選擇題

(　　) 1. 關於實施專題實作課程的目的,哪一個是錯的?
(A) 培養學生具有統整知識的能力
(B) 培養學生具有解決問題的能力
(C) 訓練學生獨力工作的能力
(D) 培養學生具備面對與適應未來快速變化的工作環境。

(　　) 2. 「專題導向學習」(Project Base Learning,PBL)具有哪些特點?
(A) 提供學生團隊合作與問題解決的機制
(B) 強調以學生為中心與活動為主的教學活動
(C) 培養學生溝通、管理、創造等技巧
(D) 以上皆是。

(　　) 3. 下列哪一個不是專題實作課程的實施流程之一?
(A) 準備階段　(B) 磨合階段　(C) 評量階段　(D) 呈現階段。

(　　) 4. 下列哪一個不是「專題實作課程」的特色?
(A) 學習者主動　(B) 紙筆測驗學習　(C) 做中學　(D) 團隊合作。

(　　) 5. 專題實作課程無法提升學生何種能力?
(A) 解決問題的能力　　(B) 蒐集資料的能力
(C) 實務應用的實力　　(D) 單打獨鬥的能力。

(　　) 6. 專題實作的準備階段的工作,不包括下列哪一項?
(A) 尋找組員　(B) 確定專題主題　(C) 撰寫計畫書　(D) 製作專題雛形。

(　　) 7. 專題實作的呈現階段的工作,不包括下列哪一項?
(A) 撰寫專題報告　　(B) 參加研討會議
(C) 口頭簡報　　　　(D) 專題成果網頁製作。

(　　) 8. 專題評量的項目通常不包括哪一項?
(A) 專題成品　(B) 專題報告　(C) 口頭報告　(D) 團隊小組會議次數與內容。

(　　) 9. 專題實作完成並實施專題評量後,為何還要有「進階階段」?
(A) 將成果分割給團隊成員　(B) 專題報告或簡報應印製廣告單宣傳　(C) 以目前專題實作成果參加各種競賽或研討會,學術交流　(D) 銷毀成果或報告電子檔,防止他人盜用,侵犯著作權。

(　　) 10. 愈來愈多的課程朝向專題導向式設計,為的是什麼?
(A) 實施專題式課程老師比較輕鬆　(B) 專題式課程具有主動、動手、團隊與問題解決等特性,是一種全方位、革命性的學習　(C) 專題有成果比較容易評分　(D) 專題課程是學習者與老師角色互換,是一種全新的課程理念。

🗨 問答題

1. 請說明專題實作課程的特色。

2. 專題實作課程可以提升學習者哪些能力?

3. 請敘述專題實作 PIPE-A 五階段,並簡述各階段的工作重點。

2 創意思考訓練

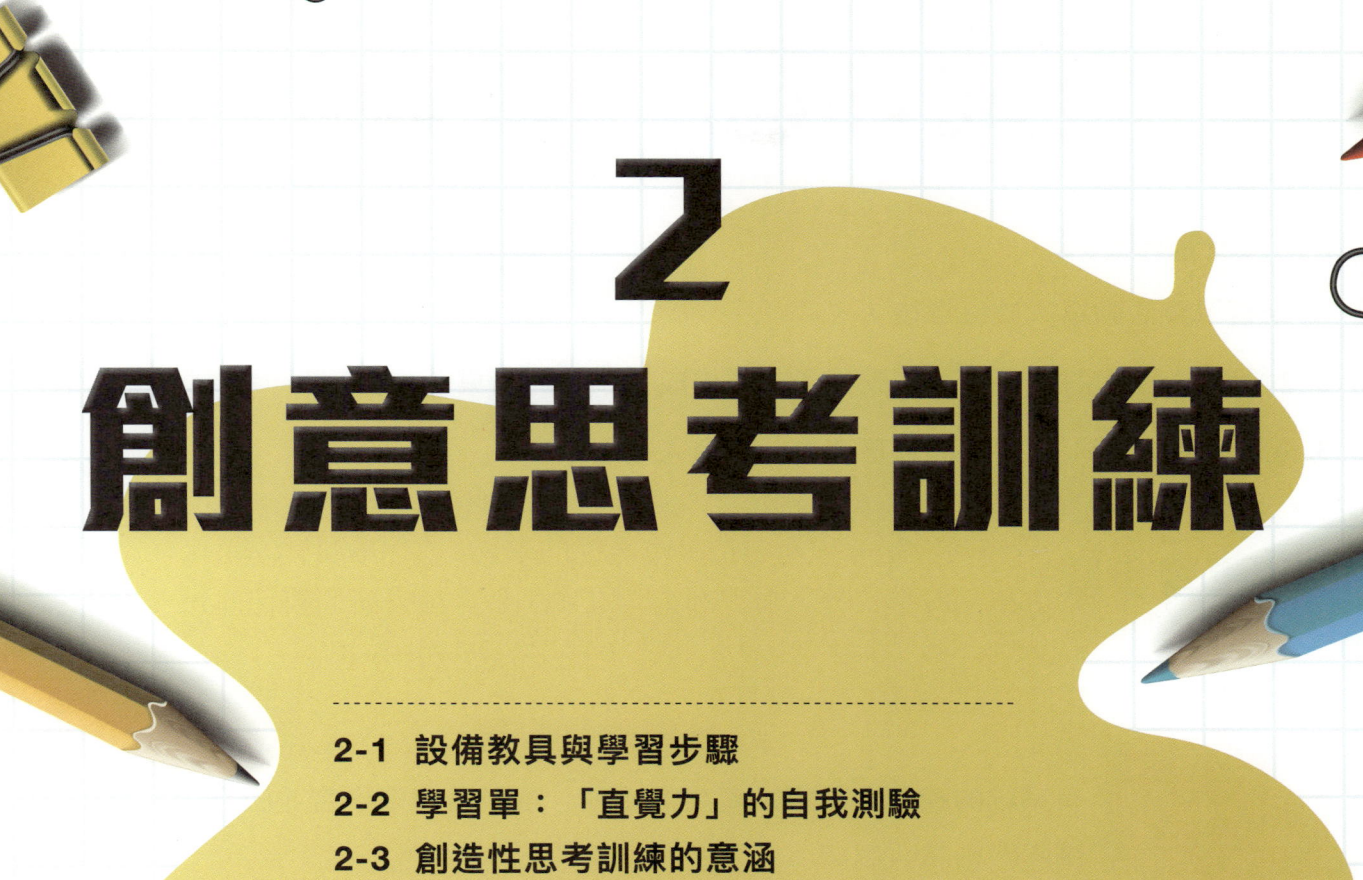

2-1 設備教具與學習步驟
2-2 學習單:「直覺力」的自我測驗
2-3 創造性思考訓練的意涵
2-4 思考方式的二元論
2-5 創意的產生與技法體系

　　「創意」激發,是優質現代人必備的技能,無論在各行業中,想要突破現狀有所「創新」,都需要具有「創意」的新想法,因「創意」是一切「創新」的開端。在現代具系統性的技法中,「創意」激發方法是人人皆可學習的,無論在每天的生活或工作中都能活用創意突破現狀。

2-1 ▶ 設備教具與學習步驟

一 設備教具

1. 學習單及活動單：於每章後。
2. 討論桌：小組討論時，可移動桌子方便構成「小組討論桌」。
3. 可上網的電腦：練習「群眾募資平台」登入之用。

二 學習步驟

步驟 1 創意思考訓練

有系統的瞭解「創意」產生的原理，讓學員有效學習並激發個人及團隊的創意新想法。

🚀 **好玩的地方**

1. 備有「直覺力」自我測驗學習單，讓學員有趣學習，瞭解自我的特質。
2. 在「水平式創意思考練習」之練習單，讓學員可發揮自我的想像力，激發創意思考的能力。

步驟 2 腦力激盪與團體創意訓練

腦力激盪創意技法，是目前在世界上最被廣泛應用的團體創意思考技法，這是從事創意、創新工作者，必定要學會使用的一種技能。

🔧 **實用技能學習**

1. 除了有系統說明「腦力激盪」創意技法的應用原則外，更加入其他實用創意技法概要介紹，提供學員交叉應用的知識。
2. 在「腦力激盪」實作題練習中，讓學員在小組討論的互動過程，學習團隊合作和共同解決問題的能力。

步驟 3

創造力訓練

讓學員真正體會並瞭解「創造力」的創造性思考有別於智商，智商高或會念書的人創造力不一定就表現好。「創造力」的高低取決於好奇心、夢想、問題及需求的察覺等，非智力因數居多。

◤ 靈活練習方式

1. 除了有系統的介紹「創造力」的原理外，更加入「創造力」的自我測驗及「問題觀察紀錄單」等，提供給學員做自我練習。
2. 在「問題觀察紀錄單」的練習中，學員保有對問題點自主決定觀察紀錄練習的靈活性。

步驟 4

創新發明訓練

讓學員學習具有正確創新發明的概念和要領，當面對從新產品設計到消費者使用端，應有的態度和認知。

◌ 實際應用與挑戰

1. 本節讓學員在明瞭創新發明的原理及流程後，就其「創意」產生到「創新」成果，乃至「商品化」實踐所學知識，實際進行「創意提案」練習。
2. 在「創意提案」活動單練習完成後，可進一步輪流上台發表分享，以擴大交流增進學習效果。

步驟 5

智慧財產保護

當一切的創新智慧是具有價值時，對於「智慧財產」的保護就顯得重要。我們必須要有專利方面的基本概念，方能保護自身應有的權益。

💡 進一步地智慧加值

1. 讓學員明瞭創新智慧具有價值，更讓學員具備專利的基本知識。
2. 融入實務「專利檢索」查詢網站連結資訊，避免重複發明及侵權的發生。

步驟 6

創客運動與群眾募資

使學員瞭解最新「創客運動」與「群眾募資」的風潮與運作模式，進而習得因創造力所產出的智慧型資產作品能與市場接軌，以及更加實用的技能及要領。

🛠 創客的未來發展

1. 讓學員明瞭 3D 列印技術的進步及成本降低、網路社群發展成熟及群眾募資平台的興起，都是對創客未來發展很有利的條件。
2. 融入實務「創客競賽」網站連結資訊，鼓勵學員參加競賽，自我挑戰。
3. 在活動單中，融入「群眾募資平台」登入練習，讓學員爾後參與資助他人的募資活動或自己提案募資，皆能運用此平台資源。

2-2 ▶ 學習單:「直覺力」的自我測驗

　　創意的產生需要靠**直覺力**,即東方文化思想中所謂的**直觀**,也就是不細切分析即能整體判斷的一種快速感應(反應)能力。

　　下表有一份小測驗,將可測試您的「直覺力」敏銳強度。測驗很簡單,只要花 5 分鐘的時間,用直覺的方式,回想一下之前的親身體驗,來作為快速自我評分即可。注意不要刻意去揣測如何作答才能得高分。

　　評分方式:每一題分數為 1～10 分(1 分表示有 10% 的準確度,10 分表示有 100% 的準確度機率)。

「直覺力」測試題目

	題　　目	自我評分
1	您在猜拳時贏的機率有多高?	分
2	當身處在一個陌生的地方,您曾依靠直覺找對路的機率有多高?	分
3	以「直覺」下決定而做對了的機率有多高?	分
4	如果您心中有好的預兆,不久,就有好事發生的機率有多高?	分
5	如果您心中有不好的預兆,結果真的有壞事來臨的機率有多高?	分
6	當腦海中浮現好久不見的老友時,卻能在不久之後真的於偶然場合中相遇的機率有多高?	分
7	做夢時的夢境在現實中出現的機率有多高?	分
8	例如,球賽的輸贏、股市大盤的漲跌、候選人是否當選等,預測時事或事件可能的走向準確率有多高?	分
9	新朋友在初識時,對他的第一印象,有關人格及個性方面與後來的差距有多大?	分
10	打牌時,您時常是贏家嗎?	分
11	當電話鈴聲響起時,您是否經常能猜到是誰打來的呢?	分
12	您正想要打電話給某人時,結果對方反而在您撥打之前正好就先打電話給您了,這種情況經常發生嗎?	分
13	您是否經常能正確的感受到周遭人員的情緒?	分
14	您是否經常能正確的感受到寵物或其他動物的情緒?	分
15	您是否經常覺得許多巧合的事,都在您身邊發生了?	分

16	您在做某些決定時,是否經常覺得冥冥之中有一股神祕的力量在指引著您?	分
17	您是否曾在沒有證據的情況下,心中覺得某人在對您說謊,而後來證實您的感覺是對的?	分
18	在抽獎活動時,我感覺自己會中獎,結果自己真的抽中了,這種事情經常發生嗎?	分
19	您是否曾感應過不祥的事將要發生,而決定不做那件事,結果真的逃過一劫?(如飛安事件或交通事故)	分
20	當有人從背後無聲無息靠近時,即使後腦杓沒有長眼睛,憑著感覺,我也常能感受環境的變化,知道有人在身後?	分

直覺敏銳度極強

總分 160 以上

您從小應該就常以直覺來作決定,這種行為也得到不錯的成果,**恭喜您保有人類這項天賦的本能**。但是要注意,**不能凡事全靠直覺,也應適度加入邏輯的判斷**,如此您所做的決策將會更完美。

感覺良好

總分 120~159

直覺平平

總分 80~119

直覺似乎沒有發揮作用

總分 79 以下

您的直覺似乎被隱藏起來了,可能您的成長過程中,對於自我的要求非常嚴格,一切的判斷與決定都是依照理性及邏輯思考而來。**直覺是上天賦予人們的本能之一**,所以您不用擔心,只要多加練習,您必能重啟敏銳的第六感。

一切事物的「創新」,其根源就在於「創意」。

—— 佚名

2-3 ▶ 創造性思考訓練的意涵

　　創造性思考的訓練，是在培養學員如何應用創造性思考激發創造力的潛能，而將它運用於各種環境中，產生出更大的價值來，早在 1938 年，美國通用電氣公司（General Electric Company, GE，又稱奇異），就已創設了訓練員工的創造力相關課程，成果相當卓著。

　　在以往傳統式的教育環境中，大部分人所受到的訓練，都是**注重認知既有事實與知識上，或強調邏輯思考的訓練，而鮮有對創造性思考的啟發與訓練**，在這樣的教育環境中，其結果常是塑造出一大批習慣於**被動接受知識**的人。

　　創造性思考訓練，主要是在於**訓練個體人格上獨立自信的思考模式**，能運用**想像力、創造力**來取得各種**創意**，進而解決面臨的各種問題及創造更新的**前瞻性知識**。

一 創造力導引創新

創造力

亦為創造思考能力,也就是一種創造表現的能力。它的主要關鍵在於「**思考進行的模式**」,而行為所表現出來的結果,可能顯現在發明創新、文學創作、藝術創造、經營管理革新等多方面領域中,具**首創**與**獨特**之性質。

創意

即是「創造出有別於過去的新意念」之意,或可簡單的說,創意包含了**過去所沒有的**及**剛有的新想法**這兩項特質。

創新

指引進新的事物或新的方法,也可說就是「**將知識體現,透過思考活動的綜合、分解、重整、調和過程而敏銳變通,產生具有價值的原創性事物,做出新穎與獨特的表現。**」如新發明、新藝文創作、新服務、新流程等。

創新有別於**創意**,則在於**創新**是「**創意＋具體行動＝成果**」的全部完整過程之實踐;而創意可以從寬認定,只要是任何**新而有用的想法**,而不管是否去實踐它,都算是有了**創意**。

「創意」不等於「創新」;
「創新」是將腦袋裡的「創意概念」
加以具體實踐後所得的結果。
　　　　　　—— 佚名

二 創造性思考是一種能力

因為創造是一種能力，故通常我們會以「**創造力**」一詞來表達而稱之。創造性思考有別於智商，故智商高的人創造力不一定就表現好，依心理學的研究來說，**創造性思考是屬於高層次的認知歷程**，創造的發生始於好奇心、夢想、懶惰（不方便）、問題（困擾、壓力）及需求的察覺，以心智思考活動探索，找出因應的方案，而得到問題的解決與結果的驗證。

創造性思考不可能完全無中生有，必須以**知識和經驗**作為基礎，再加上**正確的思考方法**，才能獲得發展，並可經由有效的訓練而給予增強，經由持續的新奇求變、冒險探索及追根究柢，而表現出**精緻、察覺、敏感、流暢、變通、獨特**之原創特質（如下圖）。

▲ 創造性思考能力之特質發展

三 創造性思考的歷程與階段

心理學家瓦拉斯（G. Wallas）在 1926 年的研究指出，創造是一種「**自萌生意念之前，進而形成概念到實踐驗證的整個歷程**」，在這個歷程中，包括四個階段，在每個階段中的思考模式及人格特質，有其不同的發展，所以**創造**也可說就是一種**思考改變進化的過程**。

▼ 創造歷程的四個階段

階段	特性 思考模式	特性 人格特質	說明
預備期	• 記憶性 • 認知學習	• 專注 • 好奇 • 好學 • 用功	1. 主要在於記憶性及認知的學習，經由個體的學習而獲得知識。 2. 相似於學校、家庭中所進行的學習，重點乃在於**蒐集整理有關的資料，累積知識於大腦中**。 3. 人格上有**好奇**、**好學**等特質。
醞釀期	• 個人化思考 • 獨立性思考	• 智力開發 • 思考自由	1. 將所學習到的知識和經驗儲存於潛意識中，當遇到問題或困難時，即會**將潛意識當中的知識和經驗，以半自覺的型態來作思考**。 2. 運用個人化及獨立性的思考模式，會如夢境般的以片段的、變換的、扭曲的、重新合成等非完整性之形式出現於腦海之中。
開竅期	• 擴散性思考 • 創造性思考	• 喜愛冒險 • 容忍失敗	1. 會因擴散性及創造性思考，使個體及時頓悟，進而有新的發現，覺得突然開竅了，有豁然開朗的體驗，此時就會**產生許多啟示性的概念**。在綜合所得之概念後，即能發展出另一種全新而清晰完整的「新觀念」。就如阿基米德在浴缸中得到利用體積與重量相比的方法，測得不規則物體的密度，頓悟開竅了一樣。 2. 人格上同時具有喜愛冒險與容忍失敗的特質。
驗證期	• 評鑑性思考	• 用智力訓練來導引邏輯結果	1. **將開竅期所獲取之新觀念加以驗證。** 2. 用評鑑性的思考角度來判斷、評估、應用，再將它轉化為一種理論組織與文字語言之說明表達，以得到完善的驗證流程及結果。

創意來自哪裡呢？創意來自有知覺的生活，你要認真去過每一天的生活！

── 台灣廣告界　創意奇才　孫大偉

2-4 ▶ 思考方式的二元論

在大腦思考方式學理的長期發展上，有兩種很重要的思考模式概念，那就是大家所悉知的**思考方式的二元論**，而「二元」所指乃是所謂的「**垂直式思考**」（Vertical Thinking）與「**水平式思考**」（Lateral Thinking）兩者，其特質上的差異如下：

◆ 垂直與水平思考方式之特質差異

	垂直式思考	水平式思考
型態	是一種「**收斂性思考**」或稱「**邏輯性思考**」，思路模式從「問題」出發，依循著各種可確信的線索，而紛紛向解答集中，**更進而推向那唯一的目標或標準的解答。** （圖：箭頭向中心「解答」匯聚）	是一種「**擴散性思考**」或稱「**開放性思考**」，思路模式由「問題」本身出發，而向四面八方輻射擴散出去，能跳脫邏輯性的限制，把原本彼此間無聯繫的事物或構想連結起來，建立新的相關性，並指向**各自不同而多元的可能解答。** （圖：箭頭由中心「問題」向外擴散）
特色	● **理性導向** ● 想找到標準答案 ● 依循固定的模式及程序進行思考 ● 是非對錯分明，而且堅持	● **感性、知覺、直觀導向** ● 樂於挖掘更多的可能解答 ● 無固定的模式及程序，隨興進行思考 ● 會因應環境的變化，而產生合理的是非對錯看法
優缺點	優點： 　　**有助於我們的分析能力及對事物中誤謬性的指出或澄清，以及對問題或解答的評估與判斷**，亦能協助我們處事的條理性。 缺點： 　　難以協助發展較具創見性的新觀點，依賴過度時，則易使人心智僵化或陷於窠臼之中。	優點： 　　**有助於問題解決的多元化思維，提供多種可能的解決方案**，有時雖是天馬行空的想法，但這也是一種別出心裁獨特創見的重要來源。 缺點： 　　若無後續的歸納整理及理性的評量與規劃，則會變成流於空幻。

	垂直式思考	水平式思考
涵蓋面	分析、評估、判斷、比較、對照、檢視、邏輯……	創意、創新、發明、創造、發現、假設、想像、非邏輯……
行為顯現	- **肯學、具耐心** - 喜愛上學 - 易於接受教師的指導 - 按規定行事、服從性高 - 推理性與批判性強	- **好奇、勇於嘗新** - 覺得學校有太多拘束與限制 - 思路複雜，教師指導不易，常是教師眼中的麻煩人物 - 不愛聽命行事、自由意志高、我行我素 - 創意點子多
醫學觀點	**左腦思考**	**右腦思考**
大腦運作層次	「**意識**」層次運作的思考	「**潛意識**」層次運作的思考
比喻	把一個洞精準的挖深，直到找到泉水	再多找其他地方挖洞試試看

二元思考的相輔相成

當有一個問題我們已經想到某一種解答方向，而以垂直式思考，在做進一步的邏輯推演時，有時會遇到無法突破的瓶頸，當無法再用邏輯的方式進行下去時，我們則可改用水平式思考，運用綜合性與直觀性，從另外的角度思考，打破現有框架尋得新的方向。當新的方向已經明確後，我們即可回到垂直式的思考模式，以嚴謹的推理、計算、比較、分析，直到找出最理想的解答。

水平式思考的功能，在於產生新創意點子或新概念，以提供運用者更多的可為選擇。而垂直式思考的功能，則在於以邏輯性來歸納分析，由水平式思考所產生的創意點子或概念的合理性與正確性。所以「垂直式思考」與「水平式思考」兩者的並存與相互的運用（就是所謂：**全腦開發** Whole Brain Development），並沒有任何矛盾之處。

創造力是跳脫已建立的模式，藉以用不同方法看事情。
──心理學家　愛德華・波諾（Edward De Bono）

2-5 ▶ 創意的產生與技法體系

在諸多創意的產生方法中，有屬於「直觀方式」的，也有經使用各種「創意技法」或以「實物調查分析」而得到創意的方案。目前世界上已被開發出來的創意技法超過兩百種以上，諸如腦力激盪法、特性列表法、梅迪奇效應創思法、型態分析法、因果分析法、特性要因圖法、關連圖法、KJ法（親和圖法）、Story（故事法）等，技法非常多，也因各種技法的適用場合不一，技巧性與方法各異，但綜合各類技法的創意產生特質，可將之歸納為**分析型**、**聯想型**和**冥想型**等三大體系。

分析型
根據實物目標題材設定所做的各種「調查分析」技法運用，而後所掌握新需求的創意或解決問題的創意方案等均屬之。

例如：特性列表法、問題編目法、因果分析法、型態分析法等，這是一種應用面非常廣的技法體系。

冥想型
透過心靈的安靜以獲致精神統一，並藉此來建構能使之進行創造的心境，也就是由所謂的「**靈感**」來啟動產生具有新穎性、突破性的創意。

從心理學的角度來看，**靈感是「人的精神與能力在特別充沛和集中的狀態下，所呈現出來的一種複雜而微妙的心理現象」**。

例如：在東方文化中的禪定、瑜伽、超覺靜坐；西方文化中的科學催眠等。

聯想型
透過人的思考聯想，**將不同領域的知識及經驗，做「連結和聯想」**而能產生新的創思、想法、觀念等。

例如：梅迪奇效應創思法、腦力激盪法、相互矛盾法、觀念移植法、語言創思法等，這也是一項最常被應用的技法體系。

▲ 創意技法的三大體系

一個創意的產生，有時可由上述的某個單一體系而產生，有時並非單純的依靠著某個單一體系完成，而是經由這三大體系的多種技法交互作用激盪而產生出來的。

高品質創意的誕生過程

要如何讓天生具有創造力的人提升其創意的獨特性與質量？如何讓較不具創造力的人達到激發創意的效果？這就要靠良好的創造性思考訓練了。

一個「好」創意的誕生需要經過幾個過程：

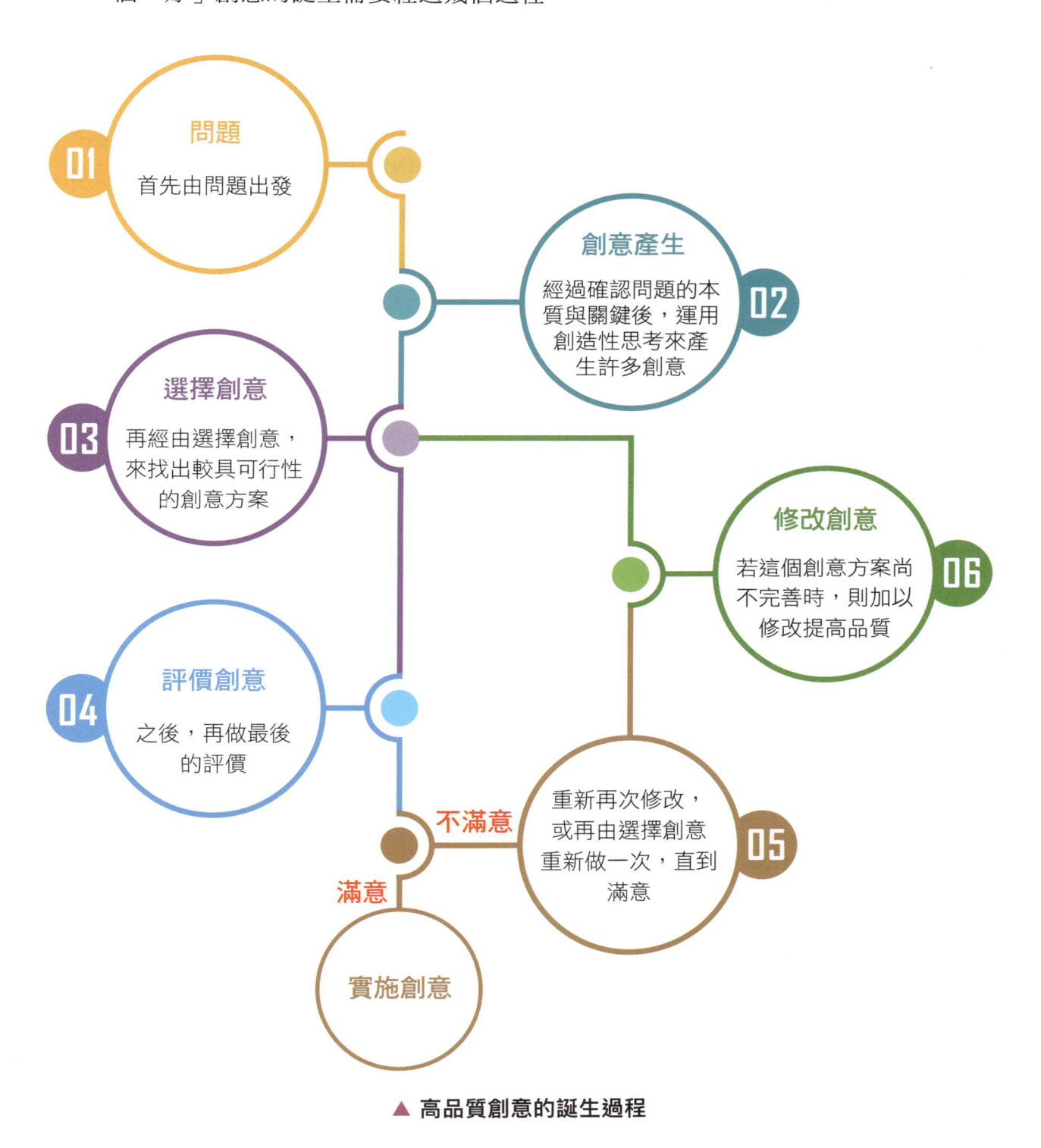

01 問題
首先由問題出發

02 創意產生
經過確認問題的本質與關鍵後，運用創造性思考來產生許多創意

03 選擇創意
再經由選擇創意，來找出較具可行性的創意方案

04 評價創意
之後，再做最後的評價

05 不滿意
重新再次修改，或再由選擇創意重新做一次，直到滿意

06 修改創意
若這個創意方案尚不完善時，則加以修改提高品質

滿意 → 實施創意

▲ 高品質創意的誕生過程

學後習題

水平式創意思考練習：個人練習單

「水平式創意思考」的思考模式是跳躍式的、天馬行空的、聯想的、無拘無束的、無邏輯性的，也許會覺得匪夷所思，這都是無妨的，只要想到就行了！我們可以海闊天空的想像，無須問為什麼會這麼想，也無所謂對與錯，因為這種方式經常能夠產生獨具創意、令人拍案叫絕的新概念，這也就是所謂的「創造性思考」了！

本練習單用「個人練習」的方式進行，其目的在訓練個人的**「獨立思考」**能力，這對日後創意思考能力的提升很重要。以下用「吸管」為例，至少寫出二十種不同的用途。（可參考第三篇參考答案）

一、姓名：
二、物品名稱：吸管
三、至少寫出二十種不同的用途：（愛因斯坦說：想像力比知識更重要）

3
團體創意訓練

3-1 腦力激盪創意技法概要
3-2 腦力激盪與團體創意思考
3-3 其他創意技法簡述
3-4 團體腦力激盪：案例解說示範

目前最被創意家經常應用的團體創意思考技法：**腦力激盪創意技法，是從事創意、創新、創造，必定要學會使用的方法**。另外其他諸如筆記法、大自然啟示法、相互矛盾法等，也都是很好的創意技法和應用工具，相信學習這些具有系統的創意技法後，人人都能成為創意達人。

3-1 ▶ 腦力激盪創意技法概要

目前已被開發出來的兩百多種創意技法中，因各種技法的特質、適用場合、技巧性等各有不同，某些技法有其同質性，亦有某些技法存在著程度不一的差異性，若要細分出來切割明確，實屬不易。以下介紹的是最常用、應用面最廣、易於使用的**腦力激盪創意技法**。

一 腦力激盪法

腦力激盪（Brainstorming）是一種群體創意產生的方法，也是最常被使用的方法。其原理是由美國的奧斯朋（Alex F. Osborn）所發明，應用原則有下列幾項：

1. 聚會人數約五至十人，每次聚會時間約一小時左右。
2. 主題應予以特定、明確化。
3. 主席應掌控進度。
4. 運作機制的四大原則：

    (1) **創意延伸發展與組合**：由一個創意再經組員聯想，而連鎖產生更多的其他創意。

    (2) **不做批判**：對所有提出的創意暫不做任何的批評，並將其再轉化為正面的創意，反面的意見留待以後再說。

    (3) **鼓勵自由討論**：在輕鬆的氣氛中發想對談，不要有思想的拘束，因為在輕鬆的環境中，才有助於發揮其想像力。

    (4) **數量要多**：有愈多的想法愈好，無論這一個創意是否具有價值，總之，數量愈多時，能從中產生有益的新構想之機率就會愈高。

腦力激盪法是基於一種共同的目標信念，透過一個群體成員的互相討論，刺激思考延伸創意，在有組織的運作活動中，激發出更大的想像力和更具價值的創意。

二 腦力激盪的創意發想與延後判斷

要產生大量的創意，然後在眾多的創意構思中，篩選出具有價值、品質高的創意來實施，在這個過程中，「**延後判斷**」是一個相當重要的技巧，**所謂「延後判斷」並不是「不做判斷」，而是指在激發創意的同時先不要急著去批評或判斷這個創意好不好、可不可行？** 因為在此同時去做判斷的動作，就會形成「潑冷水」的負面效果，若是在群體創意激發時，也會阻擾了他人大膽的構想。

三 為什麼需要「延後判斷」？

創意的激發就如在騎腳踏車時，用力的「**向前踩**」，而**批判性的思考和判斷**動作，就像在「**剎車**」一般，這兩種行為是相互排斥而矛盾的，所以不能同時進行，這就是為什麼在從事創意發想時，一定要採用「延後判斷」做法的真意了。

當所有創意構想都提出來之後，此時才是判斷與評價的適當時機，我們在這時候就必須用周延的態度，來全面檢視所有的創意構想，到底哪些才是真正具有價值的。

3-2 腦力激盪與團體創意思考

具有創造性的思考，是要能提出許多不同的想法，而這些想法最後也必須找出具體可行的方法。在這過程中必須先提出「**創意點子**」（Creative Idea），而在眾多創意點子中，經過客觀「**評價**」（Appraise）的程序，找出最具「**可行性**」（Feasibility）的項目去「**執行**」（Execution），即可順利達成目標。

通常人們的習慣是在提出創意點子構思的同時,就會自己先做「自我認知」的評價,在這當中又常會發生自認為這點子太差勁或太幼稚了,根本不可行,提出來會被同組一起討論的人「笑」,所以,東想西想,卻也開不了口,連一個創意點子也沒提出來,其實這是不正確的。若一邊構思創意點子一邊做評價,其結果反而會破壞及壓抑了創造性思考力,正確的做法應該是:

主題
練習時每組成員約五至十位是較恰當的,成員太少激盪出的創意火花會不足;成員太多時練習,則所費時間恐太長

創意點子
- 嚴禁批評或先行判斷
- 氣氛自由奔放
- 創意想法的量要多
- 改善結合,歡迎延伸前例的進一步想法,再思考延伸創意

評價
共同討論各個創意點子的優點、缺點、可行性等,可視主題需要,加入其他項目,如時效性、成本等來做綜合評價

再評價
共同討論各個創意點子的優點、缺點、可行性等,可視主題需要,加入其他項目,如時效性、成本等來做綜合評價

可行性「高」之項目
可用高、中、低,或一至十分,或其他足以區分判斷評價結果的方式

執行
選出可行性「高」者「執行」即可

▲ 腦力激盪之創意產生與評價模式

3-3 ▶ 其他創意技法簡述

一 語言創思法

　　透過語意學的分析應用，迅速形成各種應對之道，這是運用語言的相關性及引申性來進行創意聯想，**此法常用於廣告創意中**。例如日本內衣生產商華歌爾的廣告語詞創意中，使用了「用美麗把女人包起來」的創思語言，以及某廠牌的保肝藥品廣告語：「肝若好人生是彩色，肝若不好人生是黑白的」（台語）。又如，由 NW 愛爾廣告公司為戴比爾斯聯合礦業有限公司製作的「鑽石恆久遠，一顆永流傳」創意廣告一詞，其廣告宣傳成就不凡。

二 筆記法

　　將日常所遇到的問題及解決問題方法的靈感，都隨時逐一的記錄下來，經不斷反覆的思考，沉澱過濾，消除盲點，然後就會很容易「**直覺**」的想到解決問題的靈感，再經仔細推敲找出最可行的方法來執行，透過這種方法可以啟發人們更多的創意，**此法也是愛迪生最常使用的技巧**。

在天才和勤奮之間，我毫不遲疑地選擇勤奮，它幾乎是一切成就的催化劑。

—— 德裔美國科學家　愛因斯坦（Albert Einstein）

三 其他創意技法

| 觀念移植法 | 此法是**把一個領域的觀念移植到另一個領域去應用**，例如人類好賭的天性，從古至今中外皆然，與其這種人性中行為的地下化，倒不如讓它檯面化，所以就有很多的國家政府將此一「人性好賭」的觀念移植到運動彩券、公益彩券的發行做法上，不但滿足了人們好賭的天性，也讓社會福利基金有了大筆的經費來源。 |

| 特性列表法 | 又稱「**創意檢查表法**」，也就是將各種提示予以強制性連結，對於創新產品而言，這是一種周密而嚴謹的方法，它是將現有產品或某一問題的特性，如形狀、構造、成分、參數以表列方式，作為指引和啟發創意的一種方法。 |

| 大自然啟示法 | **透過觀察研究大自然生態如何克服困難解決問題的方法**，創意的產生可以運用這種觀察生態的做法，解開生物界之謎後，並加以仿效，再應用到人類的世界中，例如背包、衣服及鞋子上所使用的魔鬼貼，它的發明就是模仿了刺果的結構。 |

| 相互矛盾法 | 亦稱「**逆向思考法**」，就是將對立矛盾的事物重新構思的方法，有些看似違背邏輯常理或習慣的事重新結合起來，卻能解決問題，鉛筆加上橡皮擦的創意，原本一項是用來寫字的，而另一項卻是擦去字跡的，將它的對立用途結合起來，就能創造出有用的統一體。 |

| 問題編目法 | 也稱「**問題分析法**」或「**調查分析法**」，是以**設計問卷表**的方式，讓消費大眾對他們所關切熟悉的產品或希望未來能上市的新產品，有一些創新性的概念。 |

| 類比創思法 | 以與主題本質相似者作為提示，來進行創意的思考方法。 |

| 時間序列法 | 以時間序列的先後順序進行彙整的方法。 |

| 歸納法 | 以類似資料給予彙整歸納製作出新分類，所進行的創意思考方法。 |

| 因果法 | 以實際因果關係進行彙整的方法。 |

| 機能法 | 以目的及手段之序列進行機能彙整的方法。 |

3-4 團體腦力激盪：案例解說示範

主題：有位學生希望在半年內能換一台新型的筆記型電腦

◆ 團體腦力激盪，創意點子蒐集表

創意成員	想法一	想法二	想法三
第一位	A. 利用假日或晚上到夜市擺攤	B. 到便利商店或速食店打工賺錢	C. 買樂透彩券
第二位	D. 省下零食費	E. 少看電影	F. 和女友約會，盡量約在不花錢的公共、藝文場所
第三位	G. 用銀行現金卡預借	H. 起會，當互助會會頭	I. 向朋友借款
第四位	J. 希望在路上撿到錢	K. 等過年時長輩發紅包（壓歲錢）	L. 請父母親支援費用
第五位	M. 當家教	N. 到民歌餐廳駐唱	O. 做臨時演員

◆ 創意評價表

編號	創意點子	優點	缺點	可行性（高、中、低）評價
A	利用假日或晚上到夜市擺攤	● 利潤不錯 ● 收到現金又免繳稅	● 拋頭露面，遇到同學會不好意思 ● 須躲警察，以防被開罰單	中
B	到便利商店或速食店打工賺錢	● 工作機會多、工作穩定 ● 時薪不錯	● 若輪夜班會比較累	高
C	買樂透彩券	● 可一夕發財	● 須先投注資金 ● 中獎機率不高	低
D	省下零食費	● 少吃零食可省錢又可減肥	● 節省金額不多	低
E	少看電影	● 節省金額較多，但仍不足換機費用	● 少了和朋友或女友聚會的機會	中
F	和女友約會，盡量約在不花錢的公共、藝文場所	● 可表現自己的藝文涵養 ● 完全免費	● 要看女友的個性，或許會覺得太無聊了	中

編號	創意點子	優點	缺點	可行性（高、中、低）評價
G	用銀行現金卡預借	• 馬上可達成換機的目標	• 利息太高 • 還款不易	低
H	起會，當互助會會頭	• 馬上可達成換機的目標	• 有倒會的風險	低
I	向朋友借款	• 馬上可達成換機的目標	• 不好意思開口向人借 • 欠朋友人情	中
J	希望在路上撿到錢	• 完全不用付出任何勞力	• 撿到錢的機率太小了 • 遺失者會回頭來找	低
K	等過年時長輩發紅包（壓歲錢）	• 完全不用付出任何勞力	• 紅包一年才一次，時效性不佳 • 壓歲錢金額多寡難掌控	中
L	請父母親支援費用	• 完全不用付出任何勞力	• 父母經濟狀況不是很好 • 父母親會要求下次考試要一百分	中
M	當家教	• 工作性質很好 • 薪資也很不錯	• 需多複習以前念過的書 • 休閒時間減少了	高
N	到民歌餐廳駐唱	• 收入不錯 • 能結識許多各類型朋友	• 樂器、歌聲等才藝必須很棒才上得了台 • 目前民歌餐廳並不多	低
O	做臨時演員	• 酬勞不錯 • 體驗不同的工作經驗	• 影劇業環境複雜 • 影劇業不景氣，工作機會不多	低

　　由以上練習中，五位成員所提出的創意點子想法，若用心去觀察也可約略瞭解每位成員的個性或價值觀，這是個有趣的現象（例如，第一位為開源型，第二位為節流型，第三位為預支型，第四位為等待型，第五位為才藝型）。

　　由這五位成員所激盪出的十五項創意點子中，經由「創意評價表」的「評價」，而選出最具「可行性」的項目去「執行」。

　　若由「創意評價表」的「評價」中，可行性「高」者有（編號）B與M兩個，則可用這兩個創意點子再做一次「再評價」來選出「最高可行性」者。

☑ 學後習題

分組討論（每組 2～5 人）：腦力激盪學習單

💡 腦力激盪法目的

1. 透過一種不受限制的發想過程，來蒐集眾人的創意點子，進而發展出許多構想。
2. 集思廣益，跨越個人的慣性思考，團體式的討論與激盪，激發大量新想法，量中求質。

💡 腦力激盪法原則

1. 一群人共同運用腦力激盪思考，在短時間內，對某項問題的解決方式，提出大量構想的技巧方法。
2. 目標明確：訂定的主題方向及要解決的問題目標明確。
3. 兩大原理：量中求質、延後判斷。
4. 兩大階段：構想產生階段、構想評價階段。
5. 四項規律：(1) 自由思考應用想像力；(2) 觀念意見愈多愈好；(3) 不可批評，自由輕鬆；(4) 組合改進別人意見。

💡 解決問題或情境敘述（例）

每次在逛觀光夜市時，總是有很多人亂丟垃圾，造成環境髒亂，若你是觀光夜市商圈的主任委員，要如何改善解決此問題呢？

▌註：學員可使用自己想出來的主題來做練習！並請學員在完成後，每組輪流上台發表分享，以擴大群體創意交流，增進學習效果。

組員姓名：1.＿＿＿＿＿＿ 2.＿＿＿＿＿＿ 3.＿＿＿＿＿＿ 4.＿＿＿＿＿＿ 5.＿＿＿＿＿＿

團體腦力激盪，創意點子蒐集表（創意思考練習） （表1.構想產生階段）

成員＼創意	想法一	想法二	想法三
第一位	A	B	C
第二位	D	E	F
第三位	G	H	I
第四位	J	K	L
第五位	M	N	O

主題：如何改善觀光夜市遊客亂丟垃圾問題？

創意評價表 （表2.構想評價階段）

編號	創意點子	優點	缺點	可行性（高、中、低）評價
A				
B				
C				
D				
E				
F				
G				
H				
I				
J				
K				
L				
M				
N				
O				

4 創造力訓練

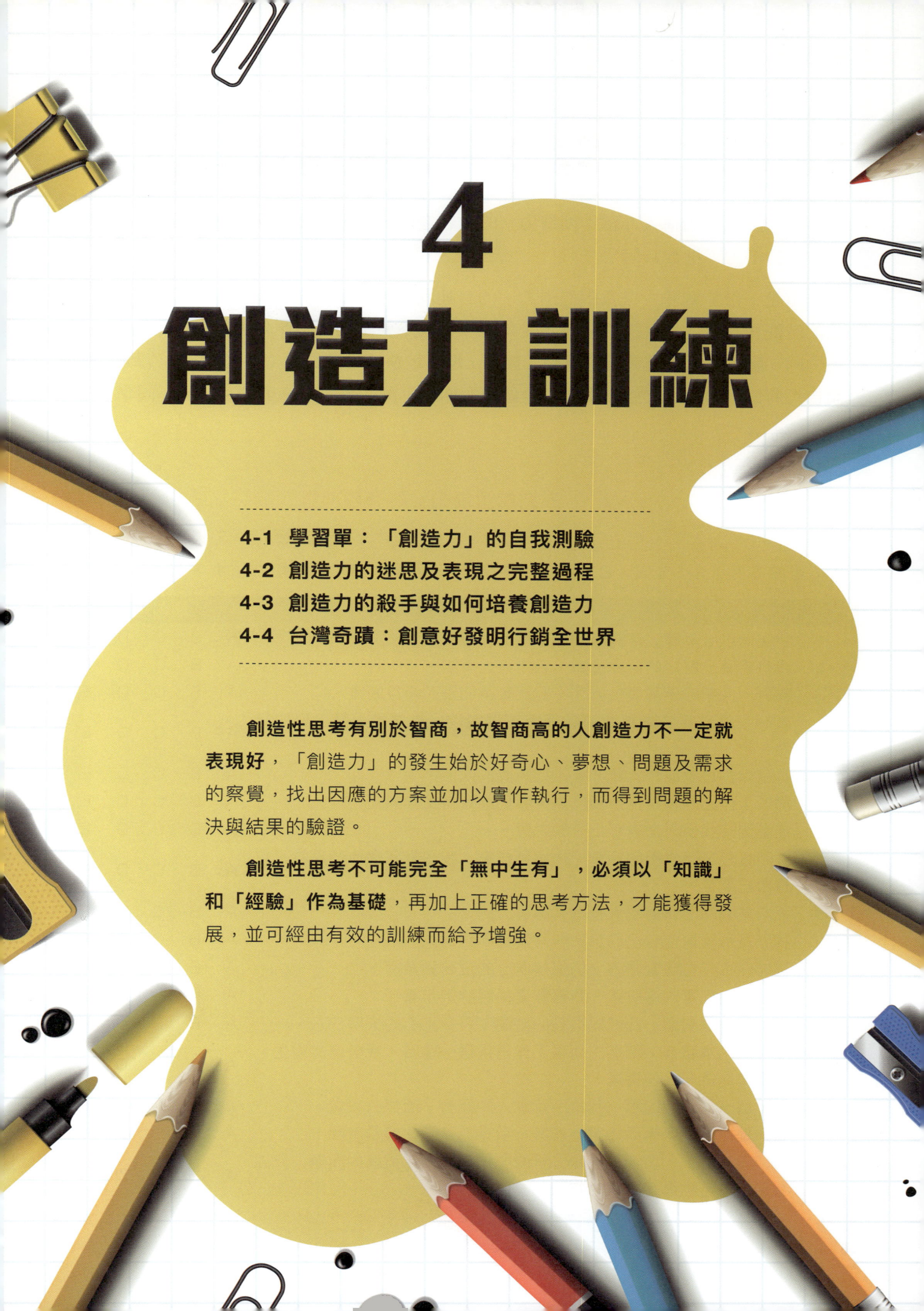

4-1 學習單:「創造力」的自我測驗
4-2 創造力的迷思及表現之完整過程
4-3 創造力的殺手與如何培養創造力
4-4 台灣奇蹟:創意好發明行銷全世界

　　創造性思考有別於智商,故智商高的人創造力不一定就表現好,「創造力」的發生始於好奇心、夢想、問題及需求的察覺,找出因應的方案並加以實作執行,而得到問題的解決與結果的驗證。

　　創造性思考不可能完全「無中生有」,必須以「知識」和「經驗」作為基礎,再加上正確的思考方法,才能獲得發展,並可經由有效的訓練而給予增強。

4-1 ▶ 學習單:「創造力」的自我測驗

在未正式開始進入介紹「創造力」的內容之前,您可先行測驗瞭解一下,目前自己的「創造潛力」指數為何?

這是一份能測驗「自我創造潛力」的有趣問卷,以下有 50 道題目,請您用約 10 分鐘的時間作答,並以直接的個人感受勾選,千萬不要試圖去猜測勾選哪一個才是富有創造力的,**請盡量以自己實際的觀點、直覺,坦率地快速勾選即可**(註:測驗者若為學生,請自行將以下題目中之相關情境角色做轉換即可,例如,上班→上課;同事→同學)。

🖉 「自我創造潛力」的有趣問卷

勾選說明:

A:非常贊同;B:贊同;C:猶豫、不清楚、不知道;D:反對;E:非常反對

	題　目			請勾選		
1	我經常以「直覺」來判斷一件事情的正確或錯誤。	A	B	C	D	E
2	我有明確及堅定的自我意識,且常與人爭辯。	A	B	C	D	E
3	要對一件新的事情發生興趣,我總覺得比別人慢且困難。	A	B	C	D	E
4	有時我很欣賞詐騙集團的騙術很有獨創性,雖然騙人是不對的行為。	A	B	C	D	E
5	喜歡做白日夢或想入非非是不切實際的人。	A	B	C	D	E
6	對於工作上的種種挫折和反對,我仍能保持工作熱情不退。	A	B	C	D	E
7	在空閒時我反而常會想出好的主意。	A	B	C	D	E
8	愛用古怪或不常用的詞彙,像這種作家,我認為其實他們是為了炫耀自己罷了。	A	B	C	D	E
9	我希望我的工作對別人是具有影響力的。	A	B	C	D	E
10	我欣賞那種對他自己的想法非常堅定不移的人。	A	B	C	D	E
11	我能在工作忙碌緊張時,仍保持內心的沉著與鎮靜。	A	B	C	D	E
12	從上班到回家的這段路,我喜歡變換路線走走看。	A	B	C	D	E
13	對於同一個問題,我能以很長的時間,發揮耐心的去解決它。	A	B	C	D	E
14	除目前的本職外,若能由兩種工作再挑選一種時,我會選當醫生,而不會選當一名偵探家。	A	B	C	D	E
15	為了做一件正確的事,我會不管家人的反對,而努力去做。	A	B	C	D	E
16	若只是提出問題而不能得到答案,我認為這是在浪費時間。	A	B	C	D	E
17	以循序漸進,一切合乎邏輯分析的方法來解決所遭遇的問題,我認為這是最好也最有效率的方法。	A	B	C	D	E

	題　目	請勾選
18	我不會提出那種看似幼稚無知的問題。	A　B　C　D　E
19	在生活中,我常遇到難以用「對」或「錯」直接了當去判斷的事情,常常是、非、對、錯總是在灰色地帶遊走。	A　B　C　D　E
20	我樂於一人獨處一整天。	A　B　C　D　E
21	我喜歡參與或觀賞各種藝文展覽、活動。	A　B　C　D　E
22	一旦有任務在身,我會克服一切困難挫折,堅決的將它完成。	A　B　C　D　E
23	我是一個做事講求理性的人。	A　B　C　D　E
24	我用了很多時間來想像別人到底是如何看待我這個人的。	A　B　C　D　E
25	我有蒐集特定物品的癖好（如 Kitty、史努比、套幣、模型等）。	A　B　C　D　E
26	我欣賞那些用點小聰明而把事情做得很好的人。	A　B　C　D　E
27	對於美感,我的鑑賞力與領悟力特別敏銳。	A　B　C　D　E
28	我看不慣那些做事緩慢、動作慢條斯理的人。	A　B　C　D　E
29	我喜愛在大家一起努力下工作,而不愛一個人單獨做事。	A　B　C　D　E
30	我不喜歡做那些無法預料或沒把握的事。	A　B　C　D　E
31	我不太在意同僚們是否把我看成一位「好」的工作者。	A　B　C　D　E
32	我經常能正確的預測到事態的發展與其最後的結果。	A　B　C　D　E
33	工作第一、休假第二,這是很好的工作原則。	A　B　C　D　E
34	憑直覺去判斷解決問題,我認為這是靠不住的。	A　B　C　D　E
35	我常會忘記路名、人名等看似簡單的問題。	A　B　C　D　E
36	我常因無意間說話不小心中傷了別人而感到愧疚。	A　B　C　D　E
37	我認為喜歡出怪主意的人,其實他們只是想表現自己的與眾不同。	A　B　C　D　E
38	一些看起來沒有價值的建議,就不需再浪費時間去推敲了。	A　B　C　D　E
39	我經常會在沒事做時胡思亂想、做白日夢。	A　B　C　D　E
40	在小組討論時,我經常為了讓氣氛融洽,而不好意思提出不受歡迎的意見。	A　B　C　D　E
41	我總是先知先覺的提出可能會發生的問題點與其可能導致的結果。	A　B　C　D　E
42	對於那些做事猶豫不決的人,我會看不起他們。	A　B　C　D　E
43	若所提出的問題是得不到答案的,那提出這個問題簡直就是在浪費時間。	A　B　C　D　E
44	按邏輯推理,一步一步去探索解決問題,是最好的方法。	A　B　C　D　E
45	我喜歡去新開的餐館吃飯,縱然我還不知道口味好不好。	A　B　C　D　E
46	我不愛閱讀本身興趣以外的書報、雜誌、網路文章等。	A　B　C　D　E
47	「人生無常」,像這種對事情看法是「事事難料」的人生觀,我心有同感。	A　B　C　D　E
48	我難以忍受和個性不合的人一起做事。	A　B　C　D　E
49	我認為看待問題的觀點和角度,常是影響問題能否順利解決的關鍵。	A　B　C　D　E
50	我常會想到一些生活中的小祕方,讓生活變得更美好。	A　B　C　D　E

請依下表計算您的得分,再將分數做加總。

• 問卷計分方式 •

題目	1	2	3	4	5	6	7	8	9	10	11	12	13	14	15	16	17	18	19	20
A	4	0	0	4	0	4	4	0	4	0	4	4	4	0	4	0	0	0	4	4
B	3	1	1	3	1	3	3	1	3	1	3	3	3	1	3	1	1	1	3	3
C	2	2	2	2	2	2	2	2	2	2	2	2	2	2	2	2	2	2	2	2
D	1	3	3	1	3	1	1	3	1	3	1	1	1	3	1	3	3	3	1	1
E	0	4	4	0	4	0	0	4	0	4	0	0	0	4	0	4	4	4	0	0

題目	21	22	23	24	25	26	27	28	29	30	31	32	33	34	35	36	37	38	39	40
A	4	4	0	0	0	4	4	0	0	0	4	4	0	0	4	0	0	0	4	0
B	3	3	1	1	1	3	3	1	1	1	3	3	1	1	3	1	1	1	3	1
C	2	2	2	2	2	2	2	2	2	2	2	2	2	2	2	2	2	2	2	2
D	1	1	3	3	3	1	1	3	3	3	1	1	3	3	1	3	3	3	1	3
E	0	0	4	4	4	0	0	4	4	4	0	0	4	4	0	4	4	4	0	4

題目	41	42	43	44	45	46	47	48	49	50
A	4	0	0	0	4	0	4	0	4	4
B	3	1	1	1	3	1	3	1	3	3
C	2	2	2	2	2	2	2	2	2	2
D	1	3	3	3	1	3	1	3	1	1
E	0	4	4	4	0	4	0	4	0	0

總分 151~200
高創造潛力者

總分 101~150
一般創造潛力者

總分 100 以下
低創造潛力者

本測驗主要針對人的先天性格方面,僅供參考,而後天的創造力是能透過技法訓練來獲得提升的。

4-2 ▶ 創造力的迷思及表現之完整過程

一 創造力的迷思

◉ 迷思一：愈聰明就代表愈有創造力？

依據許多的研究及事實證明，創造力與智能的關係只在某一種基本的程度內成立而已，一個人只要具有中等以上的智能，在創造力的表現方面，就幾乎很難再從智能上看出高下了，反倒是**人格特質、意志力、挫折承受力、興趣等非智力因素的影響較大**，因此，在使用學業成績或智商測驗之類的方法，要來篩選出企業所需的創意人才，其在方法上是錯誤的。

◉ 迷思二：只有大膽的冒險者才有創造力？

創造力的展現是要冒風險的，這並沒有錯，但它不等同於你必須要完全特異獨行，天不怕地不怕的盲目冒險，因為此般做法是很危險的。喬治‧巴頓（George S. Patton）將軍曾說：「**冒險之前應經過仔細規劃，這和莽撞有很大不同**，我們要的是**勇士**，而不是**莽夫**。」

所謂冒險的精神，應該是願意冒經過詳細評估過的風險，這樣才會對創造力有所助益，且不至使企業陷入危險的狀態。

◉ 迷思三：年輕者較年長者更有創造力？

事實上，年齡並非創造力的主要決定因素，然而，我們會有這樣的刻板印象，其主因乃在於通常年長者在某一方面領域的深厚專業使然，專業雖然是很多知識的累積，但專業也可能扼殺創造力，專家有時會難以跳脫既有的思考模式或觀察的角度。所以，**當從事於創新研發時，請顧及新人與老手之間的平衡，老手擁有深厚的專業，而新人的思維可能更加開放**，若能結合兩者的優點，必能發揮更強的創造力。

最高招的發明：就是用最簡單的原理和低成本來解決問題，這就是所謂──創意的高價值。

── 佚名

👁 迷思四：創造力是個人行為？

其實創造力不只在個體產生，它更可以用集體的方式來產生更具價值的創意，世界上有很多重要的發明都是運用集體的智慧腦力激盪、截長補短，靠許多人共同合作而完成的。

👁 迷思五：創造力是無法管理的？

雖然我們永遠無法預知誰會在何時產生何種創意、創意內容是什麼，或是如何產生的；但企業的經營者卻能營造出有利於激發創造力的環境，諸如，適當的資源分配運用、獎勵措施、研習訓練、企業組織架構、智慧財產管理制度等，在這些方面做良好的管理，是能有效激發創造力的。

二 創造力表現之完整過程

在整個創造力表現的完整過程中，學理上包含了內在行為的「**創意的產生**」和外在行為的「**具體的行動**」兩大部分。

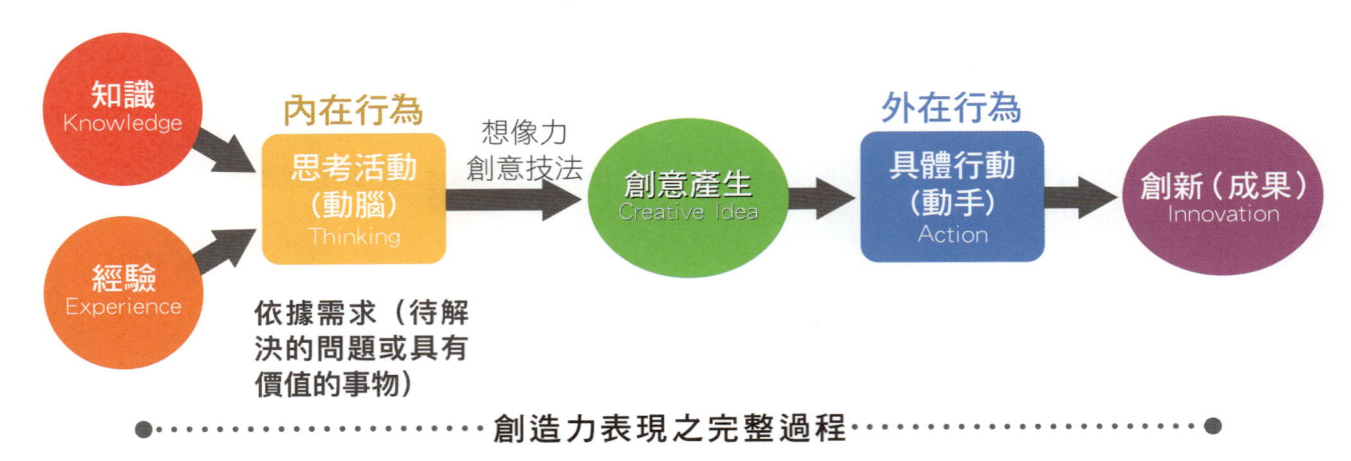

知識 Knowledge → 內在行為 思考活動（動腦）Thinking
經驗 Experience ↗
依據需求（待解決的問題或具有價值的事物）
想像力 創意技法 → 創意產生 Creative Idea → 外在行為 具體行動（動手）Action → 創新（成果）Innovation

······創造力表現之完整過程······

若一個人他的創意產生是很豐富的，但都沒有具體行動去執行，那此人的創造力（或稱創新力）也就只是表現了一半而已，變成流於空幻，故以創造力表現之完整過程而論，其具體行動的能力乃是相當重要的一部分。所以，創新能力的公式即為：

$$創造力 = 創意力 + 執行力$$

4-3 ▸ 創造力的殺手與如何培養創造力

一 創造力的殺手

在社會上工作時，無論是企業或機關常因文化上、制度上、管理上的某些做法或限制，而阻礙了創造力的發揮。

綜觀，**創造力的發展阻礙有「個人因素」及「組織因素」**兩大區塊。據調查資料結果顯示，創造力的殺手具有下表幾個面向：

因　　素		造成創造力發展阻礙的要項
個人因素	習慣方面	依循傳統的個性
		舊有習慣的制約
		價值觀念的單一
		對標準答案的依賴
	心態方面	自滿與自大
		缺乏信心，自我否定與被否定
		缺乏勇氣，害怕失敗的心理
組織因素	文化方面	保守心態，一言堂
		循例照辦，墨守成規
	制度方面	防弊多於興利的諸多限制
		扣分主義，多做多錯，少做少錯
		缺乏激勵制度，有功無賞
	管理方面	由上而下，單線領導
		缺乏授權，有責無權
		本位主義，溝通不良

只是「夢想家」─不是發明家；
只有「實踐家」─才是發明家。

── 佚名

二 如何培養創造力

創造學於二十世紀興起於美國，許多學者認為創造力的形成要素中，部分是先天遺傳的，部分是後天磨練出來的，也就是說，先天和後天交互影響的結果，絕大部分是受後天的影響居多。**「知識的創造者」，主要依靠想像力及實踐力，將創意實踐後再經由驗證過程進而創造出新的知識，世界上眾多發明作品和科學新知都是這類的人所創造出來的。**

創造力人人都能培養，但並非一蹴可幾，而是須經過長時間的習慣養成與落實於日常生活中，如此才能真正出現成效。依據許多心理學家的研究結果及去探索以往富有創造性的發明家或科學家的成長背景，不難發現他們有共同的成長背景因素，如加以歸納整理必可發現培養創造力的有效方法。

三 培養創造力的有效方法

1 激發好奇心

「好奇」是人類的天性，人類的創造力起源於好奇心，居里夫人說：「**好奇心是人類的第一美德。**」但是一個人有了好奇心並不一定就能成大器，必須還要再加上汗水的付出，不斷的努力去實踐與求證的毅力才行。

2 營造輕鬆的創造環境

輕鬆的學習環境或工作環境能催化人的創造性思維，雖然人在處於高度精神壓力之下也有集中意志、激發創意的效果，但這只是短期的現象，若人在長期的高度精神壓力之下，對於創造力的產生反倒是有負面的影響，以常態性而言，在較為輕鬆的環境下，人更容易產生具有創造性的思維。

3 突顯非智力因素的作用與認知

舉凡意志力、承受挫折能力、抗壓性、熱情、興趣等，排除智力因素外的其他因子影響人的認知心理因素都稱為「非智力因素」。在心理學的研究裡，顯示一個人的成就，智力因素大約只占了 20% 左右，而非智力因素所占的比重約高達 80%，創造力的培養更應著重於非智力的種種因素上。

4 培養獨立思考及分析問題、解決問題的能力

培養個人的獨立思考能力是不可缺少的重要一環,若做事都是依賴他人的指示或決定去做,無法自己去分析問題與尋求解決之道,則因此創造心理逐漸被淡化,反而養成依賴心理。

▲ 創客新設計:冰滴咖啡沖泡器

圖片來源:葉忠福攝影

5 養成隨時觀察環境及事物的敏感性

「創造」通常都需要運用自己已知的知識或經驗,再利用聯想力(想像力)來加工產生的,簡言之,即事物在組合中變化,在變化中產生新事物,也就是說「**已知的知識及經驗是創造力的原料**」,而**觀察力**卻又是吸收累積知識與經驗的必備條件,所以有了敏銳的觀察力就能快速的累積知識及經驗,也就能保有充足的創造力原料。

6 培養追根究柢的習慣

宇宙之間的智識浩瀚無窮，人類累積的知識並不完美，至今仍是非常有限的，從事研究創新工作時必須依靠追根究柢的精神，才能探求真理發現新知。

7 培養追根究柢的習慣

實踐的行動力甚為重要，若無實踐的行動力則一切將流於空談無所成果。而「創造意識」就是主動想要去創造的欲望及自覺性，而希望改善現狀與成就感都是產生創造意識的重要動機。

▲ 戶外取暖的煤氣爐設計
圖片來源：葉忠福攝影

4-4 ▶ 台灣奇蹟：創意好發明行銷全世界

　　台灣地區天然資源貧乏，只有用之不盡的腦力資源才是台灣最大的資產，而具原創性的「創意」又是一切創新的開頭。從台灣的發明史上來觀察，我們可以看出台灣的好創意、好發明、好產品是受到世界肯定的。所謂：「**學習別人成功的經驗，是使自己通往成功的最佳捷徑。**」以下幾項由台灣人所創意發明出來的好產品，並行銷全世界的成功實例，我們可藉由這樣的成功軌跡，找尋下一個可能成就偉大市場潛力的發明新作品。

案例故事 1　台灣發明「免削鉛筆」登上大英百科全書

　　「免削鉛筆」的發明是為女兒削鉛筆時感到太麻煩，才得以發明出來的。免削鉛筆的創意發明是在 1960 年代的台灣。據聞，當時發明人洪蠣是位造船工人，因每天下班之後，總要為就讀小學的女兒削鉛筆。有一天，他下班回家時，將戴在頭上的斗笠放到桌邊成疊的斗笠堆上時，想到待會兒又要為女兒削鉛筆，真煩人呀！於是靈機一動有了免削鉛筆的創意發明靈感，若能像剛剛放斗笠時一樣，將鉛筆頭一支又一支重複疊起來，用鈍了就抽換另一支，這樣就不必再天天削鉛筆。經實驗後洪蠣很滿意這樣的發明，並在 1964 年向當時的中央標準局申請了發明專利，這也引起當時紡織廠商人莊金池的興趣和關注，後來莊金池以八百萬元的天價買下專利權，以當時的物價，這筆錢可在都市裡買下十棟房子。

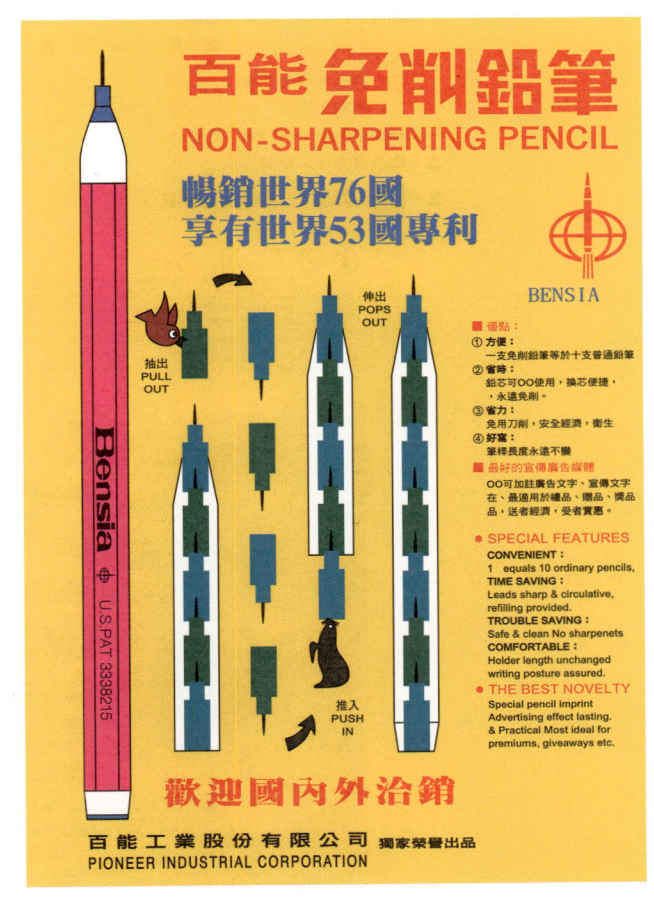

▲ 百能免削鉛筆：商品原圖
圖片來源：www.facebook.com/FormosaMuseum
秋惠文庫

這項專利，並於 1967 年成立百能文具公司（Bensia，台語「免削」的拼音），**「Bensia 免削鉛筆」還登上大英百科全書，是第一個聞名全球的台灣創意發明產品**，行銷世界九十幾個國家，為台灣賺進很多外匯，是令世界驚嘆的好創意妙發明，時至今日仍是熱銷的文具商品之一。

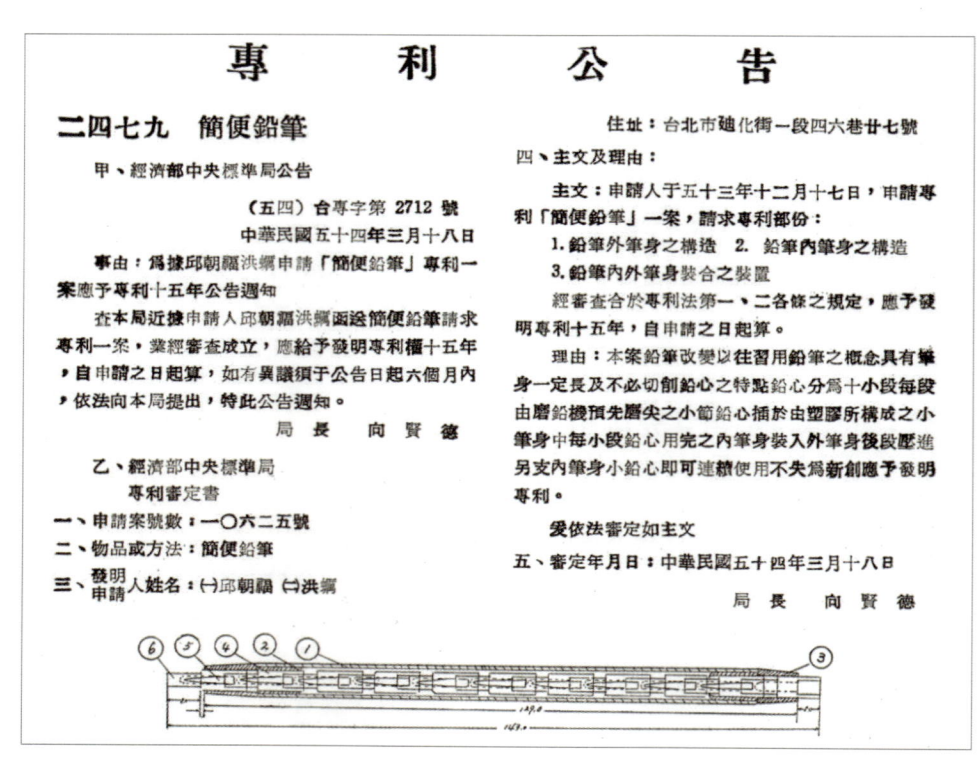

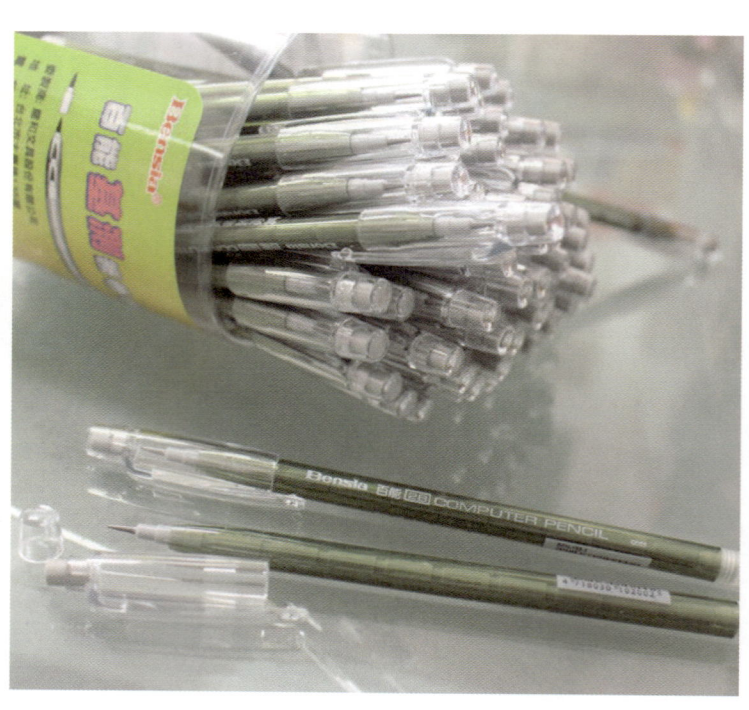

▲ 免削鉛筆於 1964 年，向當時的中央標準局提出發明專利申請

圖片來源：https://www.tipo.gov.tw/ 經濟部智慧財產局

案例故事 2　打掃拖地好創意：發明「好神拖」行銷全世界

　　打掃拖地也能有好創意，在發明界清潔用品類中的台灣之光「好神拖」，自 2007 年上市以來，可謂是全球旋轉式拖把的先趨發明者，迄今銷售超過數千萬組，不僅榮獲德國紅點設計獎、台灣金點設計獎，更是家庭主婦家事清潔的好幫手。

　　「好神拖」的點子靈感來源，最早是由位於花蓮從事開設餐廳的丁明哲所發明，當年他開餐廳每天打烊時，都必須拖地打掃餐廳清潔環境。每天遇到沙發、櫃子底部因傳統拖把厚度太高而伸不進去，遇到桌腳或柱子拖把就會卡住，為了要改善自己整天的工作所需，於是靈機一動，他設計出扁平圓盤狀的拖把，圓盤狀拖把遇到桌腳、柱子可自動旋轉滑過不會卡住，而且圓形拖把可利用離心水槽的離心脫水，省去用手擰乾且太費力的缺點，更因拖地過程中不再需要用手去接觸髒兮兮的拖布，讓使用者的手更乾淨衛生，這發明更在 2005 年申請了專利。

　　丁明哲花了二年的時間到處找人合作要開發成商品，卻都未能完成商品化，直到經友人介紹與 1984 年就創立的鉅宇企業負責人林長儀合作開發成商品，因林長儀以彈簧產品及塑膠射出廠起家，熟悉如何產品設計商品化及生產行銷等，於是二人一拍即合，成功的將扁平圓形拖把商品化生產製造出來。

▲ 好神拖 C600 雙動力旋轉　拖把組

創意必須是自由的，如果創意循一定的規則，應該這樣，應該那樣，那就不是創意，那叫乏味。

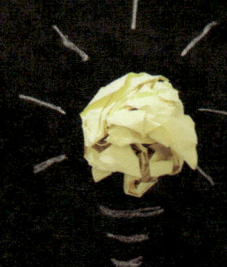

—— 佚名

為你的發明商品取一個響亮的好名字很重要

「好神拖」此一商品名稱的由來，也是一個有趣的故事，當產品開發出來，工作人員在試用時，發現使用效果實在太好了，於是**脫口讚嘆說了一句：「哇！好神」**，經公司討論後，覺得此一讚嘆「好神」不但讓消費者好記，更可顯現出這支拖把的**好用與神奇**，於是「**好神拖**」這樣的商品名稱就此確定了，也成為日後圓形旋轉式拖把商品的代名詞了。

好神拖在台灣剛上市時，曾在電視購物台推出銷售，當時市面上最貴的拖把也只不過三、四百元，而好神拖一組超過一千元，沒想到播出四十分鐘賣出 823 組，銷售業績近百萬元，創下當時生活用品類最高銷售紀錄。除了台灣市場大賣之外，好神拖也曾在韓國電視購物台銷售，原計畫第一檔銷售目標一萬二千組產品，沒想到一開播三十分鐘內就銷售一空，又創下新的銷售紀錄。好神拖外銷到世界其他國家也都創下銷售佳績，為發明人帶來極大的獲益。

抓住懶人經濟就有好商機

「好神拖」的新創意發明產品出現了，它解決了多數人拖地時的困擾，就是以往要用手去擰拖布，以及拖地時的卡卡不順暢。而且在行銷上「好神拖」是用整個套餐式的販售，包括水桶及拖把本身和拖布一整組銷售，日後可再購買新拖布組以作為後續耗材的更換，以提高消費者的回客率，這正是運用懶人經濟學來提升商品銷售的好範例。

創意創新、發明創造是不限男女老少、學歷、經歷，只要您在生活的周遭多加留意及用心，隨時都可得到很好的創意點子，再將實用的創意點子加以具體化實踐，即可成為發明作品。 好的發明創意靈感構想，就在我們的身邊生活環境中，只要我們多加留意身旁的困擾與不方便，小創意也能創造大商機。

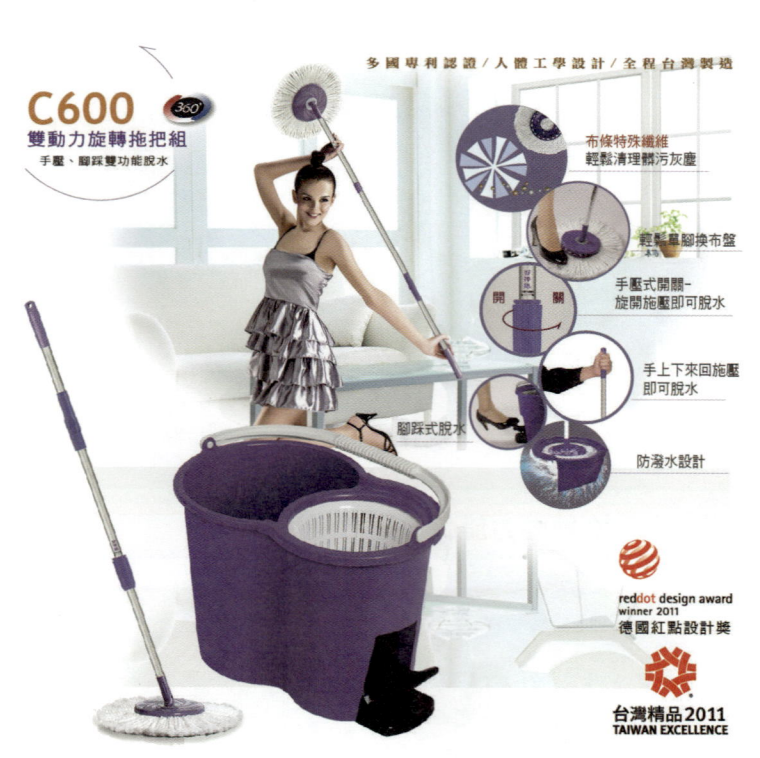

▲ 多功能符合人體工學：好神拖 C600 雙動力旋轉拖把組

☑ 學後習題

觀察力練習活動單（問題觀察紀錄單）

　　本練習可以是個人的練習，也可以用 2～5 人的小組討論做練習，其目的在於訓練敏銳觀察力，透過日常生活中的小細節，觀察周遭環境發現問題與困擾不方便之處並提出紀錄，這對創意思考練習能有很大幫助。

（註：學員在練習完成後，可輪流上台發表分享，以擴大群體交流，增進學習效果。可參考第三篇參考答案）

一、姓名：
二、主題：**問題的發現**
三、每人至少提出二個困擾不方便或生活中的問題點

5 創新發明訓練

5-1 發明來自於需求
5-2 商品創意的產生及訣竅
5-3 創新發明的原理及流程
5-4 創新機會的主要來源

「**創新**」與「**速度**」是二十一世紀競爭力的兩大支柱，**「創新」是成長的動力，而「速度」是超越對手的最佳利器。**本微課的目的，在於學習具正確創新發明的概念、要領，讓學員在面對從新產品設計到消費者使用端時，具備應有的態度與認知。

5-1 ▶ 發明來自於需求

所謂「**需求為發明之母**」，大部分具有實用性的發明作品，都是來自於有實際的「需求」，而非來自於為發明而發明的作品。在以往實際的專利申請發明作品中，不難發現有很多是「**為發明而發明**」的作品，這些作品經常是華而不實，要不然就是畫蛇添足，可說創意有餘而實用性不佳。

創造發明的作品，最好是來自於「**需求**」，因為有了需求，即表示作品容易被市場所接受，日後在市場行銷推廣上，會容易得多，這些道理都很簡單，似乎大家都懂，但是**問題就在於：「如何發現需求？」**這就需要看每個人對待事物的敏感度了，正所謂「處處用心皆學問」，其實，只要掌握何處有需求、需求是什麼，**在每個有待解決的困難、問題或不方便的背後，就是一項需求**，只要我們對身邊每件事物的困難、問題或不方便之處，多加用心觀察，必定會很容易找到「需求」在哪裡，當然發明創作的機會也就出現了。也有人開玩笑的說：「懶惰為發明之父」，對發明創造而言，人類凡事想要追求便利的這種「懶惰」天性，和相對的「需求」渴望，其實只是一體的兩面。

▲ 日本新設計單人電動車　　圖片來源：葉忠福攝影

> 「發明」的六字箴言：問題、需求、商機。
> （一個問題就是一個需求，一個需求就是一個商機）
> ── 佚名

一 有「問題」就能產生「需求」

例如，早期的電視機，想要看別的頻道時，必須人走到電視機前，用手去轉頻道鈕，人們覺得很不方便，於是就有了「需求」，這個需求就是最好能坐在椅子上看電視，不需起身就能轉換頻道，欣賞愛看的節目，當有了這樣的需求，於是發明電視遙控器的機會就來了，所以，現在的電視機每台都會附有遙控器，已解決了早期的不便之處。

又如，現今汽車非常普及，差不多每個家庭都有汽車可作為代步工具，大家都覺得夏天時汽車在大太陽的照射下，不用多久的時間，車內的溫度就如烤箱般熱呼呼的，剛進入要開車時，實在是很難受的一件事，若有人能依這種「需求」，而發明一種車內降溫的技術，且產品價格便宜、安裝容易、耐用不故障，市場必定會很容易就接受這種好的產品，而為發明人帶來無限的商機。

又如，簡便的蔬果農藥殘留檢測光筆，如能像驗偽鈔的光筆一樣，使用簡易方便，能提供家庭主婦在菜市場購買蔬果時使用，這也必定有廣大的需求。**這種「供」、「需」的關係，其實就是「需求」與「發明」的關係。**

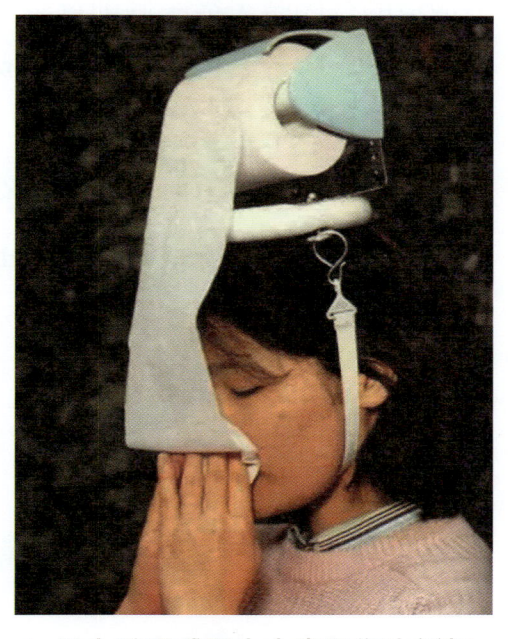

▲ 日本發明感冒人士專用衛生紙架
你覺得實用性如何呢？你會購買這樣的產品嗎？

圖片來源：http://www.jiaren.org

二 發明與文明

人類生活的不斷進步與便利，依靠的就是有一大群人不停的在各種領域中研究創新發明，目前全世界約六秒鐘就有一項創新的專利申請案產生，光是台灣地區一年就有超過八萬多件專利申請送審案件，全世界每天都有無數的創新與發明促成了今日社會的文明，**別小看一個不起眼天馬行空的構想，一旦實現，可能會改變全人類的生活**，例如現在每個人都會使用到的迴紋針就是發明者在等車時無聊，隨手拿起鐵絲把玩，在無意中所發明的，雖是小小的創意發明卻能帶給人們無盡的生活便利。

然而今天的發明創新環境須具備更多的人力、財力、物力及相關的知識，尤其是當自己一個人，人單力薄，資金與技術資源有限，尋求外界協助不易，對於專利法規若又是一竅不通，此時即使有滿腦子的構思，終究也難以實現，所以有正確的發明方法及知識，才能很有效率的實踐自己的創意與夢想，同時帶給人類更進一步的文明新境界。

5-2 ▶ 商品創意的產生及訣竅求

每一個人除了在各個專業領域所遇到的瓶頸外，在生活當中，也一定都會遇到困難或感到不方便的事項，此時正好就是產生創意思考去解決問題的時機。然而，發明家不只在想辦法解決自己所遇到的困難，更能去幫別人解決更多的問題，尤其當創意是有經濟價值的誘因時，從一個創意產生，到可行性評估，再到實際去實踐，是需要一些訣竅的，以下先將一些創意的產生訣竅及有效方法，提供給學員參考及應用。

一 從既有的商品中取得靈感

可經常到國內外的各種商品專賣店或展覽會場及電腦網路的世界中尋找靈感，由各家所設計的產品去觀察、比較、分析，看看是否有哪方面的缺點是大家所沒有解決的，或是可以怎樣設計出更好的功能，再應用下列所提的各種方法，相信要產生有價值的發明創意並不困難。

二 掌握創作靈感的訣竅

✨ 隨時作筆記

一有創作靈感就隨時摘錄下來，這是全世界的發明家最慣用而且非常有效的訣竅。每個人在生活及學習的歷程中，不斷的在累積經驗，這些看似不起眼的經驗或許正是靈感的來源，而靈感在人類的大腦中常是過時即忘，醫學專家指出，這種靈感快閃呈現，大多只在大腦中停留的時間極為短促，通常只有數秒至數十秒之間而已，真的是過時即忘，若不即刻記錄下來，唯恐會錯過許多很好的靈感，就像很多的歌手或詞曲創作者一樣，當靈感一來時，即使是在三更半夜，也會馬上起床坐到鋼琴前面趕快將靈感記錄下來，其實發明靈感也是相同的。而且**當你運筆記錄時常又會引出新的靈感，這種連鎖的反應，是最有效的創作靈感取得方法**，大家不妨一試。

「成功發明」的三力方程式：
成功發明＝（創意力＋研發執行力）× 行銷力 　—佚名
「發明」就是：「讓創意化為真實」。　　　　　—佚名

※ 善用潛意識

這也是個很好的方法，相信大多數人都有這種經驗，當遇到問題或困難無法解決想不出辦法時，先去吃個飯、看場電影或小睡片刻，**將人轉移到另一種情境裡，時常就這樣想出了解決問題的方法**，這就是我們人類大腦**潛意識**神奇的效果。

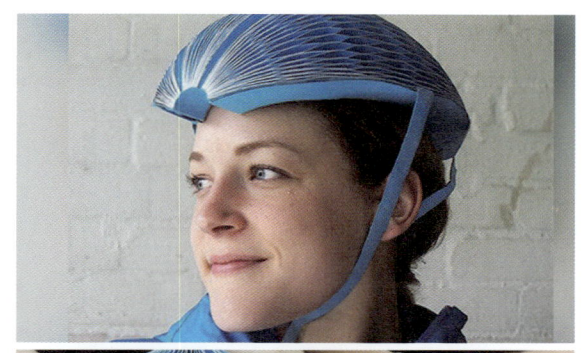

▲ 28歲的美國設計師希弗（Isis Shiffer）設計出了可隨身攜帶的紙安全帽
圖片來源：http://www.ecohelmet.com

三 新產品創意的形成模式

一項新產品的創意來源形成模式有兩種，分別為「**群體**」產生及「**個人**」產生。在一個可獲利的發明商品中，從**創新管理**（Innovation Management）的角度來看，它包括了**發明→專利→商品→獲利**這四個階段，而**新產品的發明創意構想是整個產品研發到獲利的流程之首，也是研發成敗的重要關鍵所在**，無論是群體或個人的創意，一個完美的創意構想，能使後續開發工作進行順利，反之則可能導致失敗結果。

在**群體創意**的產生方面，可透過**集體腦力激盪、組織研討會、成員的經驗分享、新知識的學習等，來提高創意的品質及構想的完整性**。而在**個人創意**的產生方面，則可經由個人**知識的累積、經驗的體會及個人性格與思考模式**的特質，發揮想像力來獲取高素質的創意構想。

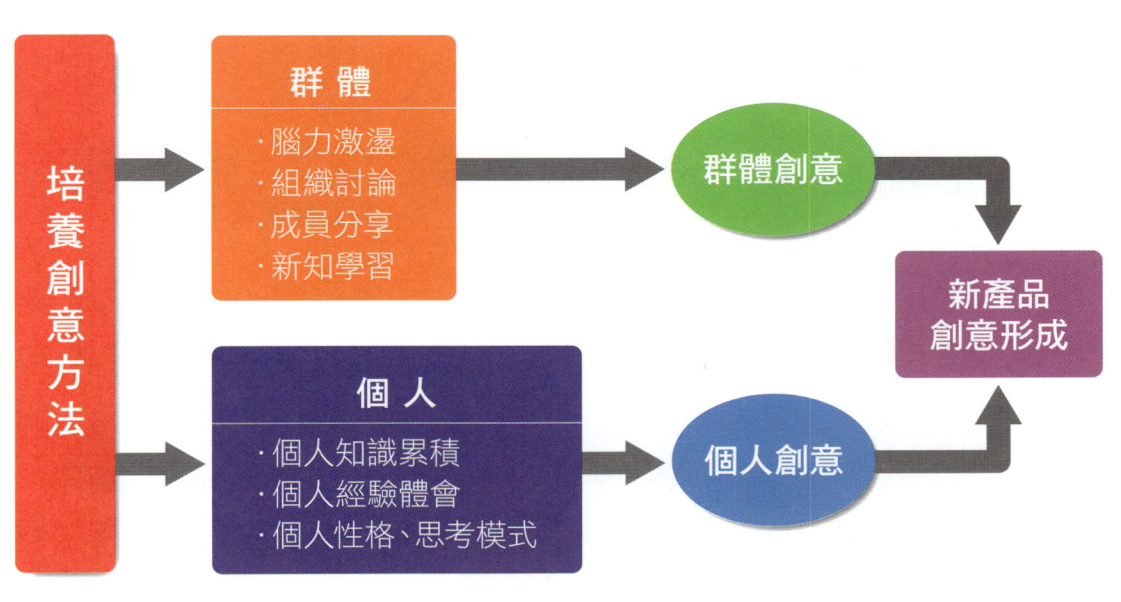

```
培養創意方法 ──┬── 群體          ──→ 群體創意 ──┐
              │   ・腦力激盪                      │
              │   ・組織討論                      ├── 新產品
              │   ・成員分享                      │   創意形成
              │   ・新知學習                      │
              │                                  │
              └── 個人          ──→ 個人創意 ──┘
                  ・個人知識累積
                  ・個人經驗體會
                  ・個人性格、思考模式
```

▲ 新產品創意的形成

5-3 ▶ 創新發明的原理及流程

　　創新與發明並非只有天才能夠做，其實每個人天生皆具有不滿現狀的天性和改變現狀的能力，只是我們沒有用心去發掘罷了，在經過系統化學習創新發明的原理及流程後，一般大眾只要再綜合善用已有的各類知識與思考變通，其實人人都能成為出色的發明家。

　　在現代實務上的「創新發明原理流程」中（如右圖），眾所皆知，**發明來自於「需求」，而「需求」的背後成因，其實就是人們所遭遇到的種種「問題」**，這些問題，可能是你我日常生活中的「困擾」之事，簡單舉例，如夜晚蚊子多是人們的「困擾」，於是人們發明了捕蚊燈、捕蚊拍等器具，來解決夜晚蚊子多的「問題」。這些問題，也可能是你我的「不方便」之事，如上下樓層不方便，尤其當樓層很高時，所以我們發明了電梯，來解決此一上下樓層不方便的「問題」。如上所述，這些問題在表徵上的「困擾」、「不方便」之事，會以千萬種不同的型態出現，只要發明人細心觀察必能有所獲。因此，我們可以如此的說：
「發明來自於需求，需求來自於問題。」

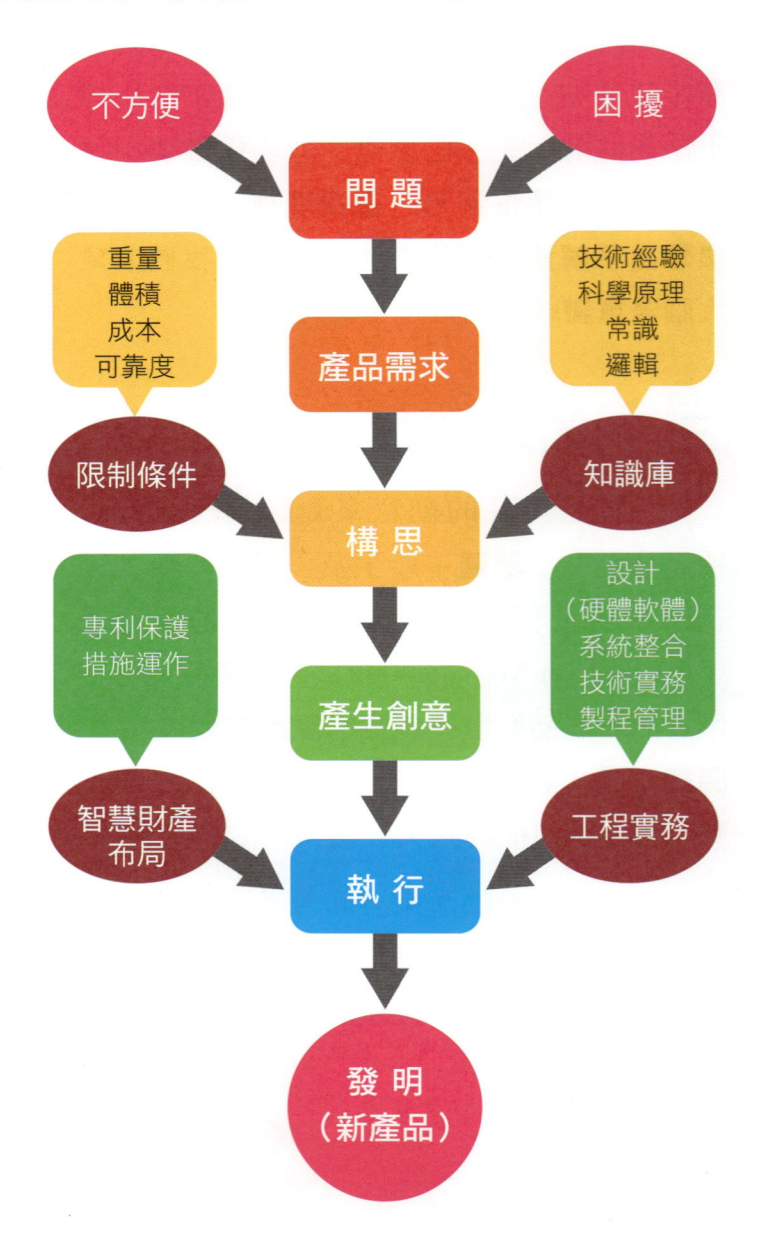

▲ 創新發明原理流程圖

　　將上圖創新發明原理流程詳細說明之，當我們有了「產品需求」時，就可透過「構思」，運用綜合已有的各類知識，如技術經驗、科學原理、常識與邏輯判斷等，經過思考變通，就可以產生新的「創意」出來，然而在產生具有實用價值的「構思」過程中，則必須考量到「限制條件」的存在。所謂**「限制條件」是指每一項具實用價值的發明新**

1-56

產品，它一定會受到某些「不可避免」的先天條件限制。以捕蚊拍為例，它的重量一定要輕，成本要低，其可靠度至少要能品質保證使用一年以上不故障，這些都是具體的「限制條件」。反之，若不將「限制條件」考慮進去而產生的「構思」，如捕蚊拍的成本一支為 5 千元新台幣，重量 10 公斤，即使它的捕蚊功能再好，產品大概也是賣不出去的。所以，目前市面上大賣的捕蚊拍，實際產品一支大約 1 百至 2 百元新台幣之間，重量也只有 3 百公克左右，每年在台灣就可以賣出 4 百萬支。

> **創意短語**
>
> 專利評估人員的三項職責：
> 1. 確認是否可取得專利權（是否符合專利三要件：產業利用性、新穎性、進步性）
> 2. 市場分析
> 3. 技轉授權可能性
>
> ——佚名

有了好的「創意」產生之後，接著就是要去「執行」創意，在執行創意的過程中，必然要使用「工程實務」才能化創意為真實，首先透過「設計」將硬體及軟體的功能做「系統整合」後展現出來，並運用「技術實務」施作，將創意化為真實的產品，再由效率化的「製程管理」，將發明的新產品快速大量生產，提供給消費者使用。然而在「創意」產生之後，還有一項重點就是「**智慧財產布局**」，**當在「執行」創意的同時，我們就應該要將「專利保護措施運作」包含在內**，本項必須先由專利的查詢開始，以**避免重複發明及侵權行為**的發生，另一方面，也應針對本身具獨特性的創意發明，提出國內、外的專利申請，來保障自身的發明成果。

有些創意在學理上和科學原理上，是合理可行的，也符合在專利取得申請上的要件，但在工程實務的施作上卻無法達成，到最後這項發明還是屬於失敗的。所以，**有了「創意」之後，接續而來在「執行」階段的「可行性」綜合評估**，就顯得非常重要了，這一點請發明人要特別小心注意。

▲ 有多種型式功能的 Arduino 開發板原始碼開放自由運用

5-4 ▶ 創新機會的主要來源

創造力表現於從事創新工作時，它需要大量知識為基礎，也需要策略和方法，當這些因素都齊備時，創新工作就變成明確的目標、專注投入、辛勤與毅力了。

美國的管理學大師：彼得‧杜拉克（Peter Ferdinand Drucker）曾對創新機會的主要來源做了研究與歸納。

創新機會的七種來源：新知識的導入、不預期的意外事件、不調和的矛盾狀況、作業程序的需求、產業與市場之經濟結構變化、認知的變化、人口結構的變化

▲ 創新機會的七種來源

一 不預期的意外事件

此種創新機會來源，是因為**突發意外狀況所帶來的，這種機會來的速度很快，消失的也可能很快，靈活度與應變能力必須要非常敏捷**，否則機會稍縱即逝。例如，2010年 H1N1 新流感、2014 年伊波拉病毒在西非各國的大傳染、2015 年 MERS 中東呼吸症候群病毒大傳染、2016 年由蚊子所傳染茲卡病毒等、2019 年爆發新冠病毒（COVID-19）意外事件，隨之造就了疫苗、醫藥防疫器材用品，以及為了減少人的聚集傳染，而開發推廣的網路視訊會議系統等，多項產品的研發創新機會。

二 不調和的矛盾狀況

　　這是一種**實際狀況與預期狀況的落差**現象，所產生出來的創新機會，它的徵兆會表現出不調和或矛盾的現象，在這種不平衡或不穩定的情況下，只要稍加留意，多下一點功夫，就能產生創新的機會，並促成結構的重新調整。例如，隨著就業人力的短缺與企業人事成本的增加，就會發展出許多服務型機器人的技術應用，來彌補人力的不足缺口。

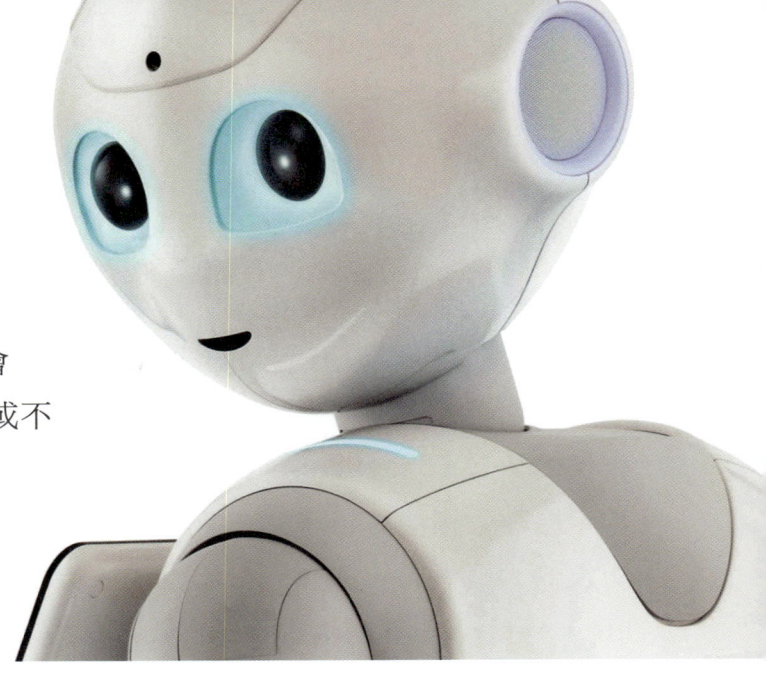

▲ Pepper 機器人

三 作業程序的需求

　　這類型的創新機會，主要來自於**既有工作需求，或尚待改善的事項**，它不同於其他的創新機會來源之處，則在於**它是屬於環境內部而非外部環境事件所帶來的機會，它專注於工作本身，將作業程序改善，取代脆弱的環節，基於程序上的需求而創新**。例如，台灣最大的網路書店（博客來），為了克服消費者在網路上購物時，不放心線上刷卡的安全性，以及貨件物流成本過高的問題，而採取與 7-11 便利商店合作的模式，在全國約四千家的門市體系中，可指定將貨件送到住家附近的 7-11 便利商店，去取貨的同時付款即可，如此，不但解決了消費者擔心的線上刷卡安全性問題，更降低了貨件物流成本，使之大幅提升了商品的銷售業績與企業獲利能力。

▲ 居家保全機器人
圖片來源：葉忠福攝影

四 產業與市場之經濟結構變化

　　此一經濟結構的變化，主要為**產業型態的市場變遷**所產生的結果，當產業與市場產生變化的同時，在原有產業內的人會將它視為一種威脅，但相對於這個產業外的人而言，則會將它視為一種機會，因此，產業與市場的板塊移動就在這時發生。例如，原本傳統相機的大廠只有 Nikon、Canon、Leica、PENTAX、OLYMPUS 等，家數並不多。但是當手機數位相機興起時，許多原非相機製造的廠商，則將此一產業與市場的變化，視為切入的大好機會。如今，市場上的手機數位相機品牌，就增加了很多，例如，SONY、htc、Apple、三星、LG 等，原本是電子產業的廠商，也一起在手機的數位相機上創新與競爭。

五 人口結構的變化

　　人口結構的統計數據，是最為明確的社會變遷狀況科學數據，其資料甚具創新來源的參考價值，諸如新生兒的出生率、老年人口數、總人口數、年齡結構、結婚離婚統計數、家庭組成狀況、教育水準、所得水準等，都清楚可見，從這些人口結構的變化，即可找出創新的來源，例如，日本和台灣等區域老年人口的增加，可創造出保健營養食品的生技產業、老人醫療用品、遠距居家照護系統、安養機構等許多產業的蓬勃發展。

▲ 人口老化帶動相關照護產業的蓬勃發展

六 認知的變化

　　所謂認知的改變，就是**原本的事實並沒改變，只是對這個既有事實的看法做了改變**。例如，一個杯子裝了一半的水，我們可說它是「半滿的杯子」，但若用另一個看法，我們卻也能說它是「半空的杯子」，其實這兩種說法，都沒有違背同一個事實，這也就是當看法不一樣時，即便是同一個事實，都會產生不一樣的結論，在這樣的認知改變時，其實就有許多的創新機會暗藏在裡面。就如，大家最常舉的例子，有兩位賣鞋子的業務員，到非洲考察，看到那邊的人都沒穿鞋子，有一位業務員就說：他們都沒穿鞋子的習慣，鞋子在這裡大概是賣不出去的。而另一位業務員卻認為：他們都沒穿鞋子，只要用對方法來加以推廣，這裡一定是個大市場。其實機會就在這種不同的認知上產生了。

七 新知識的導入

　　通常由新知識的出現到可應用的產品技術，這段時間是相當漫長的，基於此一基本特性，**創新者應就自身的專長核心技術，從中切入**，如此將可縮短新知識導入產品的時程。例如，奈米科技技術的導入，在奈米電腦、奈米水、奈米防病毒口罩、奈米電池等，各式各樣的產品上做應用與創新。

▲ 奈米科技技術導入的口罩與相關產品

> 想像力比知識更重要。
> ——佚德裔美國科學家 愛因斯坦（Albert Einstein）
>
> 大家強調知識和創新，卻很少人談想像力，不知想像力是一切的源頭。

學後習題

分組討論（每組 2～5 人）：創意發明提案單

在傳統烤肉網架上，當油滴落到炭火時，總是冒出大量油煙或起火燃燒，眾所周知的是油煙會產生致癌物質對身體不健康。要如何設計出一種烤肉油滴落時不發生冒油煙或起火的烤肉網架裝置或方法，以保護人體的健康呢？請學員依此主題發揮創意練習下列的「創意發明提案單」。

（註：學員可使用自己想出來的主題來做練習！並請學員在完成後，每組輪流上台發表分享，以擴大群體創意交流，增進學習效果。可參考第三篇參考答案）

一、組員姓名：
二、創意發明提案名稱：
三、專利檢索關鍵字：
四、解決問題或情境敘述：
五、可能銷售對象或市場：
六、創意發明示意圖與說明：

6 智慧財產保護

6-1 如何避免重複發明？
6-2 認識專利
6-3 專利分類
6-4 專利申請之要件

當所有的**創新智慧、成果是具有價值時，對於「智慧財產」的保護就顯得相當地重要**。為何世界各國都會訂有保護創新工作者權益的法令呢？尤其是「專利法」，這是與所有從事創新工作者最相關的。所以我們必須要有「專利」的基本概念，方能保護自身發明應有的權益。

6-1 ▶ 如何避免重複發明？

在從事發明工作時，**「如何避免重複發明」**是一個相當重要的課題，也許你覺得你的創意很好，但在這個世界上人口那麼多，或許早已有人和你一樣，想出相同或類似的創作了，只是你不知道而已，也許他人已申請了專利，你再花時間、金錢、精神去研究一樣的東西，就是在浪費資源。

例如，近年來依據歐洲專利局所做的統計，在歐洲各國的產業界，因不必要的重複研究經費，每一年就多浪費了約二百億美金，原因無他，就是**「缺乏完整的資訊」**所致。所以，當你需要研發某一方面的技術時，一定要多蒐集現有相關資訊，包括報章、雜誌、專業書刊、網路訊息和市面上已有的產品技術，以及本國與外國智慧財產局的專利資料。

尤其是以**專利資料**最為重要，因為能從各**「專利申請說明書」**中，全盤查閱到有關各專業**「核心技術」**的資料，這是唯一的管道。

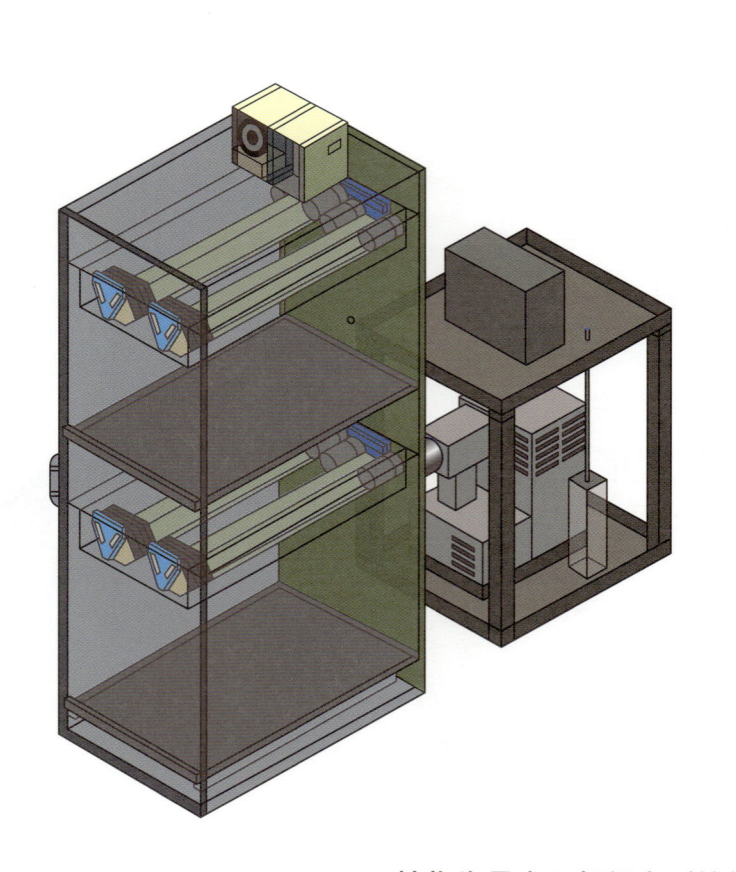

▲ 植物生長人工氣候室（植物工廠）技術研發
圖片來源：葉忠福攝影

一 專利資料是最即時的產業技術開發動向指標

根據經濟合作暨發展組織（Organization for Economic Cooperation and Development, OECD）的統計結果顯示，有關科技的知識和詳細的實施方法，有90%以上是被記錄在專利文件中的，而大部分被記錄在專利文件中的技術及思想，並沒有記載在其他的發行刊物中，而且**專利文件是對所有的人公開開放查閱的**。當你在構想一項創作時，所遇到的某些技術問題，往往能在查詢閱讀當中獲得克服問題的新靈感。

專利資料也是最新最即時的產業技術開發動向的明確指標，因為大家最新開發出來的創作，都會先來申請專利，以尋求**智慧財產權**的保護。專利文件如有必要還可複印出來，供查閱人做進一步的研究之用，複印也只須支付少許的工本費用即可。近年來智慧財產局，已將專利資料上網，供大眾方便查詢，上網**經濟部智慧財產局網站**（http://www.tipo.gov.tw/）即可進行查詢，而且可免費下載資料，大家可多加利用。

發明人要好好善加利用這項重要的資訊來源，如此，**不但可增加你在開發設計時的知識及縮短開發時程，更可避免侵權到他人的專利**，如能善加應用已有的技術，再加上你自己最新的創意，將會更容易完成你的創作作品，更重要的是能防止重複的發明，免得浪費資源又白忙一場。

二 專利資料的公開具良性競爭之效果

另一方面，可藉由專利的保護與資料的公開，讓原發明人得到法定期間內的權益保障，也因技術的公開，讓更多人瞭解該項研發成果，他人雖然不能仿冒其專利，但能依此吸取技術精華，做更進一步的研究開發新產品，如此對整體的產業環境而言，是有良性競爭的效果，使技術一直不斷的被改良，也使產品能夠日新月異的推出，嘉惠於整體社會，而各國政府將專利文件公開的最大意義與目的也就在此。

▲ 綠電：太陽能發電
圖片來源：葉忠福攝影

三 更便捷的專利網路查詢系統

要查閱台灣的專利資料，除了在「經濟部智慧財產局聯絡資料」的台北、新竹、台中、台南、高雄等五個地方服務處資料室可供查詢外，自 2003 年 7 月 1 日起，智慧財產局也正式開放上網查詢，使用起來非常方便。

提供常用網路上專利查詢網址如下：

1. 經濟部智慧財產局：http://www.tipo.gov.tw
   （直接連結專利檢索系統 http://twpat.tipo.gov.tw/）
2. 美國專利局專利查詢：http://www.uspto.gov/patft/index.html
3. 中國大陸專利檢索：http://www.sipo.gov.cn/zhfwpt/zljs/
4. 中國國家知識產權局：http://www.sipo.gov.cn/
5. 日本專利局（Japan Patent Office）：http://www.jpo.go.jp
6. 歐洲專利局（European Patent Office）：http://www.european-patentoffice.org

▲ 經濟部智慧財產局網頁

6-2 ▷ 認識專利

一 台灣的智財權主管機關與相關業務

台灣智財權的主管機關為**經濟部智慧財產局**，簡稱 **TIPO**，目前該局主管的業務範圍有專利權、商標權、著作權、營業祕密、積體電路電路布局、反仿冒等項目，在此僅就與發明人有較密切關係的專利權部分業務做介紹。

目前智慧財產局有台北、新竹、台中、台南、高雄五個服務處。目前所有有關專利的各種業務，如專利申請、舉發、再審查、專利申請權讓與登記、專利權授權實施登記等，皆可由各地的服務處收件。然後會統一集中送件到位於台北的專利組進行審查，個人也可以將專利申請案件，用郵寄的方式直接寄到台北的專利組即可。至於專利申請書表格，以往必須向智慧財產局的員工消費合作社購買，但目前已經停售，現在只須用網際網路（Internet）**在智慧財產局的網站（http://www.tipo.gov.tw）中，點選「專利」項目下之「申請資訊及表格」，即可直接免費下載所有表格**，依表格所示，自行電腦打字後列印出來送件即可。

二 專利是什麼？

專利是什麼？為什麼各國都會訂定《專利法》來保障發明創作的研發者，這是要踏入發明之路的人，首先要認識的概念。

▲ 專利權的特性（無體性、排他性、地域性、時間性、不確定性）

專利權是一種「無形資產」，也是一般所稱的「智慧財產權」，當發明人創作出一種新的物品或方法技術思想，而且這種新物品或方法技術思想是可以不斷的重複實施生產或製造出來，也就是要有穩定的「再現性」，能提供產業上的利用。**為了保護發明者的研發成果與正當權益，經向該國政府主管機關提出專利申請，經過審查認定為符合專利的要項規定，因而給予申請人在該國一定的期間內享有「專有排他性」的權利。「物品專利權人」可享專有排除他人未經專利權人同意而製造、為販賣之要約、販賣、使用或為上述目的而進口該物品之權；「方法專利權人」可享專有排除他人未經同意而使用、為販賣之要約、販賣或為上述目的而進口該方法直接製成物品之權，這種權利就是「專利權」。**

為販賣之要約（Offering for Sale）

在中國大陸專利法稱作「許諾銷售」權，是指以販賣為目的，向特定或非特定主體所表示的販賣意願。例如：簽立契約、達成販賣之協議、預售接單、寄送價目表、拍賣公告、招標公告、商業廣告、產品宣傳、展覽、公開演示等行為均屬之。唯因**意圖侵權之概念已存在時就可進行法律上的保護**。此權利的保護可在銷售行為準備階段即採取防範措施，以遏止侵害行為的蔓延，而達到更有效維護專利權人權利之目的。

▲ ALCHEMA 智慧釀酒瓶

專利權是一種無體產權，不像房子或車子具有一定的實體，但**專利權也是屬於一種「所有權」，具有動產的特質，專利權得讓與或繼承，亦得為質權之標的**。所以專利權所有人可以將其創作品，授權他人來生產製造、販賣或將專利權轉售讓與他人，若專利受到他人侵害時，專利權人可以請求侵害者侵權行為的損害賠償。但**某些行為則不受限於專利權之效力，如作為研究、教學或試驗實施其專利，而無營利行為者**。原則上專利權會給予專利權人一定期限內的保護「時間性」（如十至二十年）。所謂的**專利權「不確定性」，係指專利權隨時有可能因被舉發或其他因素而使得專利權遭撤銷，這種權利存續的不確定性**。

6-3 ▶ 專利分類

一 專利的種類

在我國的《專利法》中，規定的專利種類有三種：**發明專利**（Invention）、**新型專利**（Utility Model）、**設計專利**（Design）。在此先就一般概念性的問題加以說明。

專利的種類

專利分類	保護項目	保護期限
發明專利	物品、物質、方法、微生物之發明，利用自然法則之技術思想之創作	自申請日起算 20 年屆滿
新型專利	物品（具一定空間型態者）之形狀構造或裝置之創作或組合改良，利用自然法則之技術思想之創作	自申請日起算 10 年屆滿
設計專利	物品之形狀、花紋、色彩或其結合，透過視覺訴求之創作，及應用於物品之電腦圖像及圖形化使用者介面	自申請日起算 15 年屆滿 *

＊註：依民國 108 年 5 月 1 日新版《專利法》規定，設計專利保護期限修改為 15 年。

🛡 發明專利

係指利用自然法則之技術思想之高度創作，其保護項目甚廣，包括物品（具一定空間型態者）、物質（不具一定空間型態者）、方法、微生物等。簡言之，就是創作必須是以前所沒有人創作過，且技術層次是較高的創作。

例如，某人創作出「水煮蛋自動剝殼機」，可供食品廠生產作業使用，可節省人工剝蛋殼的大量人力。如果以前從未有人創作出這種機器，則這就是屬於「物品」的發明專利。又如，某人創作出某種特殊氣體，具有醫療某種疾病的特殊效果，若這種特殊的氣體物質是前所未見的，則是屬於「物質」的發明專利。

發明專利，若經智慧財產局審查通過，**自公告之日起給予發明專利權，核發專利證書給予申請人，發明專利權期限為自申請日起算二十年屆滿。**

🛡 新型專利

係指利用自然法則之技術思想對「物品」（具一定空間型態者）的形狀構造或裝置之創作或組合改良。簡言之，就是創作品屬於在目前現有的物品中，加以改良，而可得到創新且具實用價值的創作。

例如，由市面上已有的窗型冷氣創作出「不滴水窗型冷氣機」，它係利用室內側冷卻器，所冷凝下來的排水，將之導往室外側的散熱器加以霧化，而可達到增加散熱效果及不滴水的目的，這是從構造上去做改良的創作例子。而「物質」（不具一定空間型態者），則不適用於「新型專利」，例如，化學合成物或醫藥的研發改良，都不適用於「新型專利」的申請，而應該直接以「發明專利」來提出申請審查。

新型專利，若經智慧財產局審查通過，**自公告之日起，給予新型專利權，核發專利證書給予申請人，新型專利權期限為自申請日起算十年屆滿。**

▲ 日本 THANKO 設計的雨傘，只要打開機關就可令雨傘變成椅
圖片來源：www.thanko.jp

🛡 設計專利

係指對物品之形狀、花紋、色彩或其結合，透過視覺訴求之創作。 簡言之，就是創作品屬於在外觀造型上所做的創作，例如「流線形飲水機面板」等。

設計專利，若經智慧財產局核准審定後，應於審定書送達後三個月內，繳納證書費及第一年年費，始予公告；屆期未繳者，不予公告，其專利權自始不存在。設計專利，**自公告之日起給予設計專利權，並發證書。民國 108 年 5 月 1 日新版《專利法》規定，設計專利權期限為自申請日起算十五年屆滿。**

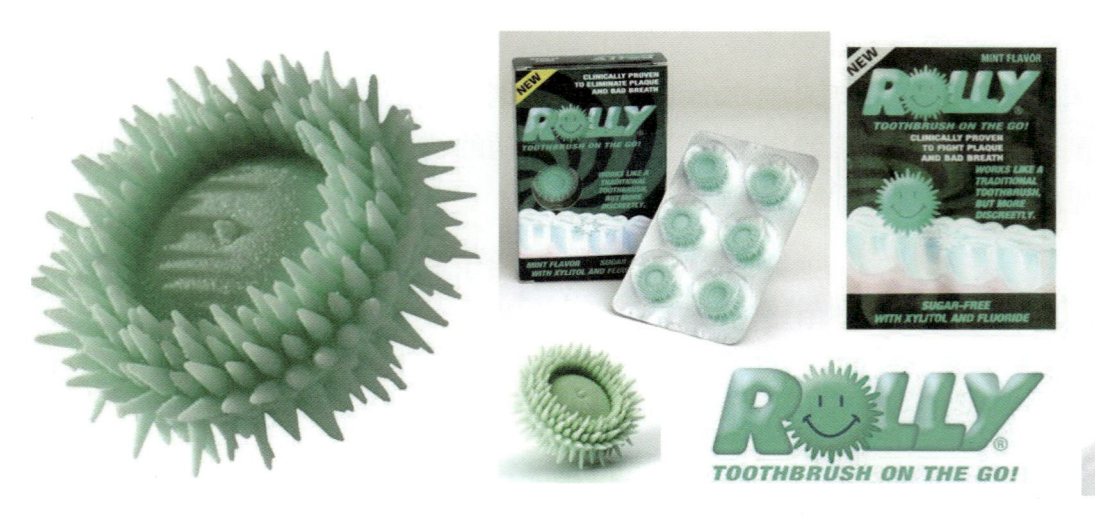

▲ 英國研發世界上最小的咀嚼式牙刷：Rolly Brush
圖片來源：www.rollybrush.co.uk

二 何種創作可申請專利？

　　凡對於實用機器、產品、工業製程、檢測方法、化學組成、食品、藥品、醫學用品、微生物等的新發明，或對物品之結構構造組合改良之創作，及對物品之全部或部分之形狀、花紋、色彩或其結合，透過視覺訴求之創作及應用於物品之電腦圖像及圖形化使用者介面，都可提出申請專利。但對於**動／植物及生產動／植物之主要生物學方法；人體或動物疾病之診斷、治療或外科手術方法；妨害公共秩序、善良風俗或衛生者，均不授予專利。**

三 何時提出專利申請？

　　何時提出專利申請最為適當？這也是發明人所關心的事，一般而言，專利當然是越早提出通過的機率會越高，尤其是在以「**先申請主義**」作為專利授予裁定基礎的國家（如中華民國），**專利申請提出送件當日叫做申請日，當有二人以上提出相同的專利申請案時，中華民國是以誰先送件申請，誰就能獲得該項專利，而不去管到底誰是先發明者。**所以在台灣瞭解到這一點的發明人，有必要時會於專利構想好之後就馬上提出申請。而於申請後再實際的進行研發工作，但這也有一定程度的風險，因為有時只靠構想推理就提出專利申請，恐怕在實際研發驗證時，會出現某些未料想到的問題或思考的盲點，而導致無法照原意實施的失敗結果。但若要等到一切研發驗證通通完成才來申請專利，又擔心可能會讓競爭者有機可乘，捷足先登。所以，要在何時提出專利申請最為適當？這就是見仁見智的問題了，但大原則應該是「**在有相當程度的把握時，要儘早提出申請**」。

　　美國在 2011 年 9 月之前，是採用「先發明主義」作為專利授予裁定基礎的國家，當有二人以上提出相同的專利申請案時，是以誰能提出證明自己的發明最早，專利權就授予誰，而不管專利申請日的早晚，因這種「先發明主義」在有爭議時的審查及界定上的程序較為嚴謹，但審查過程非常繁雜。美國於 2011 年 9 月新修改的《專利法》中已改採「先申請主義」。而「先申請主義」在界定上非常清楚且容易，也是世界各國所通用的模式。

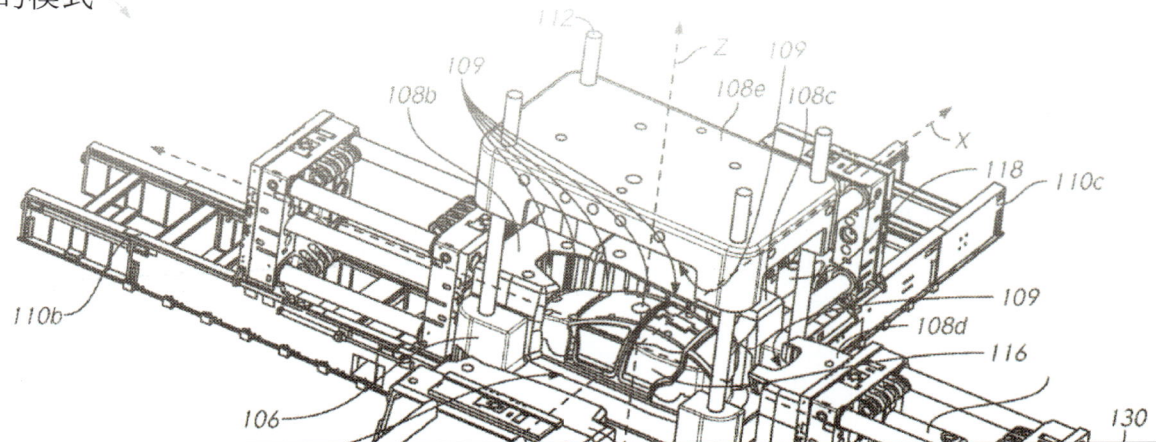

四 誰能申請專利？

專利申請權人，係指發明人、創作人或其受讓人或繼承人，可自行撰寫專利申請書向智慧財產局提出申請，亦可委託專利代理人（專利事務所或律師事務所）申請。但在中華民國境內無住居所或營業所者，則必須委託國內專利代理人辦理申請。

五 專利申請須費時多久時間？

專利審查的作業流程甚為複雜，為求嚴密，必須非常謹慎的查閱比對有關前案的各種相關資料，以及《專利法》中所規定的新穎性、進步性及產業上的利用等要項，必須符合才能給予專利，所以審查期間會耗時較長，這也是世界上各國共同的現況，如美國平均約二十個月，日本約二十四至三十六個月，我國則約須耗時十二至十八個月。

六 職務發明與非職務發明

受雇人於職務上所完成之創作，其專利申請權及專利權屬於雇用人，雇用人應支付受雇人適當之報酬。但契約另有訂定者，從其約定。**受雇人於非職務上所完成之創作，其專利申請權及專利權屬於受雇人**。但其創作係利用雇用人資源或經驗者，雇用人得於支付合理報酬後，於該事業實施其創作。

七 取得專利的優點

取得專利對創作人的權益保障大致有幾點：

1. 能防止他人仿冒該創作品。
2. 專利是創造力、創新能力的具體表現結果，也是競爭力的指標，而且可提升公司及產品的形象。
3. 可將專利權讓與或授權給他人實施，為公司或創作人帶來直接的獲利。
4. 若專利為某產業的關鍵性技術，則能阻礙競爭者的市場切入能力與進入領域。

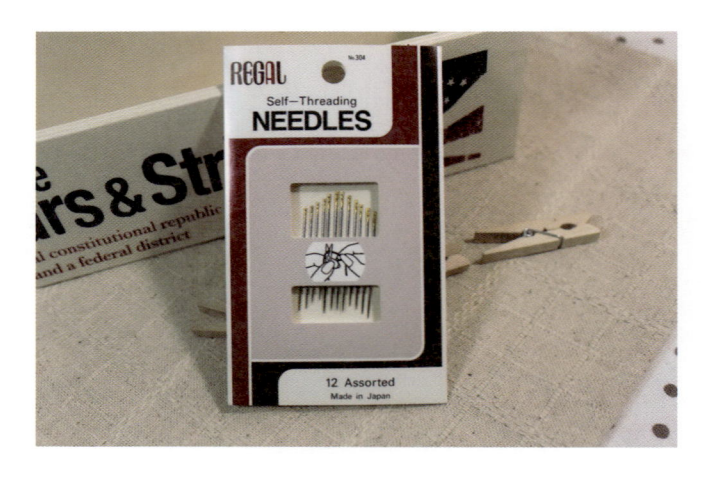

▲ 日本發明：免穿線的針

八 取得專利須支出哪些費用成本？

取得專利及專利權的維護，一般而言費用負擔大致會有以下幾項：

1. 專利申請書表格：以前須以每份新台幣 20 元購買，現在則改由網路免費下載。

2. 專利申請費用：若自行申請只須繳交申請規費新台幣 3,000 至 10,500 元之間，視申請類別及是否申請實體審查而定。若由代理人來協助申請則須再負擔代理人的服務費用。

3. 專利證書領證費用：每件新台幣 1,000 元。

4. 專利年費：視發明專利、新型專利、設計專利及專利申請人為企業法人、自然人或學校與專利權的第幾年，專利年費各有差異。

九 獲得專利權後之注意事項

當創作人收到智慧財產局的審定書是「給予專利」，經繳交規費後，開始正式公告時，即表示創作人已擁有該創作的專利權，在獲得專利權之後，須注意以下事項：

1. 須留意專利公報訊息，對於日後專利公報中的公告案，若與自身的創作相同類似者，可儘速蒐集相關事證後，提出「舉發」來撤銷對方專利權以確保自身權益。

2. **須準時繳交專利年費，若年費未繳，專利權自期限屆滿之次日起消滅。**

3. 若專利尚在申請審查期間內，可在產品上明確標示，專利申請中及專利申請號碼，以供大眾辨識。**取得專利權後應在專利物上標示專利證書號數，不能於專利物上標示者，得於標籤、包裝或以其他足以引起他人認識之顯著方式標示之。**附加標示雖然不是提出損害賠償的唯一要件（僅為舉證責任的轉換而已），但如能清楚標示，就可於請求損害賠償時，省去舉證「證明侵害人明知或可得而知為專利物」的繁瑣事證。

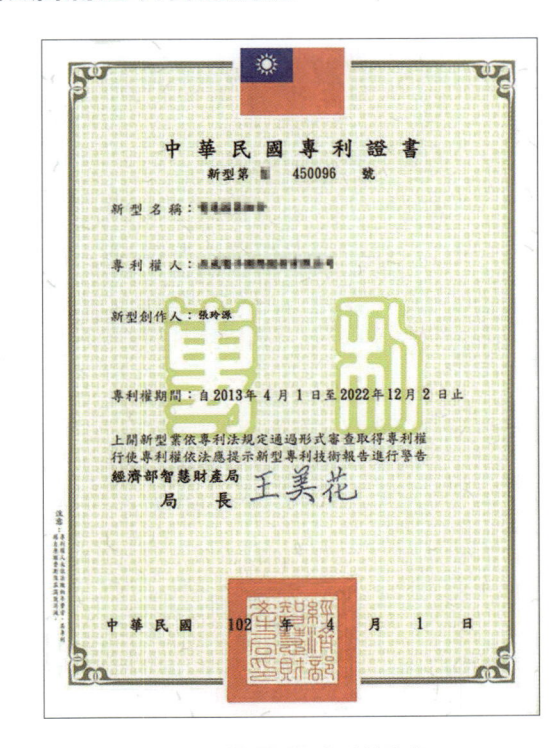

▲ 中華民國專利證書

6-4 ▸ 專利申請之要件

專利的申請與取得，必須符合其相關之要件，才能順利通過審查。

專利要件重點分析比較表

	專利要件	產業利用性	新穎性	進步性	創作性
專利要件 / 發明專利	1. 產業利用性 2. 新穎性 3. 進步性	凡可供產業上利用之發明	（無下列之情況） ★申請前已見於刊物或已公開使用者 ★申請前已為公眾所知悉者	其所屬技術領域中具有通常知識者依申請前之先前技術所能輕易完成時，仍不得依本法申請取得發明專利	—
專利要件 / 新型專利	1. 產業利用性 2. 新穎性 3. 進步性	凡可供產業上利用之發明	（無下列之情況） ★申請前已見於刊物或已公開使用者 ★申請前已為公眾所知悉者	其所屬技術領域中具有通常知識者依申請前之先前技術所能輕易完成時，仍不得依本法申請取得發明專利	—
專利要件 / 設計專利	1. 產業利用性 2. 新穎性 3. 創作性	凡可供產業上利用之發明	（無下列之情況） ★申請前已見於刊物或已公開使用者 ★申請前已為公眾所知悉者	—	其所屬技藝領域中具有通常知識者依申請前之先前技藝易於思及者，仍不得依本法申請取得設計專利

一 專利要件之內涵與意義

產業利用性

產業利用性也可稱為「實用性」，其創作必須：

1 達到真正的「可實施性」

2 達到真正的「可在產業上使用的階段」

換言之，**產業利用性是需要具備可供人類日常生活使用的實際用途（Practical Process）**。例如，依化學元素所排列組合而成的化學物質，雖知其如何組合完成，但尚不知其實際用途？可用於何處？能提供產業上何種功效？則仍屬不符「產業利用性」。

此一「產業利用性」內涵意義的立法目的在於排除一些「**不符合人類生活所需，就沒有必要給予專利的獨占利益，以防止因知識獨占而妨礙了科學的進步**」的申請案。

產業利用之「可實施性」在判斷基準上，簡易的基準可用「**以所屬技術領域的一般技術人員能否實現**」為判斷標準。

新穎性

我國專利對於新穎性是採用反面列舉「不具新穎性」的方式，即專利申請案喪失新穎性者，不予專利之原則處理。判斷基準則以申請日或主張優先權日為準，就**該專利申請案對當時已知技藝與現有知識做比較**：

刊物
不限於國內或國外之刊物。

公開使用
不限於國內或國外之地域，及使用規模大小或已公開銷售者。

公眾所知悉
已為一般公眾所知悉者。

🛡 進步性

　　進步性在美國則稱為「非顯而易知性」（Non-obviousness），係指該專利申請案對於現在之技術而言，是否為那些熟習此一技術領域之人士來說，屬於明顯而易知悉者。此一內涵意義的立法目的在於排除「一般技術人員之傳統技術，以防止一些金錢上、投資上的浪費，以及技術貢獻少」的申請案。

　　前述兩項專利要件（產業利用性、新穎性）在專利審查判斷上，都是屬於較容易界定的，而進步性在界定上是最困難，也是引起最多爭議的部分，以實務上的經驗而言，有 80% 以上的專利申請遭拒案中，就是因為被認為「不具進步性」而被駁回的。由此可知進步性的確認在專利要件中的重要性了，所以創作者在設計創作品時應特別注意這項「非顯而易知性」的特質所在，也就是說創作品應該是能說服專利審查官，讓他認為你的創作是「非一般熟習此一技術領域之人士所能（輕易）想到的」，這樣的作品才能被專利審查官所接受。

你醉了嗎？
你看得出來錶上顯示的是什麼呢？（顯示的是 10：15）

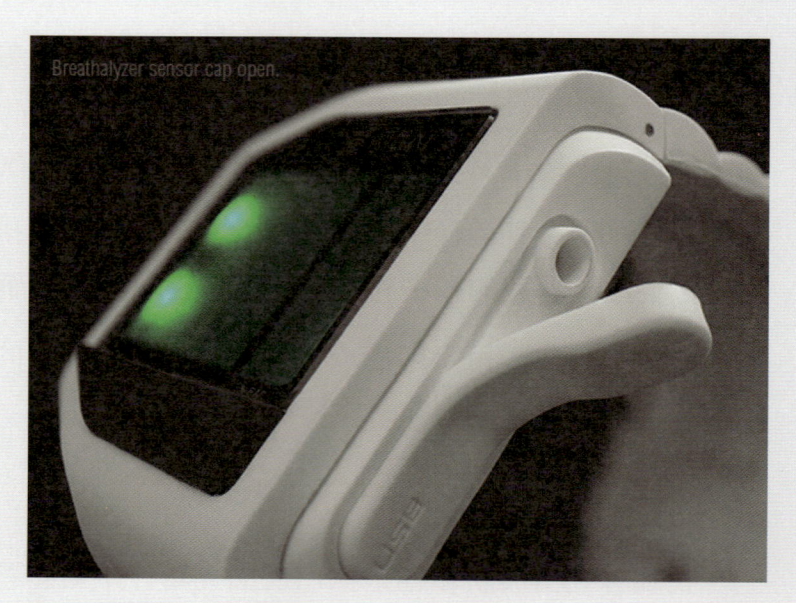

手錶側面有一個酒測吹孔

▲ 日本 Tokyoflash 發明：酒測手錶
圖片來源：www.tokyoflash.com

🛡 創作性

在設計之專利要件，其關鍵在於「**創作性**」，設計專利須為有關工業量產物品，也就是說「**能夠被利用於工業上的重複製造生產出來的物品之形狀、花紋、色彩或其結合之創作**」。

設計應著重於「**視覺效果**」之強化增進，藉商品之造型提升與品質之感受，以吸引一般消費者的視覺注意，更進而產生購買的興趣或動機者。

由此可知，**設計的創作性著重在於物品的質感、視覺性、高價值感之「視覺效果」**表達，以增進商品競爭力及使用上之視覺舒適性。

另外，對於純以動物、花鳥之情態轉用時，也就是說屬「**具象之模仿**」，並不被認**為屬設計專利之「創作性」作品**，故一般的繪畫、藝術創作等作品並不能申請設計專利，而創作者應採用「著作權」的方式來保護。

▲ 美國發明除鞋臭機
圖片來源：www.sterishoe.com

☑ 學後習題

分組討論（每組 2～5 人）：創意發明提案單

每當下雨天，無論是撐傘或穿雨衣，走路時腳上的鞋子總會被雨淋濕，非常不舒服。如何設計出一種能在雨天不被雨淋濕且好收納攜帶、易穿脫的鞋套，以改善克服這個惱人的問題呢？請學員依此主題發揮創意練習下列的「創意發明提案單」。

（註：學員可使用自己想出來的主題來做練習！並請學員在完成後，每組輪流上台發表分享，以擴大群體創意交流，增進學習效果。可參考第三篇參考答案）

一、組員姓名：
二、創意發明提案名稱：
三、專利檢索關鍵字：
四、解決問題或情境敘述：
五、可能銷售對象或市場：
六、創意發明示意圖與說明：

# 創客運動與群眾募資

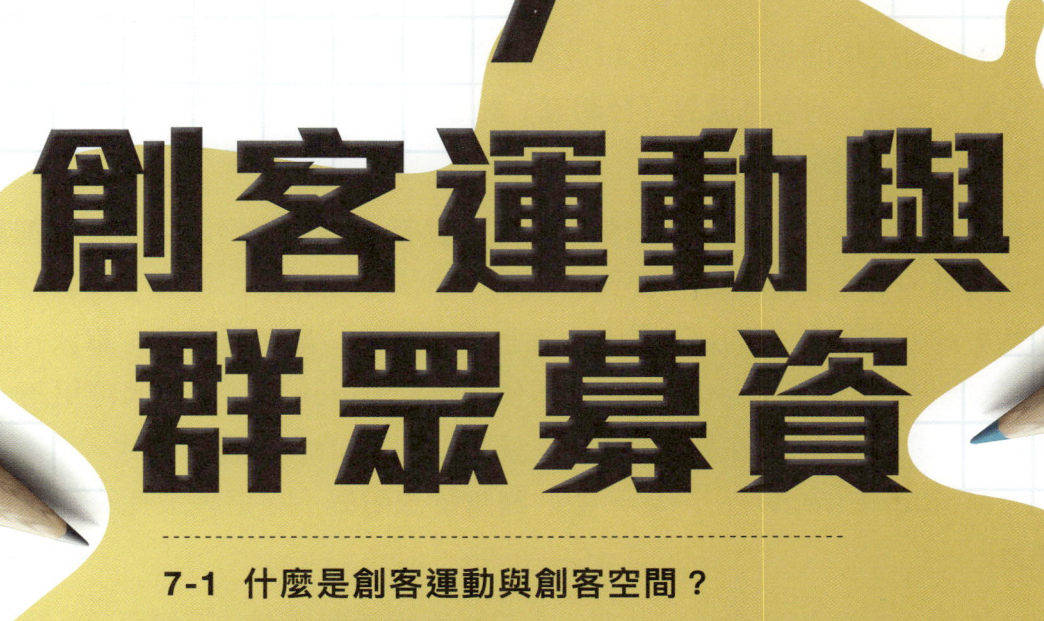

7-1 什麼是創客運動與創客空間？
7-2 創客運動的發展
7-3 什麼是群眾募資？
7-4 群眾募資平台的發展

創客運動（Maker Movement）風潮 2005 年從美國興起後，目前已擴展至世界各地，也拜近年各種有利條件成熟之賜，如 3D 列印技術的進步及成本降低、網路社群發展成熟及群眾募資平台興起與專案募資金額履創新高，在許多因素配合造就之下，快速擴散到世界各國。

7-1 ▸ 什麼是創客運動與創客空間？

自從 3D 列印技術問世並普及化和近年興起「**群眾募資**」平台之後，全球各地正吹起一股「**創客**」風潮，創客也就是「發明家」的意思，創客一詞概念源自英文「Maker」和「Hacker」兩詞的綜合釋義。

創客是一群熱愛科技與文創新事物，且熱衷動手實踐，他們以交流思想創意、分享技術、動手自造、實現夢想為樂。 而當這樣的一群人聚集起來，便成了創客社群，再加上有實際的分享空間和共享的自造設備（如 3D 列印機、雷射切割機、車床、銑床、電動工具、手工具等），便成為「**創客空間（Maker Space）**」。他們善用不同專長領域創客的外部能量，激發每個人的創造力。就如 15 世紀的文藝復興時代，所產生的「**梅迪奇效應（Medici Effect）**」一樣，他們**跨越聯想障礙**，在這裡彼此交流，增加**跨領域創新能力**。

目前全球已有上萬個創客空間社群，光是中國大陸就約有二千個聚落，創客們在創客空間社群中聚會交流創意及腦力激盪，已創造出許多膾炙人口的創新作品，且得到頗大的市場價值和認同，相信再經幾年之後，**創客經濟**將會是全球重要的發展指標項目之一，創客們五花八門的創意作品，也將為人們的生活帶來全新的感受與體驗。

▲ 創客們的創意交流與腦力激盪
圖片來源：Taipei Hackerspace 創客空間

▲ Dynamic- 狗輪椅
圖片來源：Fablab 創客公司

創客的特質就是透過動手去主動學習，把自己的點子實現出來，能清楚解釋作品的原創思考，不用考試成績來定義自己，而是用動手實做展現自己解決問題的能力和自信。創客對每件新事物做出的過程都充滿好奇，對新的人事物及交流分享會有一種滿足與成就感。

18 世紀瓦特在英國打造發明了蒸氣機，帶領第一次工業革命，19 世紀的愛迪生和特斯拉對於直流電與交流電的發明應用及相關產品，改變了人類的近代生活模式。1970 年代賈伯斯在車庫創造了第一台蘋果電腦，引領了近代資訊產業發展數十年。其實他們也就是早期的「創客」，也都對人類的發明史做出巨大的貢獻。

▲ 3D 列印機可讓創客製作樣品的成本大幅降低

在現今創客的精神中，**點子創新、數位應用、DIY 動手實做**是三個關鍵元素，更因近年各種製造生產技術資訊的開放，透過網際網路即可學習，加上動手自造設備成本門檻的降低，及各領域人才交流社群平台發達，使得現代的創客運動蓬勃發展，相信這股風潮必定為人類的發明史，寫下嶄新的一頁。

為何創客運動會出現呢？因適逢近年來幾項條件的成熟：

1. 網路社群發展成熟，便於創客交流。

2. 樣品製作門檻及成本降低，拜 3D 列印技術的成熟之賜，設備成本不斷降低。

3. 自由開發板的興起（如 Arduino 的誕生）讓創客們發揮創意自由運用。

4. 搭上物聯網趨勢，適合少量多樣的作品發展。

5. 募資平台興起，無論是群眾募資、股權群募、天使基金或創投，多重管道可幫助創客實現夢想。

7-2 ▶ 創客運動的發展

一 創客運動發展所產生的影響

近期的創客運動由美國盛行發展至今，可明顯看出對創新產業規則的影響，其層面包括：

🔨 科技業由技術競爭轉化為創新競爭

以往科技業的生存發展之道，就是不斷的研發新技術，以技術取勝競爭對手，但近年的發展已轉變成對使用者的「創新體驗」，如手機產品設計更為人性化的操作介面，這也許並不是太高科技的技術，但需多一點巧思和體貼、簡單化、人性化設計，對使用者的創新體驗是非常重要的。

🔨 創新型態由集中到分散的改變

以往大企業包辦了大多數的創新研發人才與成果，而在創客風潮興起後將會轉變為創新能量散布在各處的創客人群之中，這有助於擴大整體社會的創新動能。大企業若想保持優勢，則必須設法與民間創客社群合作，共享軟硬體資源共創雙贏。

🔨 創客空間社群將愈來愈受重視

全世界有上萬個創客空間社群，這些創客來自於不同領域行業的創新愛好者，他們彼此交流腦力激盪，所產生的創意點子往往更勝於大企業研發部門的同質性人員所想像。所以，爾後會有更多的創客作品顛覆傳統大企業的產品概念，甚至能演變成企業的興衰大洗牌。

通路先行需求驅動供給

在創客經濟生態圈中，**群眾募資**是重要的一環，創客們借助群眾的支持，取得實踐創意的資金，這也是最直接的市調結果，當有了市場需求才讓你的創意實現，這種通路先行的模式能大幅降低失敗的風險。

教育方面的翻轉

東方國家教育大都是填鴨式的背考方式，難以培養出真正具創新思考的人才，**當創客運動盛行後，東方國家教育模式亦會開始由靜態學習轉變為更重視實做勝於理論。** 反觀美國的車庫創客精神成果，光是一家蘋果公司對台灣的零組件採購金額是全台上市櫃公司市值的 10%。蘋果智慧型手機獲利比重，更佔了全球所有智慧型手機公司獲利總數的 95%，難怪其他國家的許多手機公司要裁員或倒閉。

▲ 台灣綜合型的群眾募資平台 FlyingV
圖片來源：FlyingV 官網

二、創客運動大環境的推手逐步到位

2005　《Make》雜誌創立：「Maker」一詞出現

2006　手工藝電子商務平台 Etsy 創立
Arduino 開發板誕生

2007　第一屆 Maker Faire，全球最大創客嘉年華

2008　第一家 TechShop 創客空間開張

2009　Indiegogo 創立（美國最早成立的綜合型募資平台）

熔融沉積 3D 列印技術專利到期

Kickstarter 創立（全球規模最大募資平台）

2011　Beaglebone Black 開發板誕生
FlyingV 創立（台灣最大的綜合型群眾募資平台）

2012　樹莓派（Raspberry Pi）開發板誕生

在 Kickstarter 成功募資的 Pebble 智慧手錶，募資金額達 1,030 萬美元，創下募資案最高金額

2014　雷射燒結 3D 列印技術專利到期

在噴噴 zeczec 成功募資的八輪滑板，募得金額達新台幣 3,900 萬元

金管會櫃買中心（OTC）成立「創櫃板」，全球首創政府協助新創公司募資

任何一次機遇的到來，都必將經歷四個階段：「看不見」、「看不起」、「看不懂」、最後：「來不及」！
「發明」就是：「讓創意化為真實」。

——馬雲（阿里巴巴創辦人）

三 創客競賽：實務參考資料（網站連結）

1. 愛寶盃創客機器人大賽：https://use360.net/iPOE2017
2. IoT 創客松競賽網站：http://mft2017.iot.org.tw
3. IEYI 世界青少年創客發明展暨臺灣選拔賽：http://www.ieyiun.org/
4. Maker Faire：https://makerfaire.com
5. Mzone 大港自造特區：https://www.facebook.com/mzon.KH
6. vMaker 台灣自造者：https://vmaker.tw
7. LimitStyle（HOLA 特力和樂）：http://ideas.limitstyle.com

7-3 ▸ 什麼是群眾募資？

一 創客創意發明商品化的重重關卡

作品不等於產品，產品不等於商品。這是發明人應瞭解的道理，然而現實中卻為大家所忽略，這當中由「作品」要轉化到「商品」過程裡，不只是發明人要創作出優秀的作品來，更要運用**量產技術**及良好的**品質管理**，再透過建立**行銷通路**來銷售商品獲取利潤，如此才能建立完整的商品化流程。

目前台灣在眾多發明人和國內各校的努力下，發明作品相當多元豐富，但大多苦於作品無法順利商品化，目前世界各國快速發展中的群眾募資模式，能協助發明人與早期使用者共同支持參與的方式，將創意實現共創雙贏。

創意發明商品化關卡重重！該如何突破？

作品 ≠ 產品 ≠ 商品

發明人／創作人　　量產技術／品質管理　　建立通路／行銷獲利

▲ 作品不等於產品，產品不等於商品

二 什麼是群眾募資？

3D 列印和群眾募資被喻為是 21 世紀最偉大的發明之一，所謂**群眾募資（Crowd Funding）**，就是用「**通路先行**」的創業概念，落實於向大眾籌募創業基金的做法。提案者必須公開自己的**創意**和完整的**募資計劃**，透過運用「**文案及影片**」方式，在群眾募資平台上公開演示表達出來。

提案計劃書說明內容包括：

1. 明確的主題設定。
2. 預定募集金額目標。
3. 具體的執行計劃。
4. 風險與潛在問題的告知。
5. 募資成功時的回饋方案。（回饋方案項目，可以是致謝、得到預購的產品、限量商品、預購的門票、會員優惠等，各種獨家的獎勵）

一般而言，群眾募資專案有兩大型態，分別為**產品設計類**及**藝文活動類**。產品設計類如，多功能自行車、智慧型手錶、電腦遊戲及軟體開發等；藝文活動類如，電影、音樂、表演、活動等。

群眾募資在過去五年中，在世界各國的成長都令人驚豔，透過**群眾募資這種通路先行的概念執行，能將提案者的創意或夢想，運用群眾的力量將它實現出來**，提案者不但可獲得所需資金，更能從大眾對於你的產品設計認同度上，得到訊息反應，瞭解市場的評價與接受度，預估產量及有效控制庫存負擔，降低失敗的風險，**即使專案沒有在群眾募資平台募集資金成功，你也幾乎沒有任何實質上的損失，反之，你得到的是寶貴的經驗**。

群眾募資與創投不同，在此平台能讓你的創意和想法直接與市場接軌，以大眾消費者的實際行動，決定你的提案是否應被實現，並得到最即時的修正改善建議，讓你的提案更貼近市場需求，這就是最直接的「**市調**」結果。

對專案計劃發起人而言，在此通路先行的運作測試中，除了考驗自己的創意想法是否可行具有市場性外，由獲得贊助的募資金額結果得到解答。也因在群眾募資平台上的專案揭露及其他社群網站（如 Facebook、Twitter、Google+）的親友相互推薦下，更能

達到推廣宣傳和行銷的效果，用市場大眾的力量支持實現你的美好夢想，然後你以**回饋方案**來相對感謝大眾對你的支持。

對支持者們而言，當你所支持的專案募資成功後，發起人會依回饋方案給予支持者們回饋，讓你享受到最新和與眾不同的創意商品或美好體驗。支持者們也可透過各種社群網站分享及號召親朋好友一起加入贊助，幫助專案計劃在**設定的時間內（通常為三十到六十天）**，達成募資目標金額，使該專案計劃可以被實現，讓大家的生活更美好。

有關群眾募資類型分成：**捐贈基礎型、債權基礎型、股權基礎型**，其定義、使用對象、主要網站平台，分述如下：

群眾募資類型

類型	Donation-based crowd funding 捐贈基礎型【或稱贊助型】	Lending-based crowd funding 債權基礎型【或稱借貸型】	Equity-based crowd funding 股權基礎型【或稱投資型】
定義	請求群眾贊助您的專案，以**換取有價值非財務的報酬**（如一份專案實現後的商品、一場電影或演唱會門票等）。	請求群眾提供金錢給您的公司或專案，以**換取財務報酬**或未來的利益。	請求群眾提供金錢給您的公司或專案，以**換取股權**。
使用對象	**募資提案發起人**：如發明家、藝術家、電影及音樂工作者、作家、夢想家、創意者。 **資金贊助人**：如慈善家、熱心粉絲、新事物及小玩意的愛好者。	**募資提案發起人**：如發明者、創業者、新創企業、企業所有人。 **資金提供人**：如投資者、企業家。	**募資提案發起人**：如企業家、新創企業、企業所有人。 **資金提供人**：如投資者、企業家、股東。
主要網站平台（例）	Kickstarter（美） Indiegogo（美） Dragon Innovations（美） HWTrek（美） FlyingV（台） Zeczec（嘖嘖、台） LimitStyle（HOLA特力和樂、台） xstudio-mclub（X工作坊、台） We-report（台） 京東眾籌平台（陸） CAMPFIRE（日）	KIVA Prosper People Capital Lending Club	AngleList Symbid Funders Club Crowdcnbe Grow VC Group CircleUP 金管會櫃買中心-創櫃板

7-4 ▶ 群眾募資平台的發展

全世界的群眾募資平台，大多為**捐贈基礎型**。美國最有名的群眾募資平台，分別為 Kickstarter 和 Indiegogo，Kickstarter 的創意來自華裔青年 Perry Chen（陳佩里）及兩位友人，於 2009 年 4 月在紐約成立，是一個**營利型的群眾募資平台，募資成功時的手續費為向提案人抽取募得金額的 5%，另外募資的繳費配合平台亞馬遜（Amazon）也會收取 5% 手續費。**Kickstarter 可提供多種創意方案的募資，如新發明設計、電影、音樂、舞台劇、電腦遊戲及軟體等。Kickstarter 曾被紐約時報譽為「培育文創業的民間搖籃」，也獲得時代雜誌頒發「2010 最佳發明獎」、「2011 年最佳網站」等殊榮。目前平台網站分別拓展擴及美國、英國、加拿大、澳洲等國，要參與募資提案的個人或公司，必須要有美國或英國銀行的帳戶，而想要參加贊助的人則必須要有亞馬遜註冊帳號的會員。當募資提案者在 Kickstarter 的設定募資天數中，達到預期募資金額目標時，表示募資成功，提案人可獲得扣除手續費後的贊助金，並依回饋方案給予贊助人獎勵。若募資期限到期而未達募資金額目標時，則表示募資失敗，Kickstarter 將全額退回所有已募集到的該案金額還給贊助人。

▲ 美國 LuminAID 吹氣式太陽能防水備用燈

美國另一著名群眾募資平台為 Indiegogo，該平台成立於 2008 年 1 月，開放群眾募資項目更多於 Kickstarter，所以在 Indiegogo 的平台上，你可看到更多各式各樣奇奇怪怪的創意，這也是目前大家常用來收集最新創意資訊的平台，Indiegogo 目前服務於二百多個國家。對於提案的接受上，Kickstarter 較為精挑細選，只做精品而相對封閉，猶如 3C 產業界的蘋果，而 Indiegogo 則相對開放，對各式提案來者不拒，猶如 Android，故你可在 Indiegogo 看到更多公開的創意。也就是因為 Kickstarter 嚴苛挑剔的條件限制，因此以科技類為例，當創意經審核通過放在 Kickstarter 群眾募資平台上的募資成功率約有 34%。而相較條件寬鬆的 Indiegogo 平台上募資成功率約為 3.6%。但依實際的募資成功案件數量相比較，則 Indiegogo 是 Kickstarter 的 1.3 倍。

台灣的 FlyingV 群眾募資平台，於 2011 年 7 月成立，台灣很多年輕人有創意、有設計能力，但沒有資金又缺乏舞台，如果一直以傳統產業、代工製造業的眼光去看台灣的產業未來，這些年輕人是不易被發掘出來的。

FlyingV 開辦第一年就收到超過三百份創意提案，經審查後約一百二十件上架募資，約有七十件募資成功，募資總金額超過一千五百萬，到 2015 年 3 月約有四百五十件募資成功，募資總金額超過二億元。FlyingV 創辦人林弘全鼓勵年輕人發揮創意打造自己的夢想，借由群眾募資的力量將它實現出來。

Zeczec（嘖嘖）也是台灣的群眾募資平台，由創辦人徐震及總經理林能為於 2012 年 2 月網站上線。

台灣群眾募資平台密度全球最高，2015 年總集資 5.12 億元新台幣，**台灣和目前盛行於國際的「捐贈基礎型（贊助型）群眾募資平台」概念類似**，這對台灣的文創設計及創意發明產業會有很大幫助，**當你想出一個很棒的點子，只要具有可行性及市場性，不管任何類型，都可利用自製文案及影片等，上傳到群眾募資平台網站，介紹你的創意想法，經群眾募資平台審核通過及簽署提案者合約，即可將你的提案上架公開向網友募資，幫助你的提案付諸實行，讓你夢想成真**。若未達募資金額目標，則會將已募得的款項全數退還贊助者。而群眾募資平台的獲利模式為：**募資成功時向提案者收取募資金額 8～10% 手續費**。

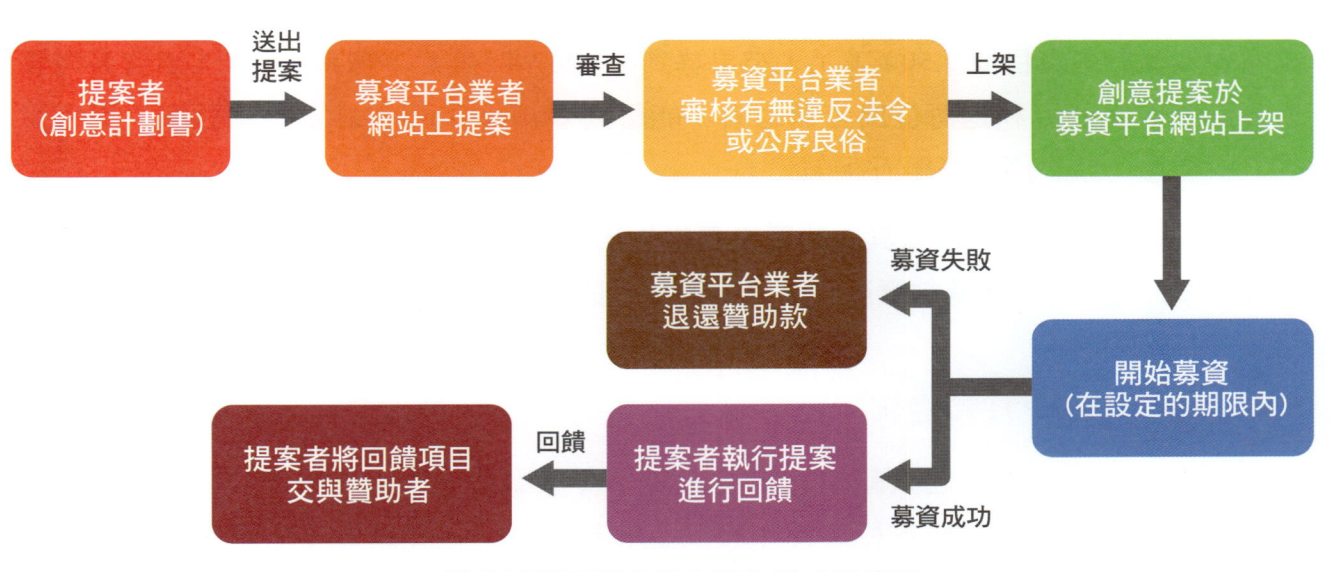

▲ 贊助型群眾募資平台運作模式示意圖

一 群眾募資平台的成功案例

🏆 Coffee Joulies 神奇的控溫豆：（Kickstarter 群眾募資平台）

　　這種用金屬豆就能讓你的咖啡或其他熱飲調溫，達到最適合飲用溫度且能延長保持時間的創意，是來自一位帶有科學頭腦的美國大男孩，其原理是他利用一種具有大比熱特性的控溫物質，密封在不鏽鋼材質的殼內，利用剛沖泡出來熱咖啡的高溫，放入這種神奇控溫豆後，控溫豆馬上吸收熱咖啡的高溫，使得咖啡溫度很快降溫到最令人愉悅的攝氏約六十度，不但減少了被燙嘴的危險，且能保持咖啡的香味，同時間也因這種神奇控溫豆吸收了大量的熱，使得這種密封的物質形成固體，然後再慢慢放出熱能，使得這杯咖啡能夠穩定的保持於攝氏六十度左右，延長的保溫效果時間多達一倍。

▲ Coffee Joulies 神奇的控溫豆

　　當這個創意提案放在 Kickstarter 群眾募資平台上架募資時，得到廣大的迴響，就連愛喝熱可可巧克力或熱茶的人都引起很大的共鳴，覺得這個創意實在太棒了。這個創意提案原本預計募資目標 9,500 美元，結果募到了 306,944 美元，總共 4,818 人出資參與贊助。回饋方案的福利是每位出資贊助者，能得到 Coffee Joulies 神奇控溫豆第一批售價的五折優惠（原售價為每組五十美元）。

　　由此案例中，你會發覺其成功要素是從生活切入，發現生活的樂趣與需求，再加上一些科學原理效果，使得創意產品讓人有所美好的心理期待，就能產生很好的共鳴作用。

🏆 Stair-Rover 八輪滑板：（Zeczec- 嘖嘖 - 群眾募資平台）

　　2014 年 8 月提案發起人賴柏志為英國 RCA（皇家藝術學院）畢業，是個熱愛發明的工業設計師，喜歡鑽研各種工程和設計上的新技術，在經過數年的研發後，設計出 Stair-Rover 八輪滑板車，這不只是設計來讓你跨越新的地形，同時也能讓你發掘屬於自己的新特技、新花招。透過新底盤的機構設計，賴柏志看到了許多過去想像不到的滑板特技表現可能性。賴柏志很期待看到板客們能發揮出無盡的創造力。

城市對板客來說就像是一片待你探索的汪洋，而 Stair-Rover 就是設計來讓你重新領會這片汪洋的美妙。在平地上，Stair-Rover 和一般的滑板一樣容易操作，當地形一旦開始顛簸（不論是導盲磚或者石頭路），它獨特設計的底盤會吸收路面帶給輪胎的振動和衝擊，讓滑板無礙地前行。一旦遇到階梯，Stair-Rover 就會展現出如它的名字一樣的威力，你僅僅需要航向階梯的頂端，剩下的就交給 Stair-Rover 和地心引力吧！以專利技術研發出來的輪架結構，會引領著八顆輪子配合著樓梯形狀上下交錯，這樣有如螃蟹爬行般的動作可以讓 Stair-Rover 順流而下，板客只需要在板身上維持自身的重心，就能體會到都市衝浪的自由樂趣。Stair-Rover 團隊集結了充滿創意和經驗的設計及工程專業夥伴，一同開發了這組世界首創的底盤設計，V 字型的延伸輪架（V-Frame）讓八顆輪子如同仿生機構一般，能隨著地形自主地上下擺動；底層的龍骨（Gliding Keels）強韌而富彈性，讓板客在樓梯上一滑而下時，宛如乘風破浪。

Stair-Rover 八輪滑板團隊，在台灣 Zeczec（嘖嘖）群眾募資平台竟然創下台灣、甚至是亞洲史上最高募資金額，**原預定募資目標二十萬，結果在二個月時間裡竟然募到了三千九百萬元。**

▲ **Stair-Rover 八輪滑板能克服各種地形無礙地前行**
圖片來源：嘖嘖官網

🏆 Pockeat 口袋裡的便當盒：（Zeczec- 嘖嘖 - 群眾募資平台）

　　Pockeat 口袋裡的便當盒創作人海琪，就是為了減少生活中的一次性塑膠垃圾，以「無痕飲食」的理念而創作 Pockeat。海琪自己幾乎每天都會帶著便當盒出門，除了自己準備便當外，去外面買食物時，也會請店家老闆裝到自己自備的容器裡面。但是便當盒又重又大，用三明治袋又會擔心外漏。每天為了少用一點塑膠而拎著大包小包出門，卻換來壞心情與僵硬的肩膀。所以決定要設計一款最適合台灣人的食物袋，讓更多人可以加入「無痕飲食」的行列。

　　Pockeat，是「Pocket 口袋＋ Eat 吃」這兩個英文單字的混合，因為它是一款史上最小，可收納進口袋裡面的食物袋。Pockeat 的重量只有 43 克，等於 3 支鑰匙的重量。另外只要輕鬆捲動黏扣帶，Pockeat 可以依照內容物變化大小。最大可以裝到三公升的大容量（相當於三碗湯麵）；捲動到最小，裝一份蛋餅蘿蔔糕也剛剛好。

　　Pockeat 是專為台灣人的飲食習慣打造的，因為有防水防油的內袋，不僅僅可以裝麵包與三明治（乾的），更可以裝各種有「醬汁」的台灣小吃（濕的）。耐熱溫度達到 120 度 C，可以直接裝熱湯麵也不會有食安的疑慮。拎著 Pockeat 征服整座夜市也沒問題：滷味、紅豆餅、鹹水雞、麵線、仙草愛玉，通通可以裝進來。

　　Pockeat 用完之後，可以先收納起來，回家後再清洗，不會沾的包包到處都是。清洗的時候，內袋可以拉出來清洗，清洗後自然陰乾約 3 小時，或是用烘碗機、洗碗機清洗，安全沒問題。

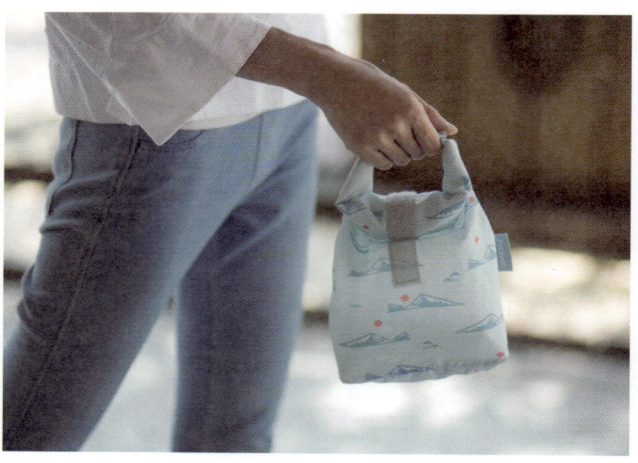

▲ Pockeat 口袋裡的便當盒，不但可裝各種食物，也讓出門時更方便攜帶

圖片來源：嘖嘖官網

二 群眾募資平台：實務參考資料（網站連結）

1. Zeczec（嘖嘖）群眾募資平台（台灣）：http://www.zeczec.com
2. FlyingV 群眾募資平台（台灣）：http://www.flyingv.cc
3. 群募貝果群眾募資平台（台灣）：http://www.webackers.com
4. Kickstarter 群眾募資平台（美國）：https://www.kickstarter.com
5. Indiegogo 群眾募資平台（美國）：http://www.indiegogo.com

✓ 學後習題

活動練習：群眾募資平台登入

🏳 活動練習說明

1. 請學員使用以「Zeczec（嘖嘖），http://www.zeczec.com」這個群眾募資平台做為登入練習。

2. 當學員瞭解如何登入群眾募資平台成為會員後，對於爾後無論是要參與資助他人的募資活動並訂購取得新產品，或自己要去提案進行募資，或單純要查詢他人的創意作品與構思，就能開始運用此一群眾募資平台的資源。

🔗 登入群眾募資平台網址

Zeczec（嘖嘖）：http://www.zeczec.com

🔗 登入方法

1. 點入「登入」或「Facebook 登入」欄位。

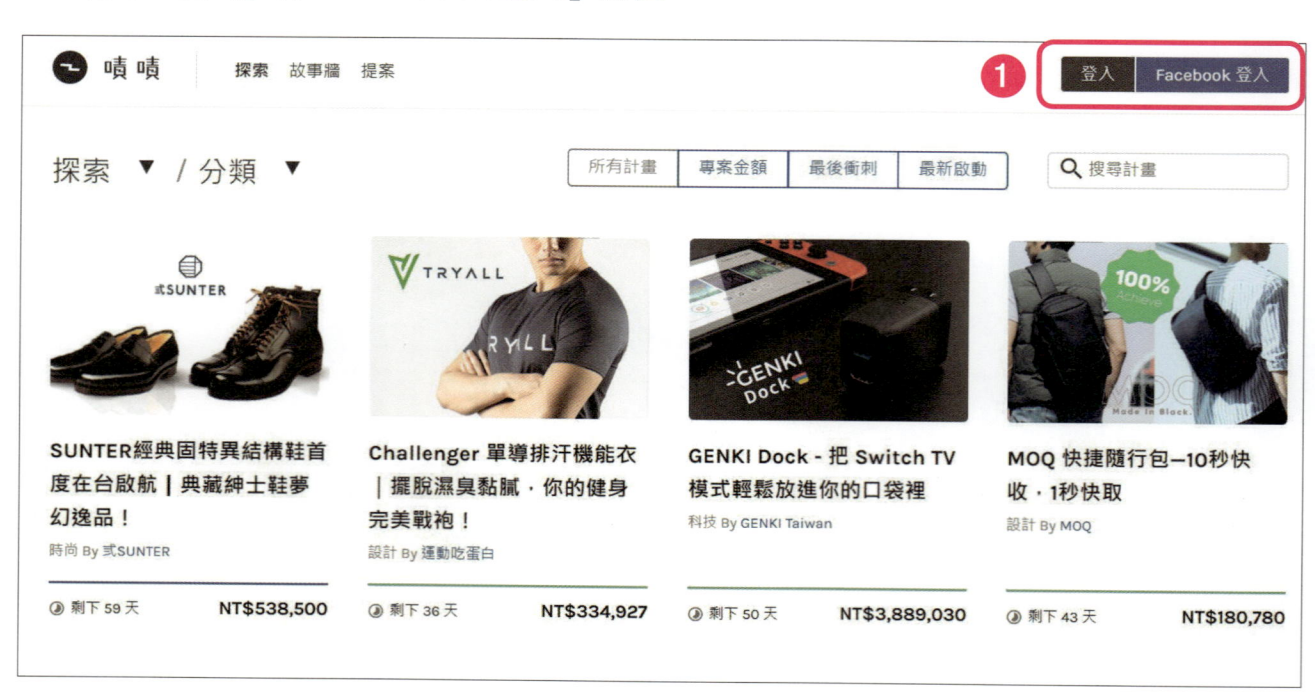

2. 利用「Facebook 帳號」或「電子信箱」來登入，即可完成會員。

筆記欄

筆記欄

第二篇
專題製作實作篇

本篇探討各種有關「電子電路專題製作」的學說及「電子電路專題製作」的方式，深入探討「自動導向式太陽能集熱板專題製作」、「浴室輔助控制裝置專題製作」、「省電充電插座專題製作」、「電烙鐵輔助控制裝置專題製作」、「乙級電腦硬體檢修卡輔助測試裝置專題製作」等五個專題議題，希望藉此提供學生在專題製作準備階段上更能掌握方向，進而運用製作專題能力，完整地呈現出結果。

第1題	自動導向式太陽能集熱板	2-1.1
第2題	浴室輔助控制裝置	2-2.1
第3題	省電充電插座	2-3.1
第4題	電烙鐵輔助控制裝置	2-4.1
第5題	乙級電腦硬體檢修卡輔助測試裝置	2-5.1

台北縣私立復興學校

資訊科 專題報告

自動導向式太陽能集熱板

學生　組長：洪勝忠
　　　組員：賴星婷
　　　組員：劉瑋婷
　　　組員：周政寬
指導者：林明德　老師

中華民國　97年　06月

摘要 Abstract

　　本專題旨在研究一種導向式太陽能集熱板,係包括:一太陽能集熱板,一光源方向感測裝置,一水平/垂直控制電路,一水平轉向傳動機構以及一垂直轉向傳動機構。本研究係利用光源方向感測裝置,截取水平及垂直兩組相對電壓值後,經由水平/垂直控制電路進行運算處理後,自動計算出太陽移位距離,再分別去驅動水平轉向傳動機構及垂直轉向傳動機構,使太陽能集熱板轉到正對太陽的最佳位置,以獲得最高效率太陽能量之目的。

　　關鍵字:太陽能,集熱器,橋式電路。

目錄 CONTENTS

摘要	II
目錄	III
圖目次	V
表目次	VI
第 1 章　緒論	
1-1　研究動機	2-1.1
1-2　研究目的	2-1.1
1-3　預期成果	2-1.1
第 2 章　理論研究	
2-1　太陽能集熱器加熱方式分類	2-1.3
2-2　太陽能集熱器循環方式分類	2-1.3
2-3　太陽電池	2-1.5
2-3.1　太陽能電池的材料	2-1.5
2-3.2　光電轉換原理	2-1.6
2-4　光敏電阻	2-1.6
2-5　運算 IC 基礎電路	2-1.7
2-5.1　差值反相放大電路	2-1.7
2-5.2　電壓隨耦電路	2-1.8
2-5.3　電晶體橋式電路	2-1.8
2-6　直流馬達	2-1.9
第 3 章　研究設計與實施	
3-1　研究架構	2-1.11
3-2　研究方法	2-1.12
3-3　實施研究	2-1.12
3-3.1　機構部分	2-1.12
3-3.2　硬體部分	2-1.15
3-3.3　軟體部分	2-1.15

目錄

第 4 章　研究成果
    4-1　運算控制電路　　　　　　　　　　　　　　2-1.16
    4-2　微電腦控制電路　　　　　　　　　　　　　2-1.17
    4-3　MCS_51 程式設計　　　　　　　　　　　　2-1.17
        4-3.1　程式流程圖　　　　　　　　　　　　2-1.18
        4-3.2　程式內容　　　　　　　　　　　　　2-1.19

第 5 章　結論與建議
    5-1　結論　　　　　　　　　　　　　　　　　　2-1.20
    5-2　建議　　　　　　　　　　　　　　　　　　2-1.20

參考文獻　　　　　　　　　　　　　　　　　　　　2-1.22

附錄
1. 感光式燈光控制電路　　　　　　　　　　　　　　2-1.23
2. 單晶片微電腦控制電路圖　　　　　　　　　　　　2-1.23
3. 運算驅動電路　　　　　　　　　　　　　　　　　2-1.24
4. 運算驅動電路實體佈置頂視圖　　　　　　　　　　2-1.25
5. 運算驅動電路實體佈置底視圖　　　　　　　　　　2-1.25
6. 單晶片微電腦控制電路實體佈置圖　　　　　　　　2-1.26
7. 單晶片微電腦控制電路實體作品　　　　　　　　　2-1.27
8. 運算驅動電路實體作品　　　　　　　　　　　　　2-1.28
9. 機構實體作品　　　　　　　　　　　　　　　　　2-1.29
10. 齒輪應用補充　　　　　　　　　　　　　　　　　2-1.30
11. 需求設備零件表　　　　　　　　　　　　　　　　2-1.32

圖目次

圖 2-1	自然循環式太陽能集熱器實體圖	2-1.3
圖 2-2	自然循環式太陽能集熱器原理示意圖	2-1.4
圖 2-3	強制循環式設置於宿舍實體圖	2-1.4
圖 2-4	強制循環式設置於工廠實體圖	2-1.4
圖 2-5	強制循環式太陽能集熱器原理示意圖	2-1.5
圖 2-6	太陽電池 p-n 接面能帶示意圖	2-1.6
圖 2-7	光敏電阻特性曲線	2-1.6
圖 2-8	CdS 光敏電阻	2-1.7
圖 2-9	CdS 專題實體配置圖	2-1.7
圖 2-10	差值放大電路	2-1.7
圖 2-11	電壓隨耦電路	2-1.8
圖 2-12	電晶體橋式電路	2-1.9
圖 2-13	直流馬達基本原理示意圖	2-1.10
圖 2-14	玩具直流馬達基本構造	2-1.10
圖 3-1	研究架構圖	2-1.11
圖 3-2	機構示意圖一	2-1.13
圖 3-3	機械結構剖面符號示意圖二	2-1.14
圖 3-4	控制電路流程圖	2-1.15
圖 4-1	程式流程圖	2-1.18

表目次

表 2-1　橋式控制電路真值表　　2-1.9

第 1 章　緒論

　　現今是一個注重環保及資源回收的時代，科學家預估在過二十年後，可能所有能源皆會消耗殆盡，因此世界各國皆在研究如何有效利用太陽能源以取代傳統能源的來源，而太陽能集熱器係最常被應用改善生活的實例，它存在諸多可改進之處宜深入探討，本文依此發展專題研究，主要內容分述如後。

1-1　研究動機

　　傳統太陽能集熱板，係太陽能式熱水器裝置中非常重要的組件之一，由於其需用較大實體空間，所以現況均採室外固定座向及仰角進行安置。如此，僅能侷限於白天部分時段日照時間，太陽光線與集熱板面，可形成較好照射角度，於此段時間裡獲有較高的能量轉換效能，而於剩餘大部分時段，由於太陽光線與太陽能集熱板面，沒有維持良好照射角度，無法有效提高能量轉換，形成實用上潛在的缺點。

　　因此，鑑於前述之缺點，本專題研究乃亟思構想一種能隨太陽移動而追蹤光源以自動修正的集熱板，能以最佳的受光面來接受太陽能的輔助裝置，希望將來國人都能使用這種具有環保及省電的裝置。

1-2　研究目的

　　根據研究動機所述，本專題研究之主要目的分述如下：

1. 提供一種自動導向式太陽能集熱板，能依據日照光線明暗程度之變化，自動修正太陽能集熱板方向，以最佳受光面正對著太陽光線的來源。
2. 提供一種上述之太陽能板，改進傳統式固定架設太陽能集熱板的方式，使其能有效降低熱能損失及提升使用效率。
3. 提供一種上述之自動導向式太陽能集熱板，能有效改善太陽能低轉換效率的缺點，進而提升安裝使用的普及率，以節省民生用電進而改善居家生活。
4. 提供一種上述自動導向式太陽能集熱板，其實用性、進步性兼具，且符合新穎性之自動導向式太陽能板。

1-3　預期成果

　　本文係配合電子電路實習實施課程教學，學習單元專業知識與訓練實務操作技巧，同時在老師指導之下針對太陽能如何有效應用，或改進太陽能集熱板現況轉換效能之不足，提供後續課程認知應用與實務操作的重要課題，成員依屬性差異進行分工、協調，由資料蒐集、理論探討、研究準

備、構想設計、電路裝配與測試、功能整合等製作過程,充分表現積極研究的態度,並尋求以正確方法克服問題,預期完成一「自動導向式太陽能集熱板」裝置,以改進現況太陽能集熱板所存在的問題。

1. 改進傳統式太陽能集熱板以固定方式架設於屋外,不能隨著太陽日照時間及光線來向的變化,而修正而其集熱器面板的導向,所形成的熱能損失及無法提升使用效率的缺點。
2. 改善現況太陽能低轉換效率的缺點,進而提升居家安裝使用的普及率,更可促進民生用電改善生活品質。

第2章 理論研究

　　使用太陽能的好處是減少環境污染，而且是取之不竭的自然能源，不會受限於國際的政治或經濟所影響，而太陽能集熱器是開發應用太陽能所必須配置的重要裝置構件之一。本專題旨在運用光感測、運算IC與電晶體元件，構想設計一新穎的太陽能集熱板，以改進傳統式太陽能集熱板，因定置於屋外所存在轉換太陽能量偏低的缺點。基此，本文擬從探討太陽能熱水器加熱方式、常見運算IC基礎電路、電晶體橋式控制、直流齒輪馬達與光敏電阻等研究，希望能助益提升本專題研究之成果。

2-1 太陽能集熱器加熱方式分類

1. 直接加熱式：係指將水填進集熱器的加熱管中直接吸收太陽能，受熱後的水儲存於儲水槽中，此種方式加熱的熱水器，構造簡單且成本低廉，適用於水質良好地區，因其裝置於水質不良地區，容易產生水垢沉積而導致加熱管阻塞的情形發生，縮短太陽能熱水器的使用壽命。

2. 間接加熱式：間接加熱方式是改良式的加熱法，是指在集熱板的加熱管中填加不溶於水的工作流體，受熱的工作流體再流經儲水槽將熱傳遞給儲水槽中的水，這樣的加熱方式較不易在加熱管中產生水垢，清洗容易。間接加熱方式的太陽能熱水器的工作流體通常選擇沸點較低的丙酮等流體，利用其低沸點容易產生相變化的特點，產生推動系統自然循環的推力。

2-2 太陽能集熱器循環方式分類

1. 自然循環式：太陽的輻射熱被集熱器的黑色面吸收，其內的水因熱傳導使水溫升高密度變小浮力增大，形成往上升匯流入上方的儲水槽；槽底部較冷水液，密度較大而自然下降流入集熱器底部補充，此工作流體（水）在集熱器因水溫、密度差而自然對流循環，將儲水槽的水液加熱。因構造簡單且成本低廉，大多使用於家庭小型系統實體如圖2-1所示，此設備須將儲水槽置於集熱器上方，裝置同一平面上，依地區緯度成傾斜架設。

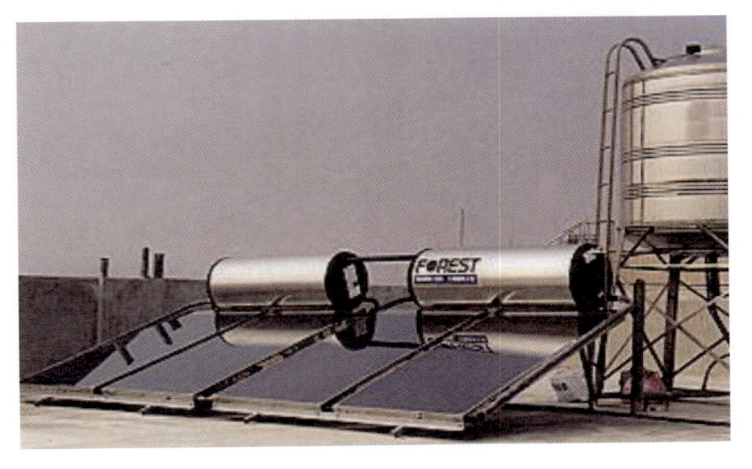

圖2-1　自然循環式太陽能集熱器實體圖

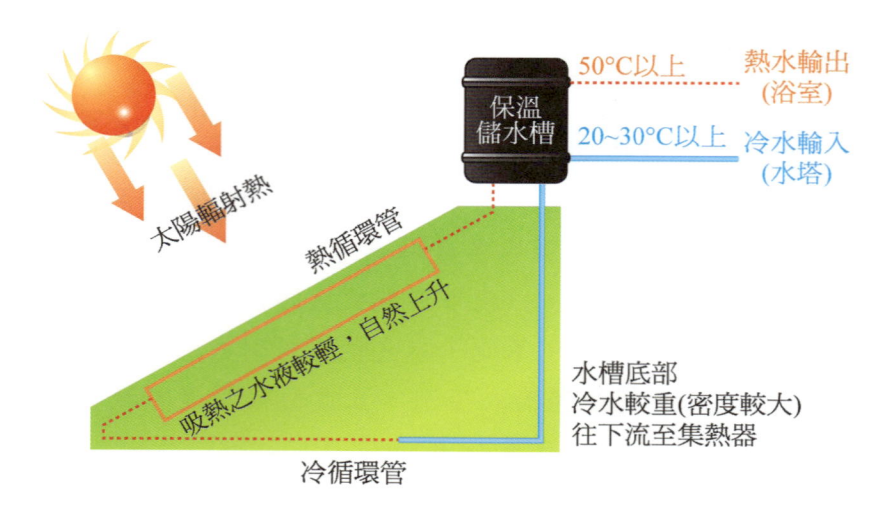

▲ 圖 2-2　自然循環式太陽能集熱器原理示意圖
（資料來源：http://www.solar-energy.com.tw/）

2. 強制循環式：利用集熱迴路泵浦，藉溫差控制使儲水槽內的水，依所設定的條件強制流經太陽能集熱器，將集熱器所吸收的太陽能輻射熱帶回儲水槽，此類型系統多用於水量大的大型系統，如：學校、醫院、宿舍、工業製程預熱等等，參考圖 2-3、2-4 所示，此型式之水槽亦多安置於地面，且以加壓幫浦輔以工作流體達到循環效果，設置成本較高，圖 2-3、圖 2-4 為設置實體圖，圖 2-5 所示為強制循環式太陽能集熱器原理示意圖。

▲ 圖 2-3　強制循環式設置於宿舍實體圖

▲ 圖 2-4　強制循環式設置於宿舍實體圖
（資料來源：http://www.solar-energy.com.tw/）

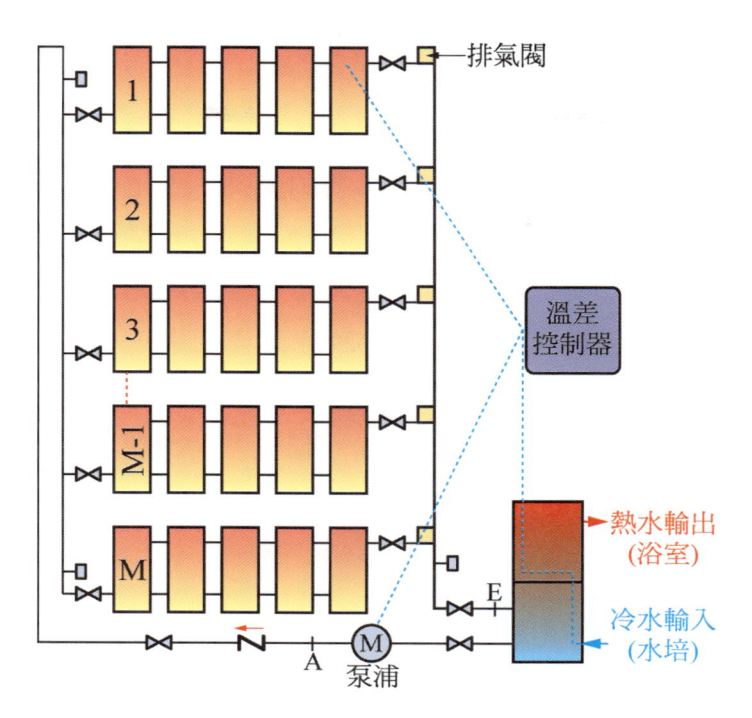

▲ 圖 2-5　強制循環式太陽能集熱器原理示意圖
（資料來源：http://www.solar-energy.com.tw/）

2-3 太陽電池

由於太陽光是取之不盡用之不竭的天然能源，除了沒有能源耗盡的疑慮之外，也可以避免能源被壟斷的問題。照射在地球的能量可以達到平均每平方公尺地面約 180 瓦特，如果能夠充分地轉換，將能應用地表所吸收的龐大能量來源。

2-3.1 太陽能電池的材料

太陽能電池的發電能源來自太陽光，而太陽輻射的光譜主要是以可見光為中心，波長能量，則大約在 0.3 到 4 電子伏特之間，因此能隙大小在這個範圍內的矽材，會具有比較好的光電轉換效率，主要可以分為單晶矽、多晶矽和非晶矽三大類。

1. 單晶矽太陽能電池：單晶矽原子具有高度的週期性排列，光電轉換效率較多晶非晶矽最高且使用年限較長，較適合於發電廠或交通照明號誌等場所的使用。

2. 多晶矽太陽能電池：因切割、加工過程較困難與轉換效率偏低，具有製程簡單與低成本特點，常應用於低功率的應用系統上。

3. 非晶矽太陽能電池：由於價格最便宜，生產速度也最快，常應用在消費性電子產品上。

2-3.2　光電轉換原理

圖 2-6 所示，當 p 型及 n 型半導體互相接觸時，n 型半導體內的電子會湧入 p 型半導體中，以填補其內的電洞。在 p-n 接面附近，因電子－電洞的結合形成一個載子空乏區，而 p 型及 n 型半導體中也因而分別帶有負、正電荷，因此形成一個內建電場。當太陽光照射到這 p-n 結構時，p 型和 n 型半導體因吸收太陽光能量激發而產生電子－電洞對。由於空乏區所提供的內建電場，可以讓半導體內所產生的電子在電池內流動，因此若經由電極把電流引出，就可以形成一個完整的太陽能電池。

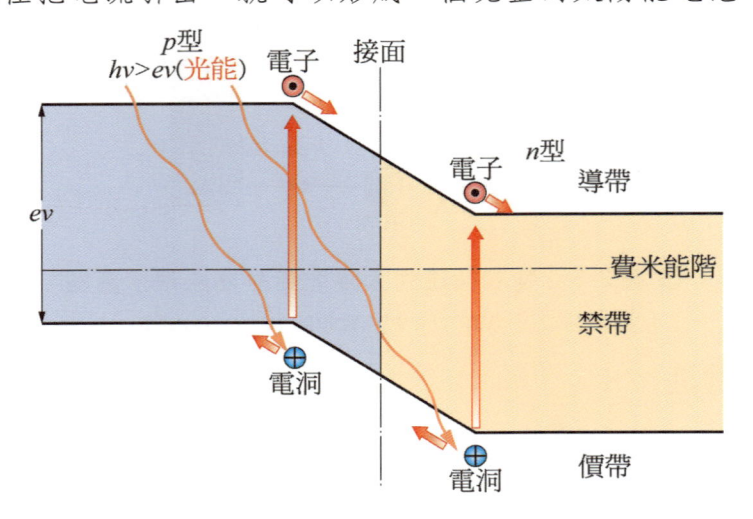

▲ 圖 2-6　太陽電池 p-n 接面能帶示意圖

2-4　光敏電阻

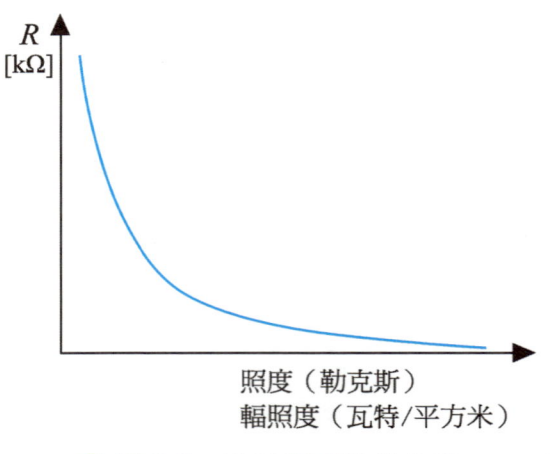

光敏電阻是一種被動性半導體元件，稱之為光傳導器或是光傳導電池。由於光傳導效應，使得當它們受到光線照射時，它們的電阻值隨著照射光度的大小而改變，即光度強度愈大，則其電阻值愈小。光敏電阻器主要以硫化鎘 CdS 為製造的主要材料，一般若無特別指定稱光敏電阻器為 CdS Cell，圖 2-7 所示為電阻值與照射光的關係曲線。

▲ 圖 2-7　光敏電阻特性曲線

在黑暗狀態下光敏電阻電阻值大約在 4MΩ 的範圍，若在強光的照射下，其典型的電阻值約在 100kΩ 與 2400Ω 範圍內。光敏電阻的實際應用包括有：火焰檢測器，自動光度控制、曝光表、色彩標記檢測器、打孔卡帶閱讀機等裝置，實體光敏電阻器及如實體元件配置於專題應用如圖 2-9 所示。

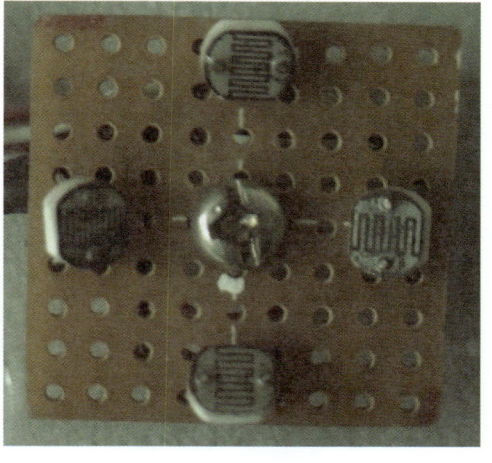

▲ 圖 2-8　CdS 光敏電阻　　　　▲ 圖 2-9　CdS 專題實體配置圖

參考附錄 1 所示電路為使用 CdS 光敏電阻器作為光感測控制之實例，於電路中 Q_1 及 Q_2 組成舒密特電路，當 CdS 之元件受光減弱時其電阻值會增加，經直流分壓所獲得的電壓值，將隨著 CdS 受光量減弱而增加。當 CdS 端電壓值大於舒密特電路上限臨界值 V_H 時，$Q_{1\,(ON)}$ 且 $Q_{2\,(OFF)}$ 及 $Q_{4\,(OFF)}$，此時 $V_{C4}=0V$ 無法形成足夠激發準位，使得 SCR_1 截止燈泡熄滅。

當 CdS 受光量增加時其端電壓將減少，若低於舒密特電路下限臨界值 V_L 時，$Q_{1\,(OFF)}$ 及 $Q_{2\,(ON)}$。此時，V_{C2} 下降而令 $Q_{4\,(OFF)}$，形成足夠的激發準位經由 R_{11} 激發 $SCR_{1\,(ON)}$ 燈泡將轉亮。D_1 為半波整流經 R_9 適度降壓，並經 C_1 濾波成直流。若 $V_{BE}=0.6V$ 則穩壓級 Q_3 輸出至負載之 V_{DC} 值為 $V_Z - V_{BE3} = 8.7V$，Zd_1 提供定電壓值輸出之參考，而 Q_3 提供額定輸出之電流。

2-5　運算 IC 基礎電路

本節僅列出與本文相關應用之差值反向放大電路、電壓隨耦電路、馬達轉向檢知電路等舉例說明如下：

2-5.1　差值反相放大電路

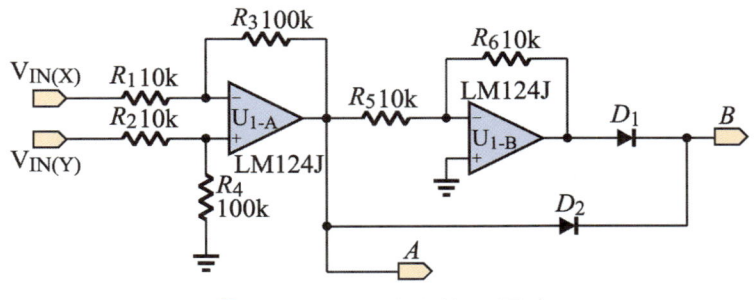

▲ 圖 2-10　差值放大電路

如圖 2-10 所示電路，$V_{IN(X)}$ 與 $V_{IN(Y)}$ 兩信號直接載入 U_{1-A}，經運算後由端點 A 輸出，電路主要工作原理敘述如下：

1. 設 $V_{IN(Y)} = 0V$ 時：U_{1-A} 與 R_1、R_3 執行反向放大之作用，U_{1-A} 端點 A 的電位 V_{A1} 與 $V_{IN(X)}$ 之關係式如下：

$$V_{A1} = -V_{IN(X)} \times \frac{R_3}{R_1}$$

2. 設 $V_{IN(X)} = 0V$ 時：U_{1-A} 與 R_1、R_3 執行反向放大之作用，U_{1-A} 端點 A 的電位 V_{A1} 與 $V_{IN(Y)}$ 之關係式如下：

$$V_{A2} = V_{IN(Y)} \times \frac{R_4}{R_2+R_4} \times (1 + \frac{R_3}{R_1})$$

$\because R_1 = R_2$ 且 $R_3 = R_4$ $\quad \therefore V_{A2} = V_{IN(Y)} \times \frac{R_4}{R_1}$

3. 設 $V_{IN(Y)} \neq 0V$ 且 $V_{IN(X)} \neq 0V$ 時：U_{1-B} 與 R_5、R_6 構成反相放大電路，予以端點 A 的信號電位反相輸出，U_{1-B} 輸入及輸出信號之關係式如下：

$$V_A = V_{A1} + V_{A2} = V_{IN(Y)} - V_{IN(X)}$$

圖 2-10 中之 D_1、D_2 二極體，係等同於基本邏輯之或閘（OR-GATE）作用，取出 $V_{IN(X)}$ 與 $V_{IN(Y)}$ 二信號差之絕對值，其動態信號如下：

(1) 設 $V_{IN(X)}$ 大於 $V_{IN(Y)}$ 時：此時 U_{1-A} 之輸出端點 A 呈現負直流電位同時令 D_1 截止，並經 U_{1-B} 輸入反向轉態為正直流電位輸出同時令 D_2 導通，使端點 B 呈現正直流電位。

(2) 設 $V_{IN(X)}$ 小於 $V_{IN(Y)}$ 時：此時 U_{1-A} 之輸出端點 A 呈現正直流電位同時令 D_2 截止，並經 U_{1-B} 輸入反向轉態為負直流電位輸出同時令 D_1 導通，亦使端點 B 呈現正直流電位。

由上敘述可得知，只要存在 $V_{IN(X)}$ 不相等於 $V_{IN(Y)}$ 狀態時，端點 B 均將獲致正電位輸出。

2-5.2 電壓隨耦電路

參考圖 2-11 所示電壓隨耦電路，係由運算放大器與一 NPN 電晶體所構成，當正直流電源由端點 C 施加於運算放大器同相輸入端，輸出經由電晶體直接回授至反相輸入端，使由端點 C 所輸入之電位與輸出 V_O 端點同電位，因而經由電晶體則提供橋式控制電路負載電流。

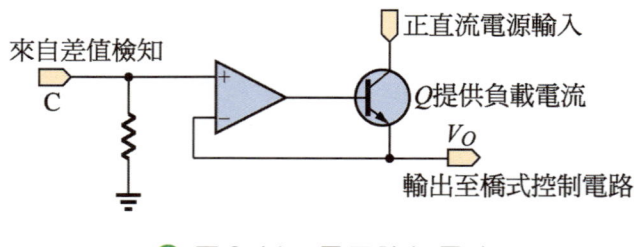

▲ 圖 2-11 電壓隨耦電路

2-5.3 電晶體橋式電路

橋式電路係廣泛運用於驅動馬達運轉的控制電路之一，其主要電路結構係由相對稱之四只半導體元件所組成，運用其開（導通）與關（截止）

的工作特性，達到控制馬達正確運轉之目的，以下僅列舉基本電晶體式橋式電路如圖 2-12 所示，係由二只 PNP 電晶體與二只 NPN 電晶體所構成，以直流馬達作為輸出負載，電路工作真值表如表 2-1 所列，主要內容分述如下：

▼ 表 2-1　橋式控制電路真值表

狀態	V_{X1}	V_{X2}	V_{Y1}	V_{Y2}	Q_{X1}	Q_{X2}	Q_{Y1}	Q_{Y2}	馬達
A	1"	0"	0"	1"	OFF	OFF	ON	ON	反轉
B	0"	1"	1"	0"	ON	ON	OFF	OFF	正轉
C	1"	0"	1"	0"	OFF	OFF	OFF	OFF	停止

（註：1" 表示邏輯高電位，0" 表示邏輯低電位）

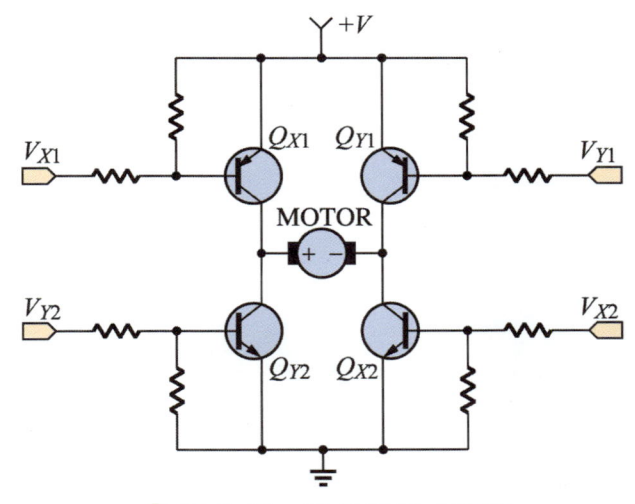

△ 圖 2-12　電晶體橋式電路

1. 狀態 A 情形：因 Q_{X1} 與 Q_{X2} 截止而 Q_{Y1} 與 Q_{Y2} 導通形成直流路徑，使正直流電位經馬達負極端流入內部激磁線圈，由馬達正極端流出令馬達產生反轉效果。

2. 狀態 B 情形：因 Q_{X1} 與 Q_{X2} 導通而 Q_{Y1} 與 Q_{Y2} 截止形成直流路徑，使正直流電位經馬達正極端流入內部激磁線圈，由馬達負極端流出令馬達產生正轉效果。

3. 狀態 C 情形：因 Q_{X1}、Q_{X2}、而 Q_{Y1} 與 Q_{Y2} 均處於截止狀態，無法形成直流路徑，所以馬達停止轉動。

2-6　直流馬達

電動機俗稱馬達，能將電能轉換為機械能，是工廠自動化中扮演著十分重要的角色，一般用以驅動機械作振動、直線運動或作旋轉運動，被廣泛運用於各種電器用品間。如圖 2-13 所示為直流馬達基本構造，一般的電動機包含轉子和定子，轉子為可旋轉的部份，定子為固定不動的部份提供周圍的磁場。當一電源施加於電動機則由外界提供一電源通過轉子或定子，使產生磁力相互作用而旋轉。

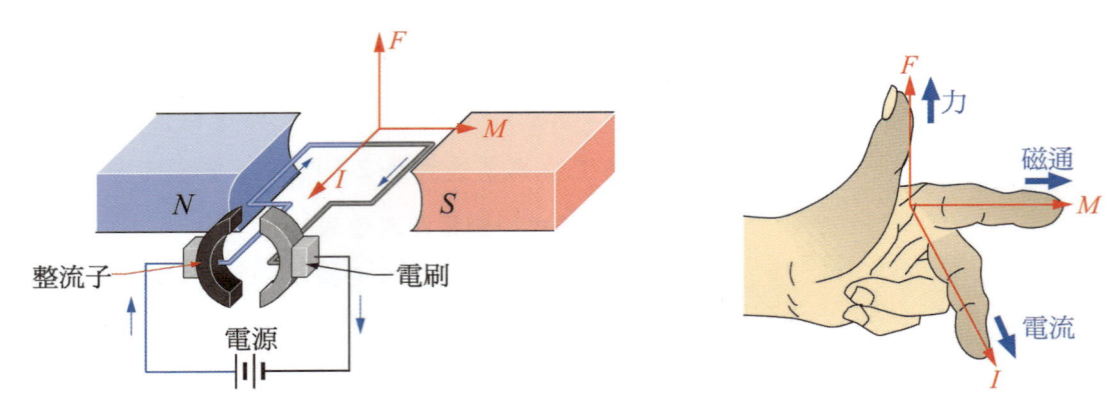

▲ 圖 2-13　直流馬達基本原理示意圖

　　由於磁場的磁力，可由永久磁鐵或電磁鐵產生，因此馬達的轉子或定子，都可以是電磁鐵或永久磁鐵。圖 2-14 所示玩具直流馬達，其轉子以漆包線繞成為電磁鐵，定子則為永久磁鐵為周圍的磁場。

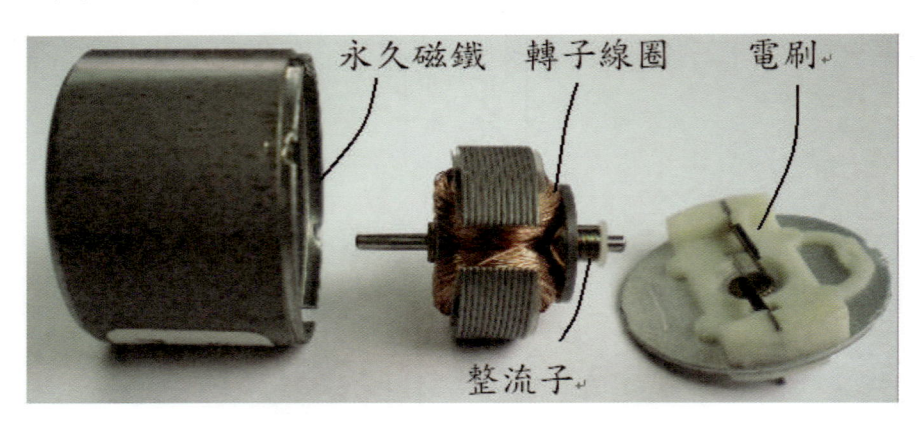

▲ 圖 2-14　玩具直流馬達基本構造

第3章 研究設計與實施

本研究係於實施電子電路實習課程，使學生瞭解電晶體開關基本特性，並運用電晶體組成橋式電路，以直流齒輪馬達作為負載進行正反轉實驗，進而運用光敏電阻特性取出直流分壓，經運算電路放大處理後予以達成驅動負載，主要內容分述如下。

3-1 研究架構

參酌圖 3-1 所示，為本專題自動導向太陽能集熱板組成方塊示意圖，主要係利用光源方向感測裝置，將光線明暗變化的程度轉換為電氣信號，送水至水平／垂直控制電路，作為轉向控制之依據。本專題所構想光源方向感測裝置，係利用四只光敏電阻器所組成；這四只光敏電阻係分別置於東、西、南、北等四座標軸上，用以偵測太陽光線的來源方向，其中置於東、西向座標軸上之光敏電阻，所產生的電壓變化值，係作為橫向轉動的參考數據；置於南、北向座標軸上之光敏電阻，所產生的電壓變化值，係作為修正縱向轉動的參考數據。

當光源方向感測裝置截取到水平及垂直兩組相對電壓之後，經由水平／垂直控制電路進行運算處理後，分別去驅動水平轉向傳動機構及垂直傳動機構，使太陽能集熱板轉到最佳位置。

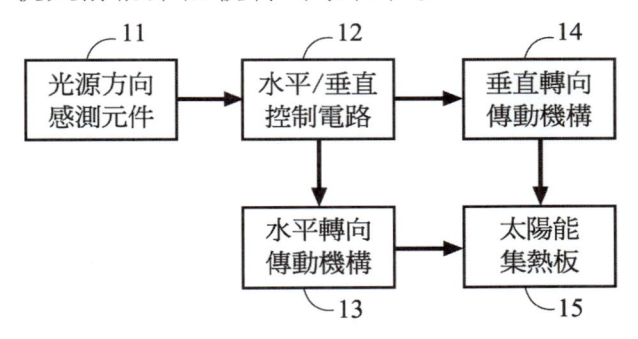

○ 圖 3-1 研究架構圖

11. 光源方向感測元件：四只光敏電阻感測太陽光強弱並轉為直流電氣信號。
12. 水平／垂直控制電路：以運算 IC 處理光感測元件截取的誤差信號。
13. 水平轉向傳動裝置：以橋式電路驅動直流齒輪馬達，正轉（向左）或反轉（向右）。
14. 垂直轉向傳動裝置：以橋式電路驅動直流齒輪馬達，正轉（向上）或反轉（向下）。
15. 太陽能集熱板：供配置太陽能電池組件之平檯。

3-2 研究方法

本研究主要係配合實施電子電路實習課程教學，運用單元所學專業知識為基礎，採分組四位同學發展專題研究，主要研究方法分述為：

1. 利用光感測元件，將光線明暗變化程度轉換為電器信號，作為電子電路邏輯處理之依據。
2. 利用四只光敏電阻組成光感測組件裝置，在此裝置中四只光敏電阻，平均分至於東南西北等四座標軸上，以作為偵測太陽光線的來源方向。
3. 繼前項所敘述，以裝置東西座向標軸上之兩光感測元件所轉換的壓值，作為修正橫向轉移位的參考數據。
4. 繼前項所敘述，以裝置南北座向標軸上之兩光感測元件所轉換的壓值，作為修正縱向轉移位的參考數據。
5. 繼前項所敘述，當光感測組件取出水平與垂直相對電壓值後，經控制器中電子電路進行運算處理後，產生誤差電壓輸出，並經由橋式電路分別去驅動水平及垂直轉向馬達運轉。
6. 利用 LM324PA IC 擔任差值運算與誤差放大，並經正負極性取樣電路輸出至橋式驅動電路，使直流齒輪馬達正確偏左或偏右轉動。
7. 以單晶片微電腦執行致能控制，使整體電路可執行選擇定時控制模式及計時控制模式。

3-3 實施研究

本文為達成研究目的，同學在老師指導下運用光感測、直流齒輪馬達、運算放大器、MCS_51 單晶片等裝置進行實驗，主要內容包括機構、硬體與軟體三部分，主要內容分述如下：

3-3.1 機構部分

本文機構示意圖請參考圖 3-2 所示，係一種自動導向式太陽能集熱板，其係由太陽能集熱板、一光源方向感測裝置、一水平／垂直控制電路、一水平轉向傳動機構及一垂直轉向傳動機構所組合而成，其中太陽能集熱板用以收集太陽能源，將其轉換成電能的裝置。

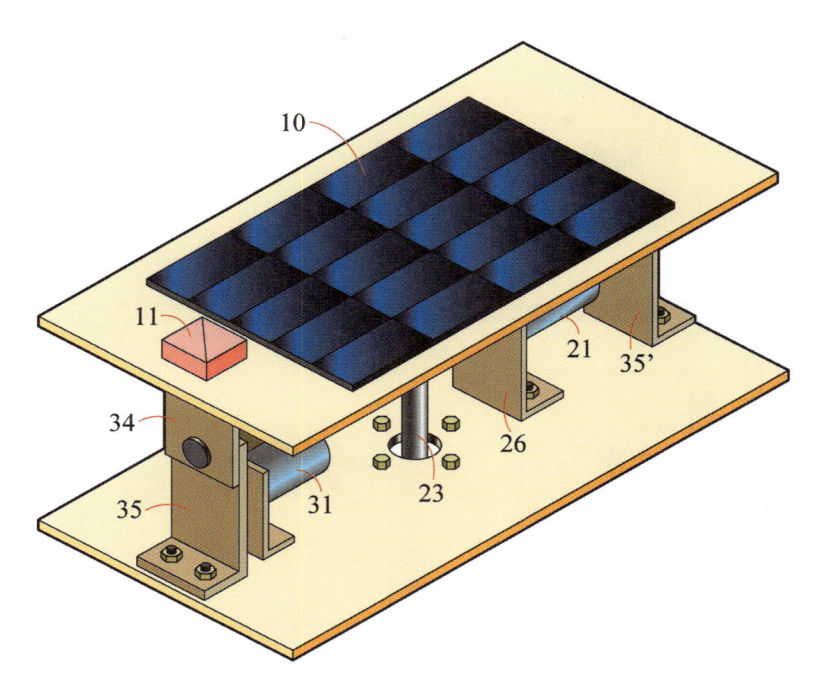

◯ 圖 3-2　機構示意圖一

【主要部份代表符號】
10 太陽能集熱板	11 光源方向感測裝置
21 水平轉向馬達	23 固定柱
26 L 型馬達支撐板	31 垂直轉向馬達
34 垂直轉向力臂	35 支撐架

　　本文機構剖面示意圖請參考圖 3-3 所示，係由一太陽能集熱板、水平轉向傳動機構、一垂直轉向傳動機構及一基座固定體所組合而成。其中水平轉向傳動機構，係由一水平轉向馬達、一齒輪、一固定柱、一水平轉動齒輪、一水平轉向機械力臂、一 L 型馬達支撐板及一水平轉動軸承所構成。

　　當水平轉動馬達轉動時，帶動馬達前端之齒輪旋轉，齒輪與水平傳動齒輪相咬合，而水平轉動齒輪係設置於固定柱頂端，固定柱向下延伸固定於基座固定體上；而水平轉向馬達係利用 L 型馬達支撐板，固定於水平轉向機械力臂上。水平轉向機械力臂係由水平轉動軸承轉動於固定柱中段，達到穩定橫向水平旋轉之目的。

　　另垂直轉向傳動機構，係由一垂直轉向馬達、一齒輪、一垂直傳動齒輪、二垂直轉向力臂、二支撐架、垂直轉向機械力臂集支撐架的二固定桿，以及一 L 型馬達支撐板所組合而成。垂直轉向馬達利用 L 型馬達支撐板，固定於水平轉向機械力壁上。當垂直轉向馬達轉動時，帶動馬達前端之齒輪旋轉，因該齒輪與垂直傳動齒輪相咬合，故當齒輪旋轉時亦使得垂直傳動齒輪轉動，該垂直傳動齒輪中心向後延伸，與垂直轉向機械力臂相連接，而垂直轉向機械力臂又固定於太陽能集熱板底部，故而使得整個太

陽能集熱板，隨著齒輪與垂直傳動齒輪作縱向圓弧轉動。

　　垂直轉向機械力臂與支撐架，係用以支撐太陽能集熱板，因支撐架是固定於水平轉向機械力臂上，故垂直轉向機械力臂是藉由固定桿與支撐架相連接，且可達縱向圓弧活動之目的。

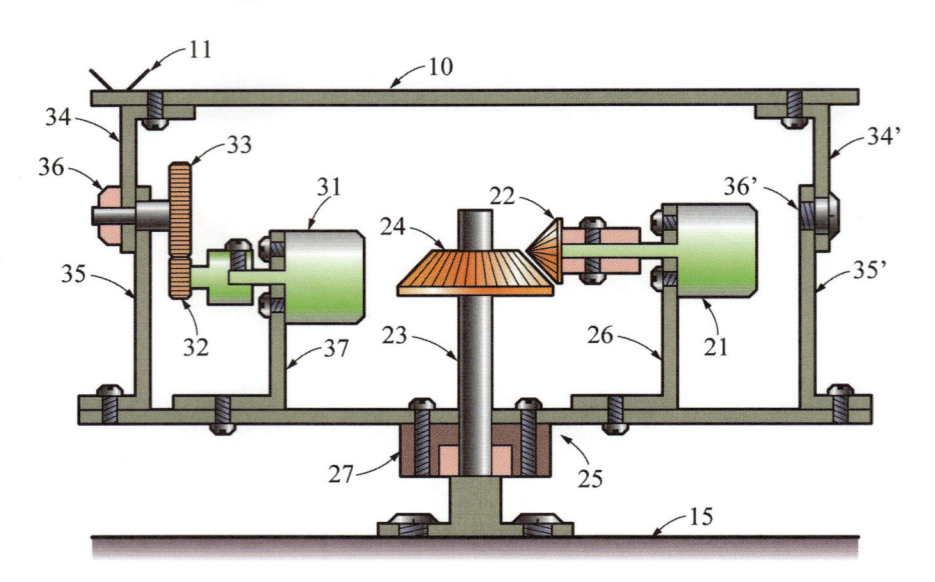

▲ 圖 3-3　機械結構剖面符號示意圖二

【主要部份代表符號】

10 太陽能集熱板	11 光源方向感測裝置
12 水平垂直控制電路	13 水平轉向傳動機構
14 垂直轉向傳動機構	15 基座固定體
21 水平轉向馬達	22 傘型齒輪
23 固定柱	24 水平轉動齒輪
25 水平轉向機械力臂	26 L型馬達支撐板
27 水平轉動軸承	31 垂直轉向馬達
32 齒輪	33 垂直傳動齒輪
34 垂直轉向機械力臂	35 支撐架
36 固定桿	37 L型馬達支撐板

3-3.2 硬體部分

　　本文控制電路組成以方便取得的市售零件為考量，主要控制電路信號流程如圖 3-4 所示。利用光源方向感測元件所感測的信號，輸入水平/垂直控制電路，比較及計算太陽光線位置，並判斷太陽能及熱板是否須作水平轉向，或是否須作垂直轉向，若須作水平轉向則驅動水平轉向馬達運轉，若須作垂直轉向則驅動垂直轉向馬達運轉。若水平已到最佳位置，則停止水平轉向馬達運轉，若垂直已到最佳位置，則停止垂直轉向馬達運轉，如此週而復始進行比較。

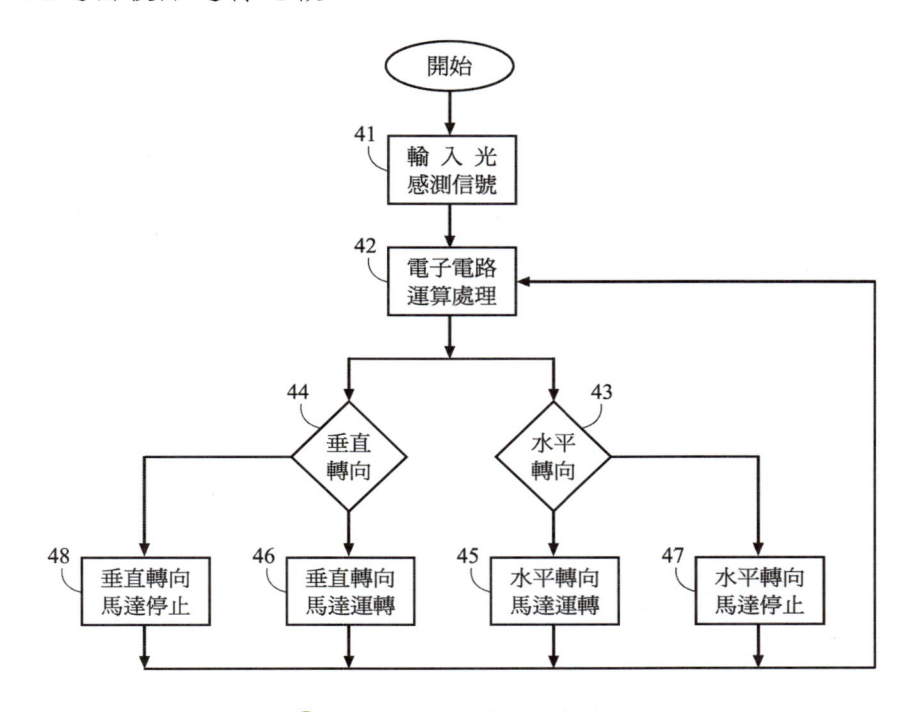

▲ 圖 3-4　控制電路流程圖

【主要部份代表符號】
- 41 輸入光感測信號
- 42 電子電路運算處理
- 43 水平轉向
- 44 垂直轉向
- 45 水平轉向馬達運轉
- 46 垂直轉向馬達運轉
- 47 水平轉向馬達停止
- 48 垂直轉向馬達停止

3-3.3 軟體部分

　　本研究繼規劃硬體控制流程之後，另以 MCS_51 單晶片實施程式設計，經由學習指令與基本程式編輯技巧後，透過基本單元電路範例練習，熟悉以記事本編輯原始程式後，進行程式組譯與連結操作，再以萬用燒錄器將程式碼載入單晶片內，最後於麵包板完成實體電路配置與動態功能測試，以達成構想設計之目的。

第4章 研究成果

本章主要目的在呈現實施電子電路實習課程後,學生應用課程單元所學專業知識,經老師後續指導學生進行分組專題研究,針對運算IC電路、電晶體橋式電路、單晶片微電腦程式控制等應用技巧,進行研究一自動導向式太陽能集熱板,以提升學生創新構想設計、實務應用操作與解決問題的能力。本章分運算控制電路、微電腦控制電路、MCS_51程式設計等小節,內容分述如下。

4-1 運算控制電路

本節主要在於說明運算IC(LM324)實際電路控制,請參考附錄3所示電路圖,圖中X_1、X_2分別來自光感測裝置,水平軸向取樣電壓輸出端,並經由R_1、R_2、R_3、R_4、U_{1-A}所組成的差值放大電路,其運算動態如下:

1. 當$V_{X1} = V_{X2}$時,$V_A = 0V$
2. 當$V_{X1} < V_{X2}$時,$V_A < 0V$
3. 當$V_{X1} > V_{X2}$時,$V_A > 0V$

R_5、R_6、U_{1-B}所組成反相放大,D_1、D_2、R_7執行等效OR GATE功能,繼前述其工作如下:

1. 當$V_A < 0V$時 …… $D_{1OFF} - V_B > 0V/D_{2ON}$
2. 當$V_A > 0V$時 …… $D_{1ON} - V_B > 0V/D_{2OFF}$

固為D_1、D_2、R_7等效於OR GATE功能故當D_{1ON}或D_{2OFF}時,近似X_2與X_1兩端絕對差值(即$V_{X2} - V_{X1}$)。

U_{2-A}、Q_1組成電流緩衝放大級,提供額定電流輸出至負載(即由$Q_2 - Q_9$以組成的橋式驅動)電路;C_1、C_2、R_8、R_9、D_3、D_4、U_{1-C}組成位準比較器,R_{10}、R_{11}、R_{12}、U_{1-D}組成反相器,具體動態原理如下:

1. 當$V_{X1} > V_{X2}$時/(水平轉向馬達正轉)

    $V_D = -V_{CC}$ …… $Q_{4(OFF)} / Q_{5(OFF)} / Q_{6(OFF)} / Q_{7(OFF)}$

    $V_E = +V_{CC}$ …… $Q_{2(ON)} / Q_{3(ON)} / Q_{8(ON)} / Q_{9(ON)}$

2. 當$V_{X1} < V_{X2}$時/(水平轉向馬達反轉)

    $V_E = +V_{CC}$ …… $Q_{2(OFF)} / Q_{3(OFF)} / Q_{8(OFF)} / Q_{9(OFF)}$

    $V_D = -V_{CC}$ …… $Q_{4(ON)} / Q_{5(ON)} / Q_{6(ON)} / Q_{7(ON)}$

3. 當$|V_{X1} - V_{X2}| = 0V$時,$V_C = 0V / Q_{1(OFF)}$

另垂直轉向馬達控制電路，其電路原理與前述水平轉向馬達控制電路相同，唯其輸入取得電壓V_{Y1}，V_{Y2}是來自光感測裝置中垂直軸向感測之輸出端，而橋式驅動則推動一垂直轉向馬達M_Y。

即$V_{Y1} \neq V_{Y2}$時M_Y轉動，動態情形如下：

1. $V_{Y1} > V_{Y2}$時M_Y正轉
2. $V_{Y1} < V_{Y2}$時M_Y反轉
3. $V_{Y1} = V_{Y2}$時M_Y停止

綜合本節敘述內容，本文控制電路係有水平及垂直兩組完全相同的電路所組成，分別控制水平轉向馬達及垂直轉向馬達，電路原理相同。當電路四只光敏電阻中，其水平的二只輸入電壓相等且垂直二只輸入電壓亦相等時，則$V_{Y1} = V_{X2}$且$V_{Y1} = V_{X2}$之狀態將會形成，此時太陽能集熱板正好處於最佳受光面對著太陽光，可獲致較高太陽能量轉換的效率。

4-2 微電腦控制電路

請參考附錄4所示電路圖，本文以89C2051單晶片微電腦執行一可程式定時控制功能，利用計時中斷模式執行延時功能，使每間隔20分鐘時間，另P1.2腳位產生一低電位驅動PNP電晶體與NPN電晶體導通，並且透過兩只繼電器之a接點，達到控制電壓源隨耦器電路之輸入與差值運算放大電路相連接，使橋式控制電路可以正確驅動水平／垂直轉向馬達修正太陽能集熱板一次，以有效減低負載額外運轉所流失的能量，此一電路係作為輔助控制之用。

4-3 MCS_51 程式設計

本文以MCS_51單晶片進行程式設計，相關程式流程如圖4-1所示，程式構想以內部計時計數器0採可中斷模式設計，每20分鐘時間執行一次中斷副程式，透過中斷副程式達成修正太陽能集熱板偏轉，內容敘述如後。

4-3.1 程式流程圖

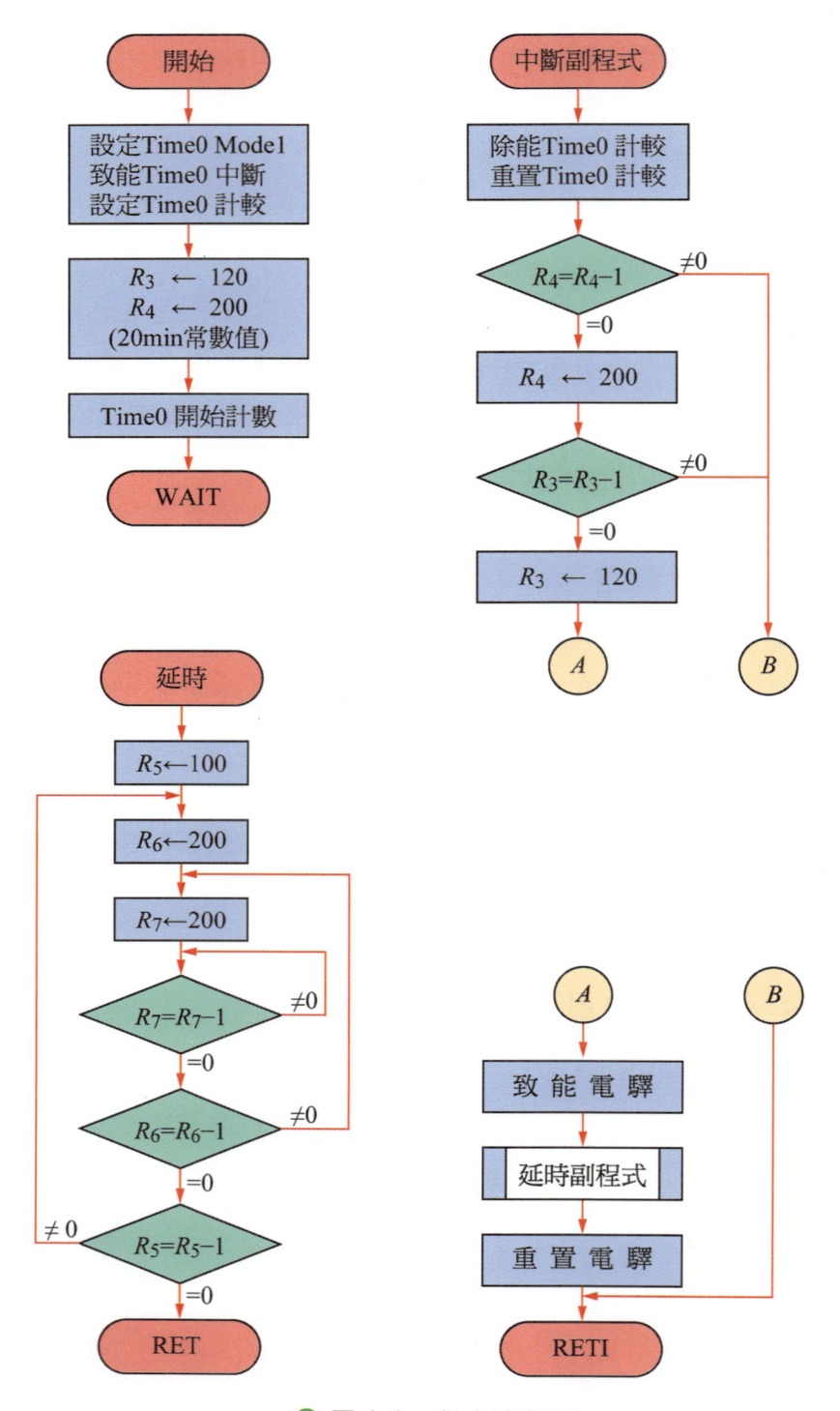

▲ 圖 4-1　程式流程圖

4-3.2 程式內容

DRV_OUT	ERG	P1.2
STP	EQU	59H

;--

	ORG	00H
	ORL	P1, #FFH
	MOV	TMOD, #01H
	MOV	TH0, #>(65536-50000)
	MOV	TL0, #<(65536-50000)
	SETB	EA
	SETB	ET0
	AJMP	MAIN

;--

	ORG	0BH
	AJMP	LOOP

;--

	ORG	20H
MAIN		
	MOV	R3, #120
	MOV	R4, #200
	SETB	TR0
WAIT	AJMP	WAIT

;--

LOOP	CLR	TR0
	PUSH	PSW
	MOV	TH0, #>(65536-50000)
	MOV	TL0, #<(65536-50000)
	DJNZ	R4, BACK
	MOV	R4, #200
	DJNZ	R3, BACK
	MOV	R3, #120
	CLR	P1.2
	ACALL	DEL10SEC
	SETB	P1.2
BACK		
	POP	PSW
	RETI	

;--

DEL10SEC		
	MOV	R5, #100
DEL0		
	MOV	R6, #200
DEL1		
	MOV	R7, #200
	DJNZ	R6, DEL1
	DJNZ	R5, DEL0
	RET	

;--

	END	

第5章 結論與建議

　　本章內容主要透過研究基礎專業理論，將單元實務操作課程所學的重點知識，運用於「自動導向式太陽能集熱板」之專題研究，經書面資料彙整編輯、電子電路實驗、撰寫組合程式、實體零件配置與焊接、作品功能整合等重點，提出研究結論與後續研究的建議。

5-1 結論

　　實施專題製作課程的目的，主要在於提供學生實務操作、研究與發展的能力，將個人所習得專業知識、理論與技能結合運用。因此透過實施專題製作課程的有效教學，可增進學生解決問題之能力，激勵自我肯定、自我實現與自我超越的信心，對拓展生活內涵幫助很大。

　　專題製作屬於整合性課程，所涉及層面既深且廣，大多數非個人所能勝任，本組自實施分組專題研究開始，歷經約半年時間不斷更進對發掘問題的態度與精進解決問題的方法，終於達成設定的研究目的，呈現正確「自動導向式太陽能集熱板」的動態功能，回顧專題研究過程的所有學習課題，對成員的影響可於新穎性與精密性方面，提出以下敘述：

1. 新穎性方面：本組專題的構想設計，係運用最簡單的光感測結合電子電路與程式設計理念，控制馬達正反轉功能，達成自動修正太陽能集熱板能以最佳角度面對太陽光線照射，展現現有技術或構想設計之「概念差距」程度，具有新穎性之效果。
2. 精密性方面：本組專題的構想設計的內涵，經過老師指導與成員不斷努力嘗試與研究之後，能具體呈現令讀者可瞭解構想細節，就電子構想設計而言，符合周全考慮並展現電路之功能。

5-2 建議

　　本節綜合研究成果與結論，提出以下幾點建議，以作為後續研究之參考。

1. 對課程的建議：專題製作係兼具理論與實際應用的課程設計，完整專題製作過程，一般包括計畫、執行與檢核三個階段，良好的專題製作應落實知識、理解、應用、分析、綜合、評鑑等目標的達成，因此實施專題研究的課程，必須重視內在與外在動機的聯結，提升彼此關懷與樂於分享學習，使成員認知與責任承擔的共識能趨於一致，同時老師必須盡量爭取獲得學校行政必要的支持與資助。

2. 對教學的建議：老師在教學過程中，必須引導學生認知自己的優點，捨去尋求標準答案與知識給予的教學方式，導引嘗試好奇求變與習慣獨立思考後，使學生表現出個人創意與理念。
3. 對評量的建議：若單用紙筆方式評量專題研究的成就，難以發掘成員潛在的創意，必須輔以針對實務或作品的整體展現，施予觀察構想設計的成效，達到適時導正專題研究發展；提供學生掌握問題與訓練正確而清楚陳述問題的能力，對作品包裝與展示的效果影響很大。
4. 本專題研究主要目的，在於改進傳統式太陽能集熱板，因固定架設所存在的缺點，就電子構想設計而言已初具「符合解決問題需求」的目的，而作品尚存在功能模擬階段，期待後續的努力研究成果能符合實用性效果。

參考文獻

1. 林豐隆（民89），專題製作。台北：雙日文化事業無限公司。
2. 林明德（民92），電子電路應用－專題製作。台北：台科大圖書股份有限公司。
3. 林明德（民95），我國高職資訊科「專題製作」教材發展及其對創造力影響之研究。國立台北科技大學技術及職業教育研究所碩士論文。
4. 林榮耀（民96），中華民國第四十六屆科學展覽會參展作品專輯-高中職組。台北：國立台灣科學教育館。
5. 黃文良（民90），專題製作及論文寫作及指導手冊。台北：東華書局。
6. 劉炳麟、李雪銀（民88），專題製作。台北：儒林圖書有限公司。
7. 蕭錫錡（民87），專題製作枝創意發展-合作創作之研究，國科會技術科學專題研究計畫成果討論會摘要。

附　錄

1. 感光式燈光控制電路

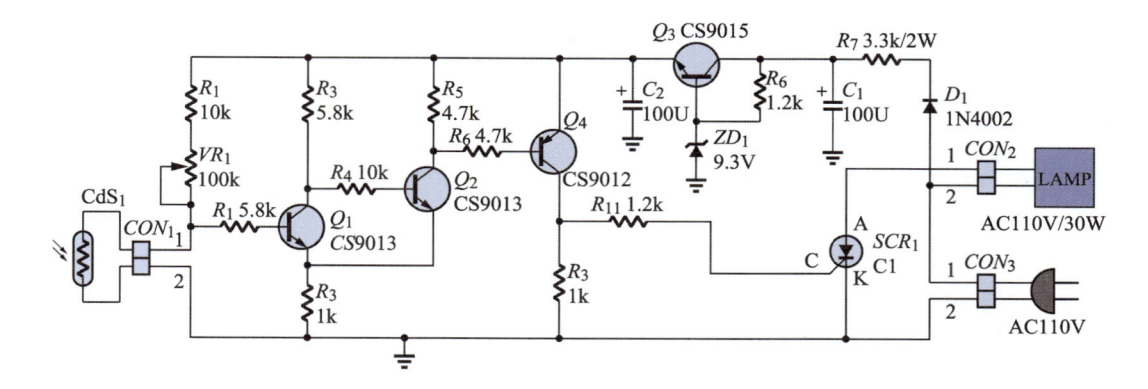

2. 單晶片微電腦控制電路圖

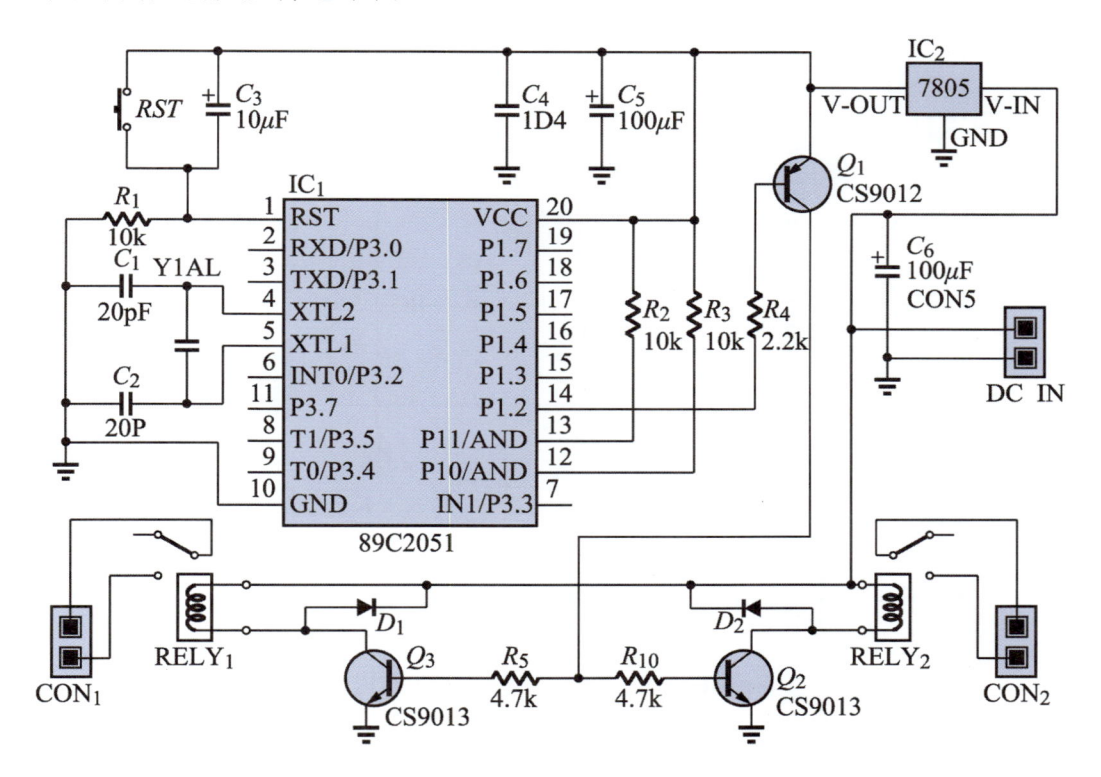

3. 運算驅動電路圖

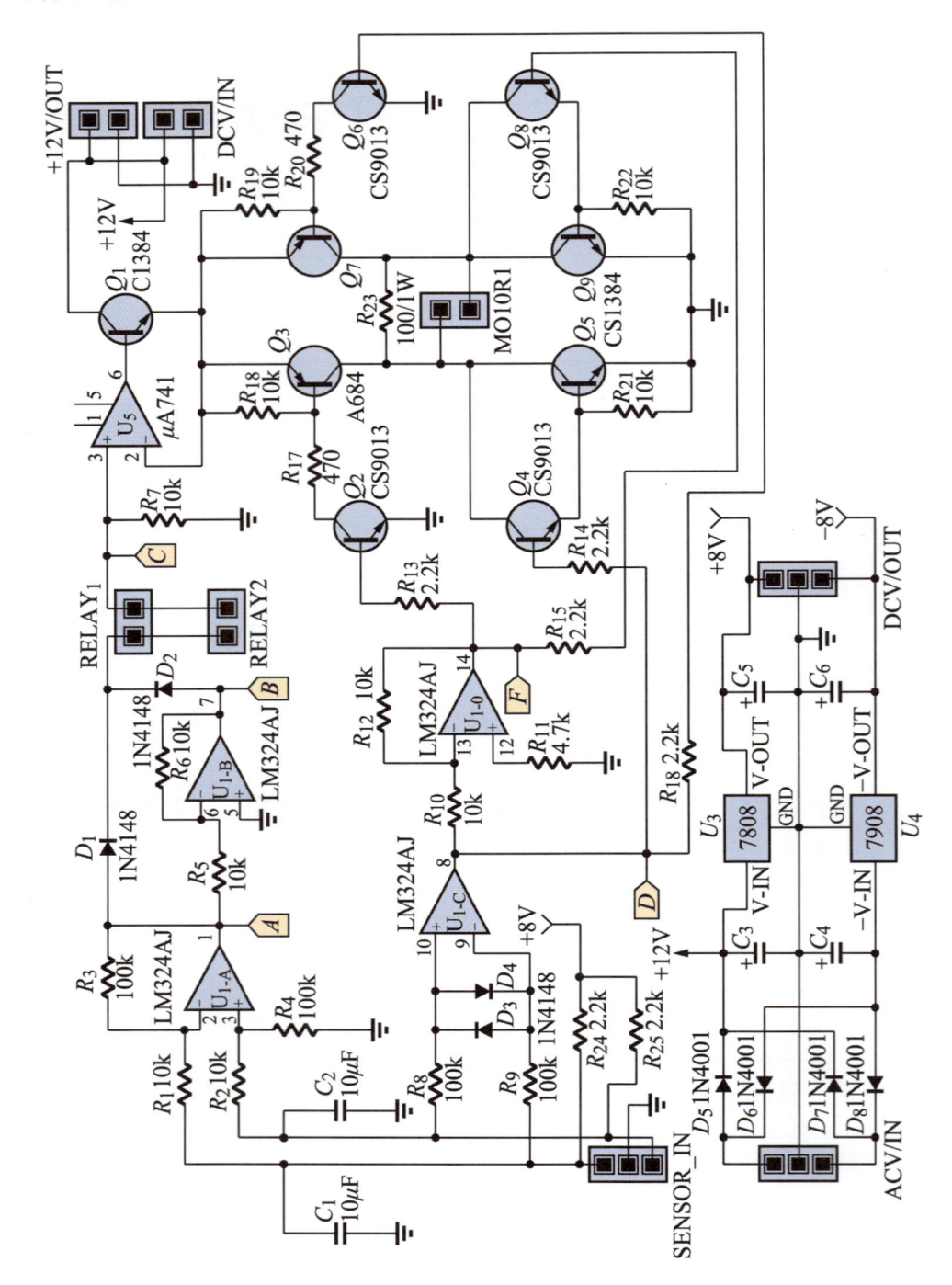

4. 運算驅動電路實體佈置頂視圖

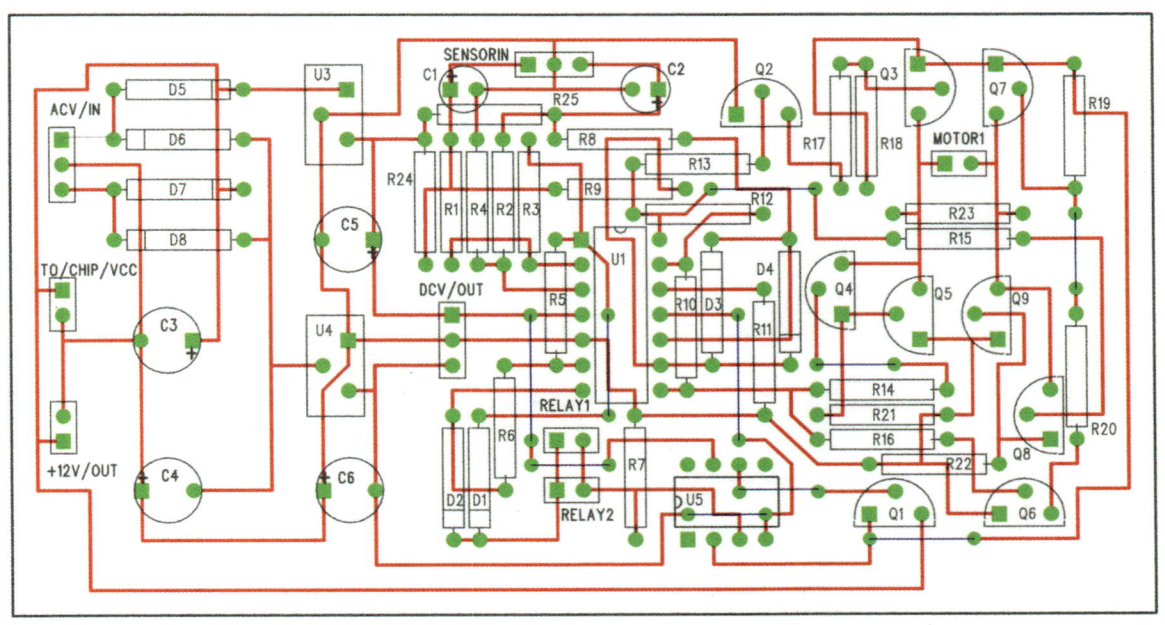

TOP VIEW

5. 運算驅動電路實體佈置底視圖

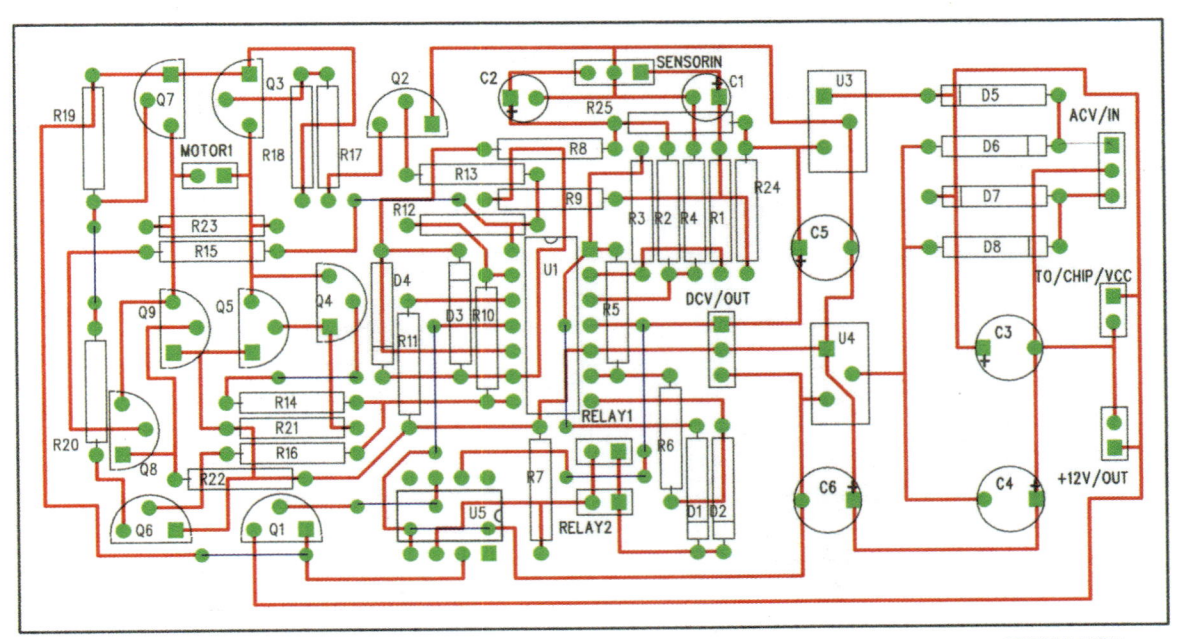

BOTTOM VIEW

6. 單晶片微電腦控制電路實體佈置圖

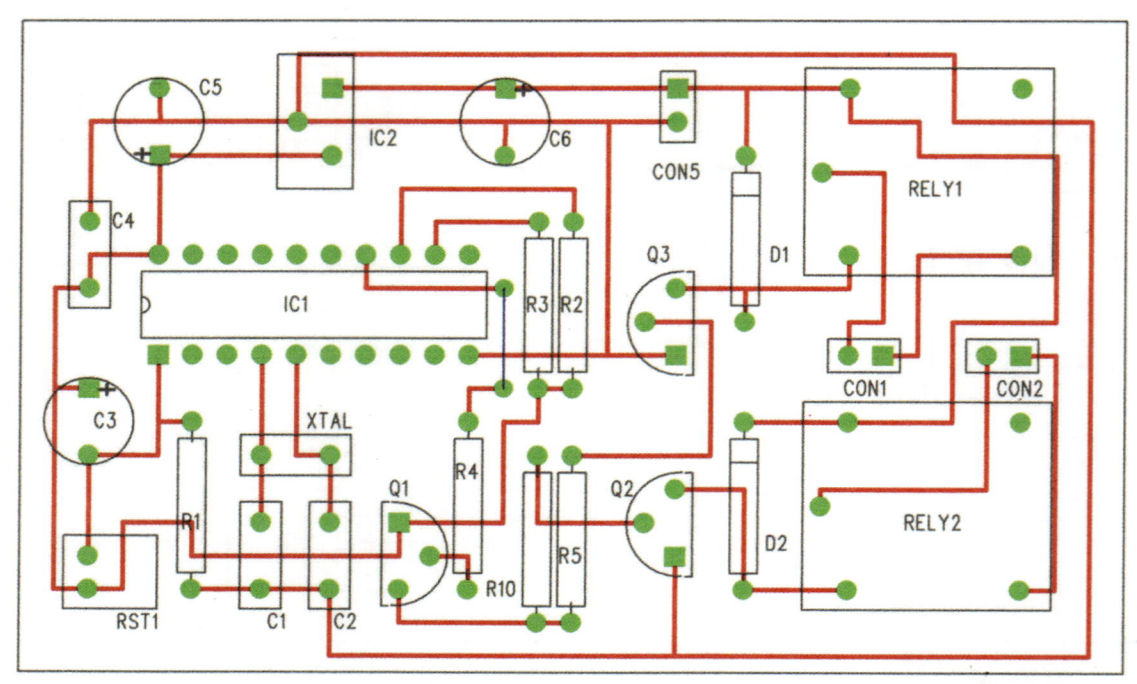

TOP VIEW

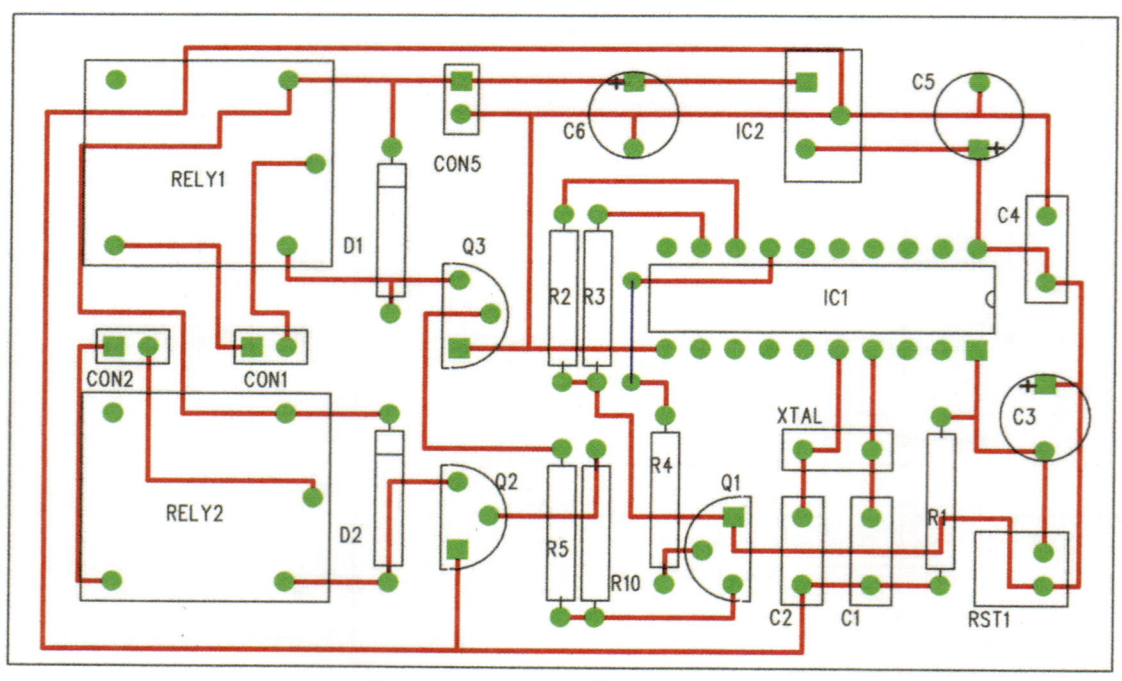

BOTTOM VIEW

7. 單晶片微電腦控制電路實體作品

8. 運算驅動電路實體作品

9. 機構實體作品

10. 齒輪應用補充

　　齒輪分類最通常之方法，係依照齒輪特性區分，計有平行軸、直交軸、錯交軸三類，平行軸系齒輪有：正齒輪、螺旋齒輪、內齒輪、正齒輪條、斜齒輪條等；直交軸系齒輪有：直齒傘形齒輪、彎齒傘形齒輪、零螺旋彎齒傘形齒輪；錯交軸系齒輪有：錯交旋轉齒輪、蝸輪齒輪、戟齒輪等。

▼ 齒輪分類表

齒輪之分類	齒輪之種類	效率(%)
平行軸	正齒輪	98.0～99.5
	齒條	
	內齒輪	
	螺旋齒輪	
	斜齒輪	
	雙螺旋齒輪	
交叉軸	直齒 傘形齒輪	98.0～99.0
	彎齒 傘形齒輪	
	Zero 傘形齒輪	
錯交軸	圓筒 蝸輪齒輪	30.0～90.0
	錯交旋轉齒輪	70.0～95.0

註：上表所示之效率為齒輪之傳動效率，並不包括軸承損失以及攪拌潤滑油之動力損失。

　　實體模型中所使用之正齒輪和傘形齒輪解說圖分述如下：

(1) 正齒輪

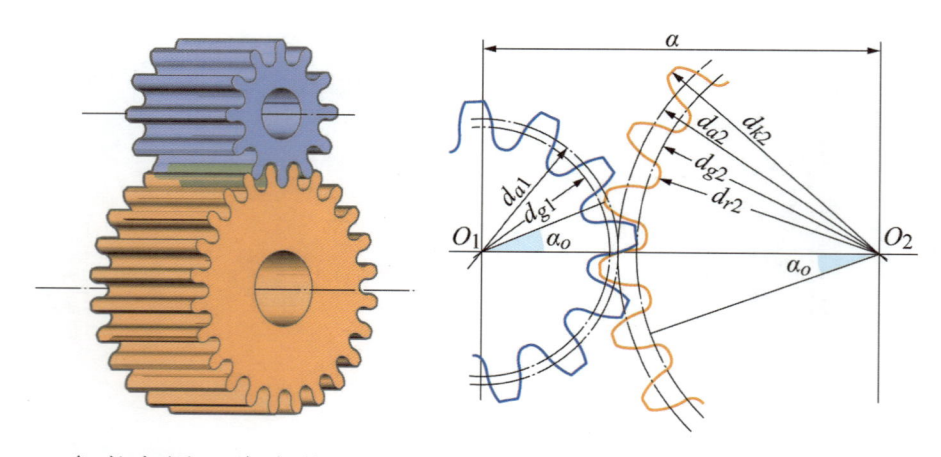

　　參考上圖，為齒筋平行於軸心之直線圓筒齒輪，因加工容易對動力傳達而言為用途廣泛之齒輪，左上圖表示標準正齒輪之咬合情形，在標準正齒輪中所謂的咬合是指互相之節圓處於相切滾動之狀態。

(2) 零螺旋彎齒傘形齒輪

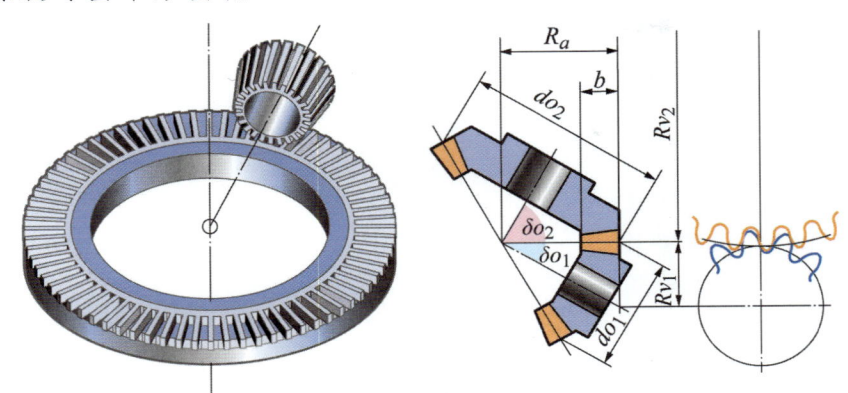

上圖為螺旋角為零之彎齒傘形齒輪,具有直齒與彎齒傘形齒輪之特徵,尤其齒面所承受之力量情形與直齒傘形齒輪類同,亦為使用廣泛使用的齒輪種類之一,上圖得知若由垂直於兩圓錐接觸母線之正面觀看,可發現其咬合很像一正齒輪之咬合情形。

單件之齒輪是無法傳達任何動力的,至少要兩個以上之齒輪咬合在一起才能傳達動力及作功,最單純簡單之一段齒輪機構咬合成之齒輪列如下圖所示:

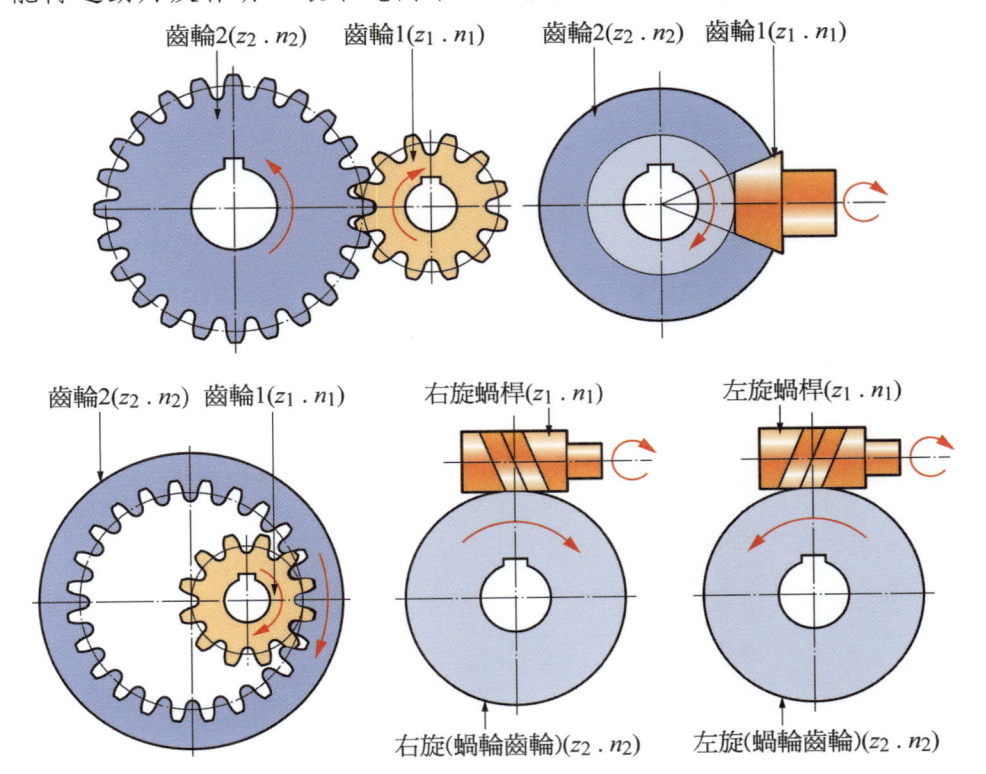

設Z_1為一段齒輪機構之主動齒輪之齒數,n_1為主動回轉數,Z_2被動齒輪之齒數,n_2則速度傳達比計算式如下:

速度比 = $Z_1 / Z_2 = n_2 / n_1$

速度比所代表的意義:速度比 > 1 為增速齒輪機構,速度比 = 1 為等速齒輪機構,速度比 < 1 為減速齒輪機構。

11. 需求設備零件表

項 目	品 名	單 位	數 量	規 格
1	直流電源供給器	台	1	± DC30V
2	單晶片	只	1	89C2051
3	運算 IC	只	2	LM324AJ
4	運算 IC	只	2	μA741
5	穩壓 IC	只	1	μA7805
6	穩壓 IC	只	1	μA7808
7	穩壓 IC	只	1	μA7908
8	IC 腳座	只	1	DIP20P
9	IC 腳座	只	2	DIP14P
10	IC 腳座	只	2	DIP8P
11	電晶體	只	6	C1384
12	電晶體	只	10	CS9013
13	電晶體	只	4	A684
14	電晶體	只	1	CS9012
15	二極體	只	8	1N4148
16	二極體	只	6	1N4001
17	石英振盪器	只	1	12MHz
18	直流齒輪馬達	只	1	DC12V
19	電阻 0.25W	只	2	100Ω
20	電阻 0.25W	只	4	470Ω
21	電阻 0.25W	只	13	2.2kΩ
22	電阻 0.25W	只	4	4.7kΩ
23	電阻 0.25W	只	25	10kΩ
24	電阻 0.25W	只	8	100kΩ
25	陶瓷電容	只	2	20pF
26	陶瓷電容	只	4	104
27	陶瓷電容	只	5	10μF
28	陶瓷電容	只	4	100μF
29	陶瓷電容	只	2	220μF
30	繼電器	只	2	DV5F（1ab）
31	模式座	只	8	2P（直立-公）
32	模式座	只	3	3P（直立-公）
33	電路板	片	2	纖維板

台北縣私立復興學校

◆資訊科

專題報告

浴室輔助控制裝置

學生　組長：錢儷尹
　　　組員：黃浩崇
　　　組員：黃鈺婷
　　　組員：楊子昂

指導者：林明德　老師

中華民國　97年　06月

摘要 Abstract

　　本研究係利用實施實務專題課程進行單元實習訓練，並採小組教學方式啟發探討專業理論與拓展單晶片微電腦實務操作，專題研究旨在運用阻抗型溼度感測器、高分子一氧化碳感測器及舒密特反相器等主要元件，運用居家浴室排風機裝置，構想設計一具有自動控制功能之電子電路，使浴室排風機能依感測器轉換之信號，適時達到自動運轉的功能，以改善居家浴室環境乾燥及減低黴菌與病菌的孳生，進而避免存在因一氧化碳濃度，或瓦斯洩漏所造成家人意外傷害之目的。

　　關鍵字：濕度感測、一氧化碳、高分子。

摘要	II
目錄	III
圖目次	V
表目次	VI

第 1 章　緒論
- 1-1　研究動機　　　2-2.1
- 1-2　研究目的　　　2-2.1
- 1-3　預期成果　　　2-2.1

第 2 章　理論研究
- 2-1　認識溼度感測元件　　　2-2.2
  - 2-1.1　石英晶體振盪式溼度感測器　　　2-2.2
  - 2-1.2　高分子容抗型溼度感測器　　　2-2.3
  - 2-1.3　高分子阻抗型溼度感測器　　　2-2.3
  - 2-1.4　電解質式溼度感測器　　　2-2.4
  - 2-1.5　HIH-3602-A 型溼度感測器　　　2-2.4
- 2-2　一氧化碳自動檢測　　　2-2.6
  - 2-2.1　一氧化碳的來源及對人體之影響　　　2-2.6
  - 2-2.2　紅外線法一氧化碳檢驗　　　2-2.7
- 2-3　杜絕一氧化碳中毒的方法　　　2-2.8

第 3 章　研究設計與實施
- 3-1　研究架構　　　2-2.9
  - 3-1.1　基本策略　　　2-2.9
  - 3-1.2　研究成效　　　2-2.10
  - 3-1.3　控制條件　　　2-2.10
- 3-2　研究方法　　　2-2.10
- 3-3　實施研究　　　2-2.10

第 4 章　研究成果

4-1　溼度感測控制電路	2-2.11
4-2　一氧化碳感測控制電路	2-2.12
4-3　串接式電源電路	2-2.12

第 5 章　結論與建議

5-1　結論	2-2.13
5-1.1　知識方面	2-2.13
5-1.2　技能方面	2-2.13
5-2　建議	2-2.13

參考文獻　　　　　　　　　　　　　　　　　　　　2-2.14

附錄

1. 阻抗變化型溼度感測控制電路	2-2.15
2. 高分子一氧化碳感測控制電路	2-2.15
3. 阻抗變化型溼度感測控制電路實體佈置圖	2-2.16
4. 高分子一氧化碳感測控制電路實體佈置圖	2-2.17
5. 需求設備材料表	2-2.18

CONTENTS 圖目次

圖 2-1	石英晶體振盪式溼度感測器	2-2.2
圖 2-2	石英晶體振盪式溼度感測器特性	2-2.2
圖 2-3	高分子容抗型溼度感測器構造	2-2.3
圖 2-4	高分子阻抗型溼度感測器結構	2-2.3
圖 2-5	高分子阻抗型溼度感測器特性曲線	2-2.3
圖 2-6	電解質式溼度感測器特性曲線	2-2.4
圖 2-7	HIH-3602-A 型溼度感測器	2-2.4
圖 2-8	HIH-3602-A 型溼度感測器構造圖	2-2.4
圖 2-9	輸出電壓值與相對溼度關係圖（0℃）	2-2.5
圖 2-10	輸出電壓值與相對溼度關係圖（0℃、25℃與 85℃）	2-2.5
圖 2-11	HIH-3602-A 型溼度感測器腳位	2-2.6
圖 2-12	一氧化碳自動分析儀示意圖	2-2.7
圖 3-1	研究架構圖	2-2.9

表目次 CONTENTS

表 2-1	HIH-3602-A 特性	2-2.5
表 2-2	一氧化碳毒性濃度對人體的影響	2-2.7
表 2-3	一氧化碳自動分析儀性能規格	2-2.8

第1章 緒論

專題製作課程係啟發創思研究、整合學習專業之知識及實務操作技能的行動展現，具有驗證應用專業能力的指標意義。因此，如何實施專題製作課程教學，以歷練學習者自我實踐與提升解決問題能力，對學習者生涯發展產生深遠影響，以下僅針對本文研究動機、目的與預期研究成果之內容，分述如下。

1-1 研究動機

由於一般家庭中的浴室總是存在地板溼滑，且造成潮溼與病菌容易孳生，造成對家人身體健康存在影響；另室內或浴室所使用的瓦斯，亦可能因疏忽而外洩而形成可怕的生活顧慮。因此，啟發本組構思研究製作一具有電子控制功能之作品，以改進上述現況居家浴室排風裝置所存在的不足。

1-2 研究目的

本研究係運用現有居家浴室使用之排風機裝置，透過運用舒密特反相器IC、阻抗變化型溼度感測器、高分子一氧化碳感測器、舒密特型反相器及傳統繼電器等主要元件，進行構想設計一「浴室輔助控制裝置」，以呈現出下列研究目的：

1. 以阻抗變化型溼度感測器，作為感測浴室環境溼度以達成自動控制浴室排風機運轉，具有改善居家浴室排溼的效果。
2. 以高分子一氧化碳感測器，作為偵測浴室環境存在瓦斯外洩時，能立即發出警告聲響，並且啟動浴室排風機運轉，達到排除瓦斯及避免意外發生。

1-3 預期成果

本專題研究係以實施電子電路實習課程教學，使基礎理論與實務操作融合，內容除熟悉 CD4584 IC 的特性，亦加深對溼度感測器及瓦斯感測器的操作技巧及應用觀念，期望在老師指導與同學共同努力下，完成構想設計一「浴室輔助控制裝置」之作品，以符合經濟、實用效果，兼具施工、製作與取材容易，能有效改進傳統式居家浴室排風裝置，普遍存在無具有自動感知功能之不足。

第 2 章　理論研究

　　發展專題製作課程的構思與難題，在於如何以先備的理論知識與實務操作能力作為基礎，以啟發問題發掘與建立正確解決問題的方法，並從中累積實務經驗構想設計研究專題，使能製作一符合新穎及具有實用與經濟效果之作品。因此，本文擬從探討溼敏電路零件探討，以奠基時務操作與應用觀念，希望提升本專題研究之成果。

2-1　認識溼度感測元件

　　一般溼度感測器在工業用途如食品加工業、實驗室之溼度控制，或在家庭電器用品如冷氣機、除溼機等中常被使用。本文介紹目前常用的阻抗型溼度感測器，包含石英晶體振盪器溼度感測器、高分子溼度感測器、電解質溼度感測器與陶瓷溼度感測器等，最後並針對HIH系列溼度感測器之原理、規格、使用方法做細部介紹。

2-1.1　石英晶體振盪式溼度感測器

　　圖 2-1 所示為石英晶體振盪器溼度感測器的基本結構，石英晶體本身是壓電材料，依切面的不同而有不同的振盪頻率係數，同一切面不同厚度的石英片，將有不同的振盪頻率。當石英片存在於含有水份的空氣中時，它會吸附空氣中的水份，增加了它的負載效應（Loading Effect）而使振盪頻率改變，可藉以測定溼度，除了多加一層用來吸收水份的樹脂吸溼膜外，其餘均與一般石英晶體振盪器相似。

　　此類溼度感測器適用於溫度為 25℃，溼度為 100 % RH 的範圍，測定精密度為 ±5 % 以內，通常使用 10MHz 左右的振盪頻率。石英晶體振盪器溼度感測器特性如圖 2-2 所示，此類溼度感測器應用範圍甚廣，在醫療方面常用於嬰兒保育器內作溼度監控之用。

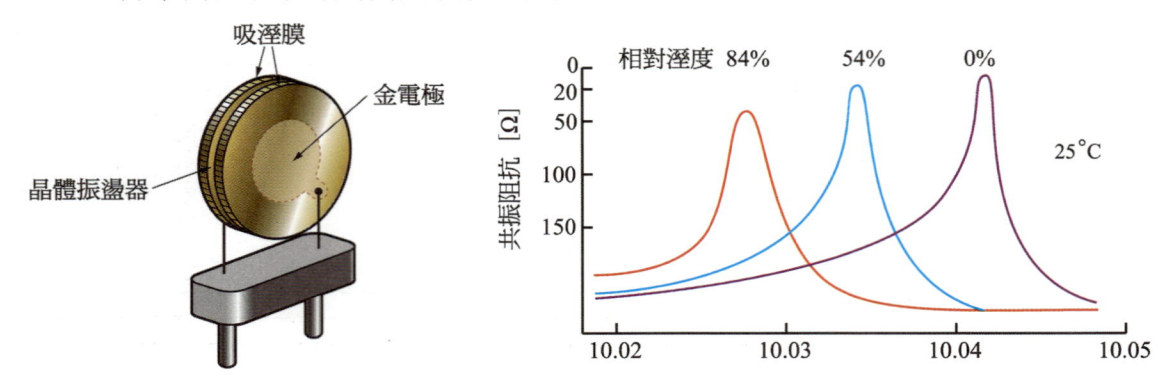

○ 圖 2-1　石英晶體振盪式溼度感測器　　○ 圖 2-2　石英晶體振盪式溼度感測器特性

2-1.2 高分子容抗型溼度感測器

高分子容抗型溼度感測器之構造如圖 2-3 所示，在高分子膜上下各蒸鍍一電極膜片，上方之電極為多孔性用以吸收水份，使水分子能被高分子膜所吸收而改變其電容量，空氣中的溼度，會使介電質產生膨脹擴大現象，然後使得極板間距離加大，造成電容器結構變化，因而產生電容值下降，由於容抗型其容量變化小且靈敏度低，與其配合的振盪電路相當複雜，測定比較困難。

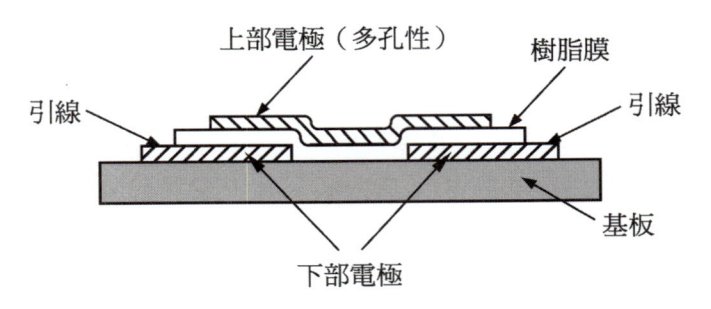

▲ 圖 2-3　高分子容抗型溼度感測器構造

2-1.3 高分子阻抗型溼度感測器

高分子阻抗型溼度感測器之結構如圖 2-4 所示，亦即在感溼高分子膜的上方鍍上一對齒狀的電極，當溼度改變時，高分子膜吸收水份而形成阻抗隨相對溼度變化。圖 2-5 所示為高分子阻抗型的典型特性曲線，此一型式之感測器的精密度較差，約在 2% 以內，但其體積較小，測定比較容易。

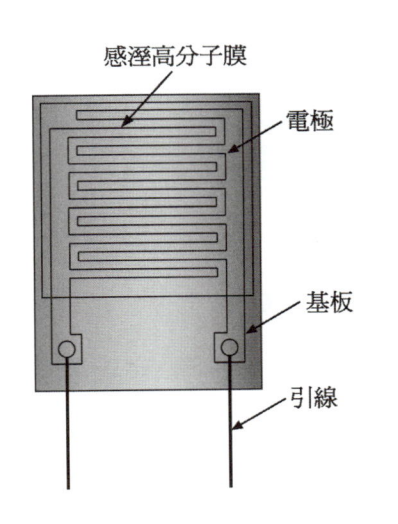

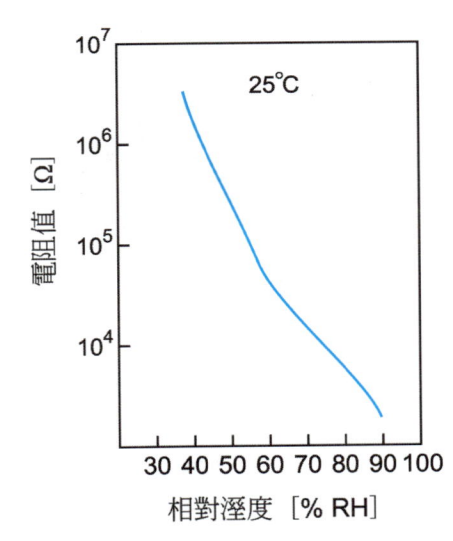

▲ 圖 2-4　高分子阻抗型溼度感測器結構　　▲ 圖 2-5　高分子阻抗型溼度感測器特性曲線

2-1.4 電解質式溼度感測器

電解質溼度感測器是最早使用的感測器，其基本結構是在兩金屬電極之間放置一些電解質材料，如 LiCl 等，當有水分子通過時，電解質與水分子間會產生化學反應而使電阻值下降。圖 2-6 所示為其特性曲線，由此一特性曲線可知此類溼度感測器所能測定之範圍較窄，約在 30%RH 之內，如欲測定較廣之範圍，則必須採用多種不同的電解質，如此將增加測定的困難。

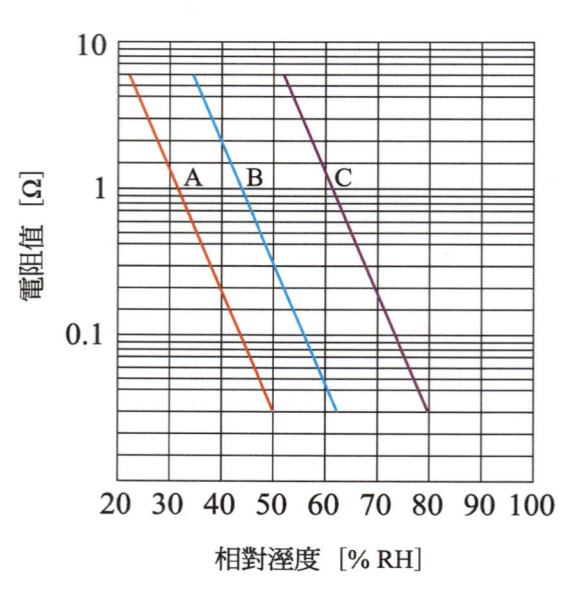

△ 圖 2-6　電解質式溼度感測器特性曲線

2-1.5　HIH-3602-A 型溼度感測器

圖 2-7 所示之 HIH-3602-A 型溼度感測器為 Honeywell 公司所生產，以高聚合物電解質配合多孔性白金層為感測材料，並以多孔性 RUO_2 為電極，利用抗水性的不鏽鋼多孔性燒結物包覆細部構造，提供相對溼度與溫度量測的感測裝置之用。

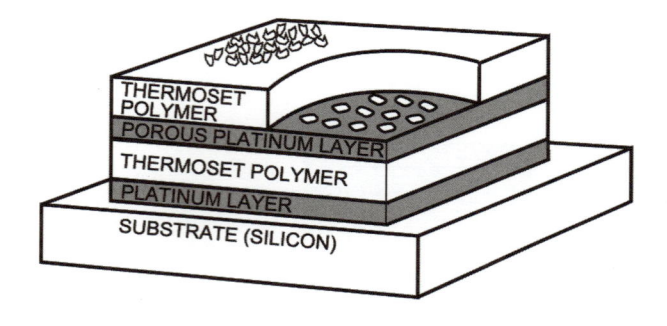

△ 圖 2-7　HIH-3602-A 型溼度感測器　　△ 圖 2-8　HIH-3602-A 型溼度感測器構造圖

HIH-3602-A 型溼度感測器之構造如圖 2-8 所示，係將金屬氧化物粉末燒結成陶瓷物，由燒結的程度可得到一多孔狀的物體，而此多孔狀的物體表面會吸收水分子中的氫離子，使得溼度感測器產生材料阻抗性之物理變化，表 2-1 所示為 HIH-3602-A 特性。當溼度高時，在多孔質表面的吸附層變得更厚阻抗變得更低，使電流容易通過而獲得溼度的大小，輸出電壓與相對濕度如圖 2-9 及圖 2-10 所示。

▼ 表 2-1　HIH-3602-A 特性

溫度感測	100kΩ± 5％@25℃
溫度感測精確度	± 3℃@25℃
相對溼度精確度	± 2％RH，000％RH（非凝結狀態），25℃，5VDC supply
相對溼度線性規格	± 0.5％RH
相對溼度磁滯規格	± 1.2％RH of Span Maximum
相對溼度重現率	± 0.5％RH
相對溼度量測反應時間	50s 於緩速流動空氣中@25℃
相對溼度量測穩定度	± 1％RH（5 年內相對溼度 50％）
電壓供應	4.0VDC to 5.8VDC
電流供應	2.0mA
操作溼度範圍	0～100％RH（非凝結狀態）
操作溫度範圍	−40℃～85℃（−40°F～185°F）

▲ 圖 2-9　輸出電壓值與相對溼度關係圖（0℃）

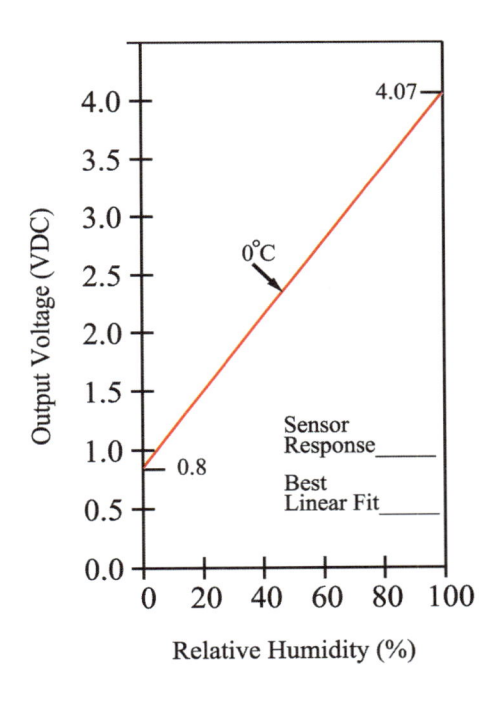

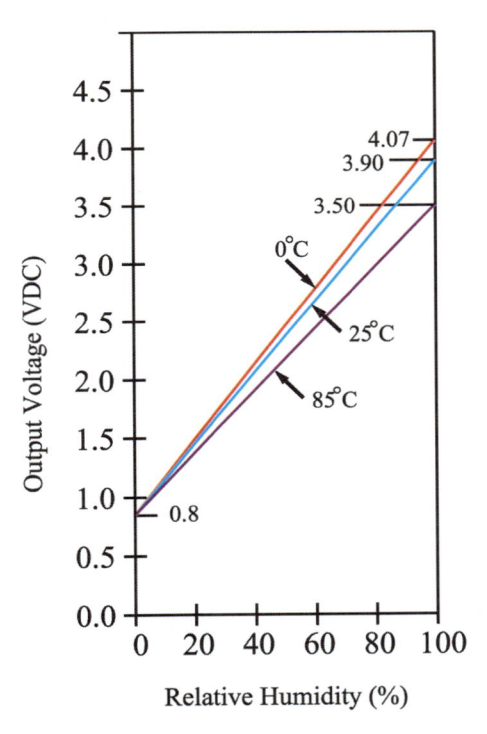

▲ 圖 2-10　輸出電壓值與相對溼度關係圖（0℃、25℃與 85℃）

【使用說明】

如圖 2-11 所示之 HIH-3602-A 型溼度感測器腳位，說明如下：

A、B 接腳：溫度調節裝置。由於在不同的溫度下，飽和水蒸氣壓並不相同，使得溼度感測器會受到溫度的影響，因此本溼度感測器於其內部結構中加入熱敏電阻以作為溫度補償之用。

C 接腳：電源輸入（+VDC4.0 V to +VDC5.8V）

D 接腳：接地

E 接腳：輸出電壓

F 接腳：接地

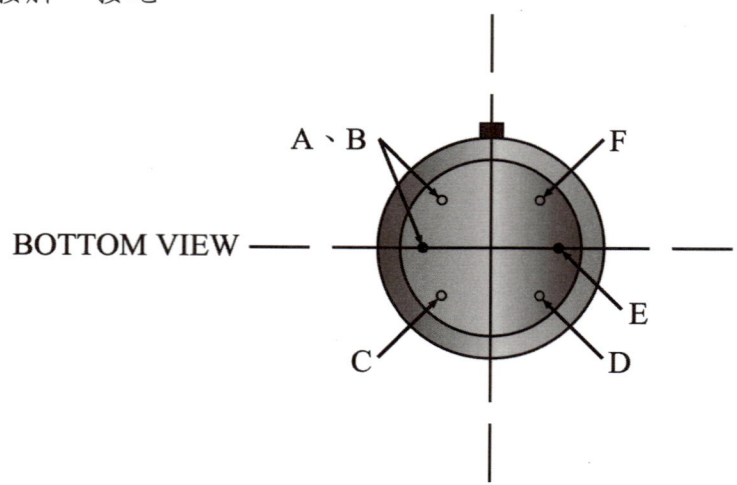

▲ 圖 2-11　HIH-3602-A 型濕度感測器腳位

2-2　一氧化碳自動檢測

　　一氧化碳為無色、無味極毒性危險氣體，屬於吸入性傷害，一般為碳氫化合物不完全燃燒而成，環境中無法自然產生，一氧化碳最常見的來源為火災、加溫或取暖系統燃燒不完全，如熱水器、瓦斯屋內氧氣量不夠，使得瓦斯不完全燃燒釋出一氧化碳分子與紅血球的結合而造成中毒。

2-2.1　一氧化碳的來源及對人體之影響

　　一氧化碳的來源及對人體之影響如表 2-2 所示，一般環境較易產生一氧化碳之來源如下：

1. 家庭中：瓦斯熱水器、瓦斯爐、暖爐等加溫或取暖系統，當瓦斯燃燒不完全時，很容易產生一氧化碳。
2. 停車場、車庫：汽機車或一般工具機引擎排出的廢氣，常含有一氧化碳。
3. 悶燒或火災：悶燒是一種不完全燃燒，常見於火災前、火災時與火災後，並產生大量的一氧化碳。

▼ 表 2-2　一氧化碳毒性濃度對人體的影響

一氧化碳濃度	吸入時間及中毒產生的症狀
0.01％(100ppm)	在 2～3 小時內會輕微頭痛。
0.04％(400ppm)	在 1～2 小時內前額頭痛，2.5 小時到 3.5 小時會蔓延。
0.08％(800ppm)	45 分鐘內會頭暈、反胃、抽筋(痙攣)。
0.16％(1600ppm)	20 分鐘內會頭痛，暈旋 2 小時會死亡。
0.32％(3200ppm)	50 分鐘會頭痛暈旋，嘔吐 30 分鐘會死亡。
0.64％(6400ppm)	1 分鐘內會頭痛，暈旋 105 鐘內會死亡。
1.28％(12800ppm)	1 分鐘會死亡。

2-2.2 紅外線法一氧化碳檢驗

　　紅外線法一氧化碳檢驗方式，係利用一氧化碳（CO）吸收紅外光之特性，測定樣品氣體中一氧化碳的濃度高低作為異常偵測，使於一氧化碳中毒的致命危機前，作為通風的指標或早期預警。若光源為非分散性紅外線（Non-Dispersive Infrared）者，稱之非分散性紅外線法，若於光源照射路徑上加裝一組氣體濾鏡者，稱之氣體過濾相關紅外線法（Gas Filter Correlation Infrared）。

　　紅外線法一氧化碳檢驗方式，係以非分散性紅外光法或氣體過濾相關紅外光法為原理，如圖 2-12 所示構想設計自動分析一氧化碳之儀器。該儀器之性能必須符合中華民國環保署檢字第 0950037771 號公告之適用範圍(參考表 2-3 所示)，於測定空氣中一氧化碳濃度須介於 0.0 至 100.0 ppm 之適用範圍。

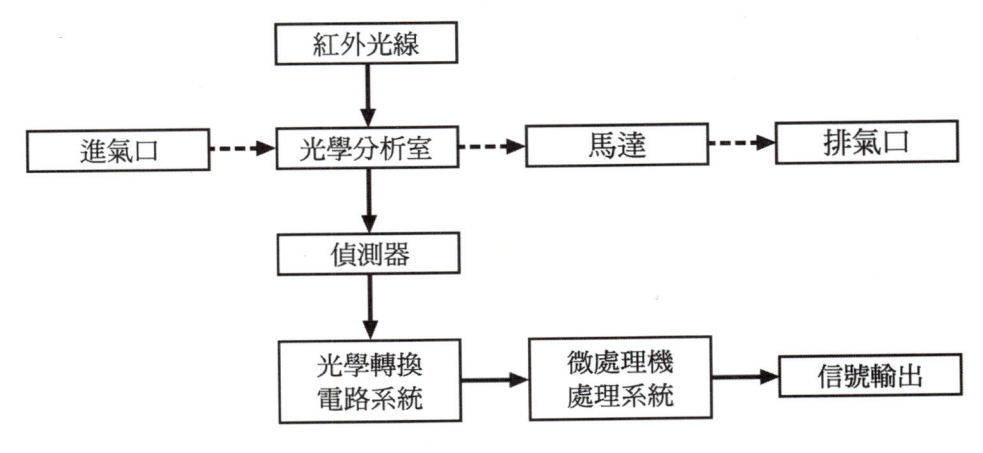

▲ 圖 2-12　一氧化碳自動分析儀示意圖

▼ 表 2-3　一氧化碳自動分析儀性能規格

1	測定範圍	0.0～100.0 ppm
2	雜訊	0.5 ppm
3	干擾當量	
	單一當量	單一當量
	總當量	總當量
4	零點偏移	± 1.0 ppm
5	全幅偏移	
	上限濃度之 20％	上限濃度之 20％
	上限濃度之 80％	上限濃度之 80％
6	遲滯時間	10 min
7	上升時間	5 min
8	下降時間	5 min
9	精密度	
	上限濃度之 20％	上限濃度之 20％
	上限濃度之 80％	上限濃度之 80％

2-3　杜絕一氧化碳中毒的方法

　　據統計每年九月到翌年四月，因使用熱水器具不當而發生一氧化碳中毒死亡，輕則造成腦性痴呆或植物人的悲劇時有所聞。台灣地狹人稠住家空間不大，設限了建造房子時周詳考慮通風的完整需求，亦影響居家要求安裝熱水器裝置於適切的安全位置，存在相當困難度。

　　由於一氧化碳是無色無味、無嗅，居家若能安裝一氧化碳偵測器，只要一氧化碳濃度達到危害人體時，將立即刻發出警報提醒人關掉瓦斯並開啟窗戶同時啟動排風機運轉，以降低一氧化碳濃度並減低家人生命危險。

第 3 章　研究設計與實施

本專題研究之主要目的，在於構想設計一「浴室輔助控制裝置」，主要運用溼度感測器、一氧化碳感測、浴室排風機、反相器與直流繼電器等元件發展專題研究，內容僅針對研究架構、研究方法、實施研究等三部分，分述內容如下。

3-1　研究架構

本專題為達前述之研究目的，所構想設計之研究架構如圖 3-1 所示。

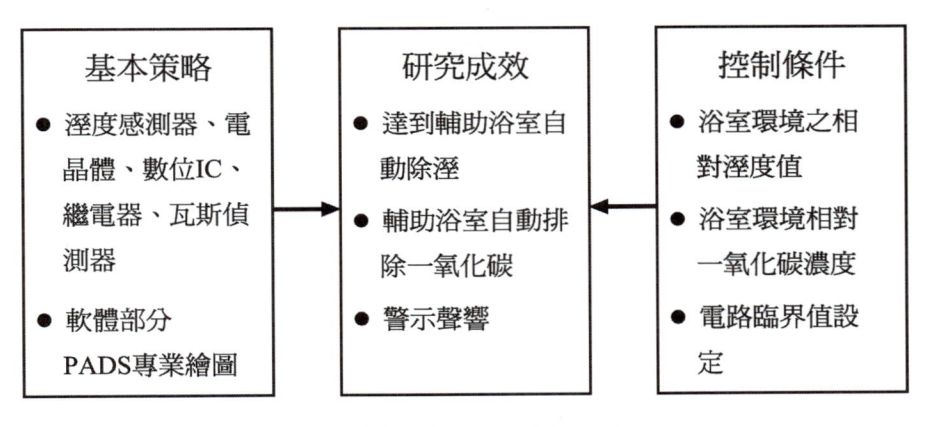

基本策略	研究成效	控制條件
● 溼度感測器、電晶體、數位IC、繼電器、瓦斯偵測器 ● 軟體部分 PADS專業繪圖	● 達到輔助浴室自動除溼 ● 輔助浴室自動排除一氧化碳 ● 警示聲響	● 浴室環境之相對溼度值 ● 浴室環境相對一氧化碳濃度 ● 電路臨界值設定

△ 圖 3-1　研究架構圖

3-1.1　基本策略

本專題係於實施電子電路實習課程時段，採行分組教學並運用單元教學所習得溼度感測器、瓦斯感測器、排風器、反相器、繼電器等基礎專業知識後，實施多次電路實習以拓展專業應用技巧，並持續接受老師指導，使專題相關之基礎專業知識、實務與作品包裝觀念均能落實，同時學習應用專業軟體（PADS4.0）之資源，逐一完成電子電路繪製與實體電路佈線配置，以完成製作一「浴室輔助控制裝置」。

3-1.2　研究成效

本專題旨在研究製作一浴室輔助控制裝置，主要係運用溼度感測器、一氧化碳偵測器、蜂鳴器、繼電器與 CMOS IC 等元件，達到自動排除浴室環境存在之溼度、一氧化碳之主要功能。

3-1.3 控制條件

根據配置於浴室環境之溼度與一氧化碳感測器,所感測之相對溼度、一氧化碳濃度值後,與參考經手動控制以設定控制電路轉態之工作臨界值,以滿足控制電路正確運作之條件依據,此依據分別經由一可變電阻器作為相對溼度值調整,與另一可變電阻器作為相對一氧化碳濃度值調整所完成。

3-2 研究方法

本專題研究以運用 CMOS 舒密特反相器 IC 的基本特性,經由實施專題製作課程,進行分組學習與廣泛蒐集與專題相關之文獻研究,經組員與老師多次討論之後,完成確立製作主題與規劃製作流程,針對課程教學單元電路,接受老師指導透過電路實作過程理解感測器基本實務操作觀念,並透過輔助電路板設計及繪圖軟體 PADS4.0 版完成實體元件佈線後,進而實體電路板焊接、功能測試與作品包裝。

3-3 實施研究

本研究規畫硬體系統控制流程之後,先於麵包板進行溼度感測器及一氧化碳感測器實體元件之應用電路配置,以熟悉元件特性並紀錄信號流程、清楚實體電路之動態功能後,聲清控制電路所需求之輸入、輸出單元配置,彙整書面電路完成。本文為達成專題研究構想設計之目的,將控制電路分割成溼度感測、一氧化碳感測、負載驅動等三部份予以組合而成。

溼度感測電路係運用電阻變化方式,將溼度感測值經分壓方式取出後,經舒密特反相器整形後取出控制信號,而一氧化碳感測控制電路,係以高分子紅外光線偵測方式結合電晶體元件以獲致控制信號。當溼度感測控制電路獲致控制信號後,以無穩態電路指示 LED 閃爍,並驅動排風機運轉;當一氧化碳控制電路獲致控制信號後,以無直流式蜂鳴器產生警示聲響,同時啟動排風機持續運轉。

第4章 研究成果

本章旨在呈現發展專題製作一「浴室輔助控裝置」之成果，主要內容包括溼度感測控制電路、一氧化碳感測控制電路與串接式電源電路三部分，內容分述如下。

4-1 溼度感測控制電路

溼度感測控制電路如附錄 1 所示，主要係以舒密特反相器 CD4584 與電阻式溼度感測器所構成，由於電阻式溼度感測器等效電阻值與環境溼度程度呈現成反比例之特性，經 SEN_{IN} 端座與 ADJ 300kΩ 串接取出直流分壓後，再輸入至 $CD4584\_A$ 作為偵測浴室環境溼度之用，當浴室溼度愈重經串接取出之直流分壓值愈低。

參考附錄 1 所示，當 SEN_{IN} 端座對地電位（$VSEN_{IN}$）值愈低表示環境溼度愈高。反之，當 SEN_{IN} 端座對地電位值愈高表示環境溼度愈低，此一電位值必須符合 CD4584 輸入邏輯位準條件，當 $VSEN_{IN}$ 高於 0.5 倍（$+V_{CC}$）或高於 +DC2.5V 時，此一 $VSEN_{IN}$ 被視為邏輯 "1" 位準；當 $VSEN_{IN}$ 低於 0.5 倍（$+V_{CC}$）或低於 +DC2.5V 時，此一 $VSEN_{IN}$ 被視為邏輯 "0" 位準，電路主要工作敘述如下。

當 $VSEN_{IN}$ = "0" 時，$CD45842\_B$ 第 4 腳位亦為 "0"，此時擔任開關之用的二極體 D_1 因缺順偏壓而呈開路狀態，使得由 $CD4584\_C$、電阻器 R_2、電容器 C_4 所構成之方波自由振盪電路產生方波信號，使得發光二極體 LED 形成 "亮、滅" 效果，亮滅週期 $T ≒ 1.1R_2C_4$ 秒，同時 $CD4584\_F$ 第 12 腳位之 "1" 位準，經電阻器 R_1 提供一順向偏壓，使電晶體 Q_1 導通並達到驅動繼電器 RLY12V 動作，繼電器常開（NO）與常閉（NC）接點，形成與主控開關（ON/OFF_1）並接狀態，使排風機運轉，表示此時即便是主控開關（ON/OFF_1）切至 OFF 狀態，排風機仍然持續工作。

當排風機運轉工作後，使浴室環境之溼度將逐漸且持續減輕，直至滿足 $VSEN_{IN}$ = "1" 之需求條件之後，$CD4584\_B$ 第 4 腳位轉態為 "1" 使二體 D_1 因順向偏壓導通，令 $CD4584\_C$ 停止自由振盪工作，同時發光二極體 LED 亦將固定於 "亮" 的狀態，而 $CD4584\_F$ 第 12 腳位 "0" 電位亦中斷電晶體 Q_1 順向偏壓而截止，繼電器 RLY12V 因而恢復常態且常開（NO）與常閉（NC）接點形成斷路，排風機因此停止運轉，實體電路配置圖，請參考附錄 3 所示。

4-2　一氧化碳感測控制電路

　　一氧化碳感測控制電路如附錄 2 所示，係由高分子紅外光線感測器經由 SEN_IN1 端座輸入信號，以 VR_SEN 與 R$_2$ 取出直流分壓值，輸入至 Q$_1$ 級反相放大後，影響 Q$_2$ 及 Q$_3$ 級之工作組態，圖中發光二極體 D$_1$ 指示出 Q$_3$ 級之狀態。

　　當一氧化碳感測器偵測出瓦斯外洩時，經 VR_SEN 取出直流分壓，再經電阻 R$_1$、電晶體 Q$_1$ 基射極，形成提供順向基極電流之路徑且使 Q$_1$ 電晶體導通，Q$_1$ 之集極、射極亦提供 Q$_2$ 級之基極電流路徑，使 Q$_2$ 及 Q$_3$ 級電晶體亦處於同時導通，而發光二極體 D$_1$ 亦因 Q$_3$ 導通而呈現〝亮〞狀態，並由二極體 D$_2$ 提供一低態〝0〞之邏輯電位，由 ARM 端座輸出至溼度感測控制電路，達成致能排風機運轉。反之，當瓦斯感測器所偵測瓦斯之濃度不足量時，電路工作狀態將使 Q$_3$ 反轉形成二極體 D$_2$ 逆偏壓而截止，溼度感測控制電路因而停止排風機運轉。

　　本研究另增設由一只 PNP 電晶體及直流 5V1AB 之繼電器，作為電晶體 Q$_3$ 之負載，使於致能排風機運轉之同時，提供電晶體 Q$_4$ 基射極順向偏壓，經由電晶體 Q$_4$ 導通以驅動 5V1AB 之繼電器，透過其常開（NO）與常閉（NC）接點，使外部蜂鳴器發出聲響以達到警示效果。

4-3　串接式電源電路

　　參考附錄 1 所示電路，本文為捨棄一變壓器達到簡易取得電路工作所需電源及縮減電路成本，採直接以交流電源 AC110V 輸入，經串聯一只電感器及電容器達成適量降壓後，再經由橋式整流、RC 濾波器獲致直流電壓，並以 μA7805 IC 提供 +DC5V 穩壓輸出。

第5章　結論與建議

本專題研究旨在透過溼度感測器、一氧化碳感測器、繼電器、CMOS IC/CD4584、排風機裝置等元件，發展構想設計一具有電子功能之「浴室輔助控制裝置」，以輔助居家浴室排風裝置缺乏自動感測控制之不足。本章僅針對實施此一專題製作課程之後，所獲致之結論與建議內容提出以下敘述。

5-1　結論

專題製作係強化專業技能與實務操作之專業課程，參與專題製作就是接受理論知識與實務應用能力的考驗，過程必須含括規畫、實施與評估等重點安排，才能依序有效解決問題並推展實施研究、製作的進程。在老師指導之下，本組以「如何改進居家浴室之潮溼環境」為議題，針對現有浴室專用之排風機進行功能性的現況，用心構想設計提出了具有電子功能之控制電路的更新方式，而同學亦經過書面討論與議定規劃流程之後，更加確認每一階段研究製作的重點，且能清楚描述問題並尋求正確改善問題的作為，於經歷 15 週次時間發展專題，製作此一「浴室輔助控制裝置」作品，獲致結論分由知識方面與技能方面，內容敘述如後。

5-1.1　知識方面

1. 提升蒐集專題所需求之相關資訊之能力，並做好資料吸收與彙整；
2. 瞭解廣泛閱讀與研究文獻，能增進發展專題製作的成果；
3. 體驗分組學習與經驗分享，對可否實踐解決問題的作為影響深遠；
4. 熟悉操作單元電路實作練習，能建立閱讀電路信號流程的信心；
5. 理解用心投入專題製作，可以學習與人合作與知道如何學習。

5-1.2　技能方面

1. 熟練舒密特反相器應用於緩衝電路、無穩態振盪電路與單穩態電路之觀念與技巧；
2. 瞭解整體電路妥善進行電路分割，並能快速正確追蹤信號流程；
3. 增進對配置實體元件之正確觀念，縮減排除電路故障的時程；
4. 熟悉作品功能整合、結構組合及外觀包裝的操作觀念，並增強臨場詮釋作品的自信。
5. 學習專業繪圖軟體 PADS4.0 操作，完成電路、書面編輯與構想設計電路的應用能力。

5-2　建議

本組專題作品係針對現況居家浴室排風機，因無自動控制排溼與一氧化碳感測裝置之不足，潛藏對家人生命健康危害的深遠影響，而構思一具有電子功能予以改進，經過臨場環境實物測試後，確實有效達成自動感測控制功能，符合解決問題需求之目的。然而，作品配置於浴室潮溼環境中，整體電路須額外注重防潮處理，且由於須全時供電，因此形成無形耗電之虞，加以主控制開關配線路徑須更動，造成進行施工時的不便，如何進一步改善以上陳述之問題，將是後續繼續研究的重點。

參考文獻

1. 吳朗（民 81），感測與轉換。台北：全欣圖書。
2. 林揚凱、張譽瀚（民國 97 年 5 月），一氧化碳偵測器。
   取自：http://www.shs.edu.tw/works/essay/2006/10/2006103022021269.pdf
3. 洪永杰（民國 90 年 2 月），HIH 系列溼度感測元件使用說明。民國 97 年 5 月
   取自：http://designer.mech.yzu.edu.tw/article/articles/technical/(2001-02-23)%20HIH%A8t%A6C%B7%C3%AB%D7%B7P%B4%FA%A4%B8%A5%F3%A8%CF%A5%CE%BB%A1%A9%FA.htm
4. 陳瑞和（民 82），感測器。台北：全華圖書。
5. 盧明智、盧鵬任（民 85），感測器應用與線路分析。台北：全華圖書。
6. 鵬騰科技公司（民國 97 年 5 月），杜絕一氧化碳中毒的方法。
   取自：http://www.microsense.com.tw/co.htm

附 錄

1. 阻抗變化型溼度感測控制電路

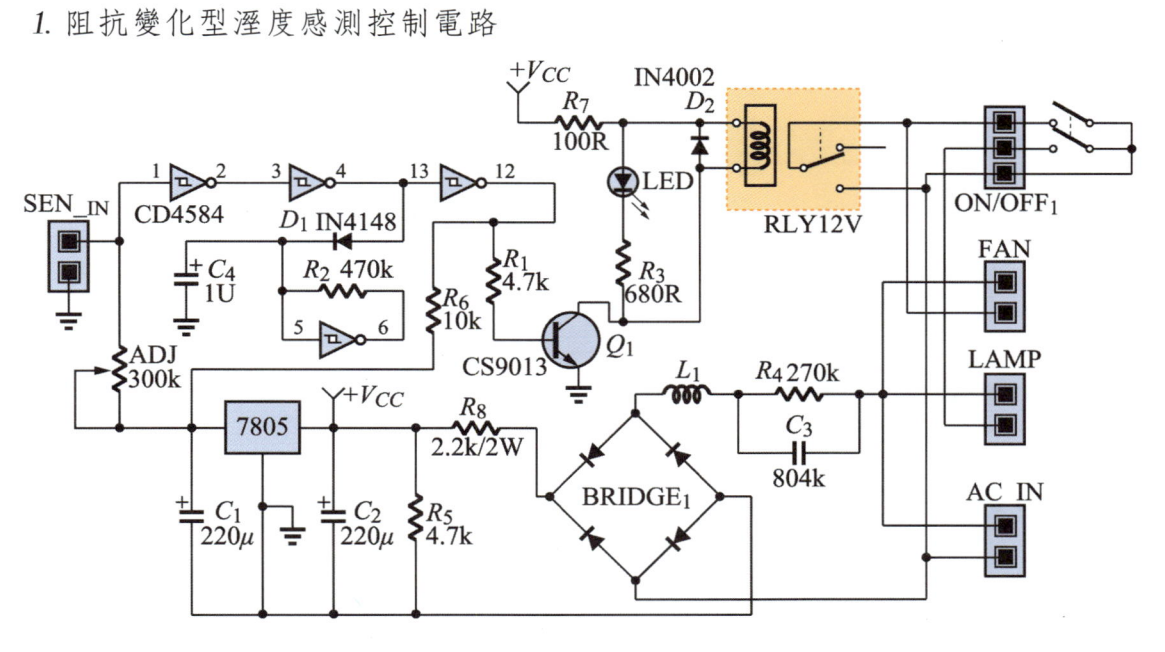

2. 高分子一氧化碳感測控制電路

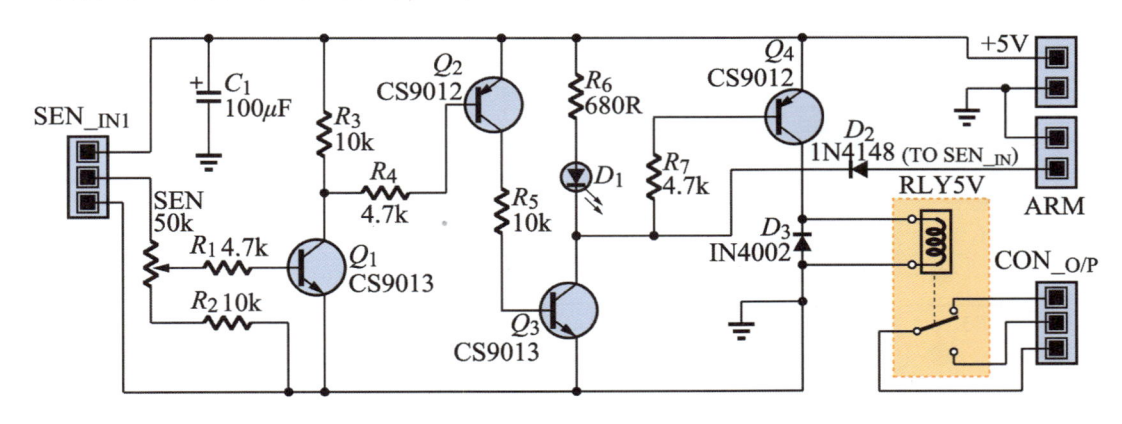

3. 阻抗變化型溼度感測控制電路實體佈置圖

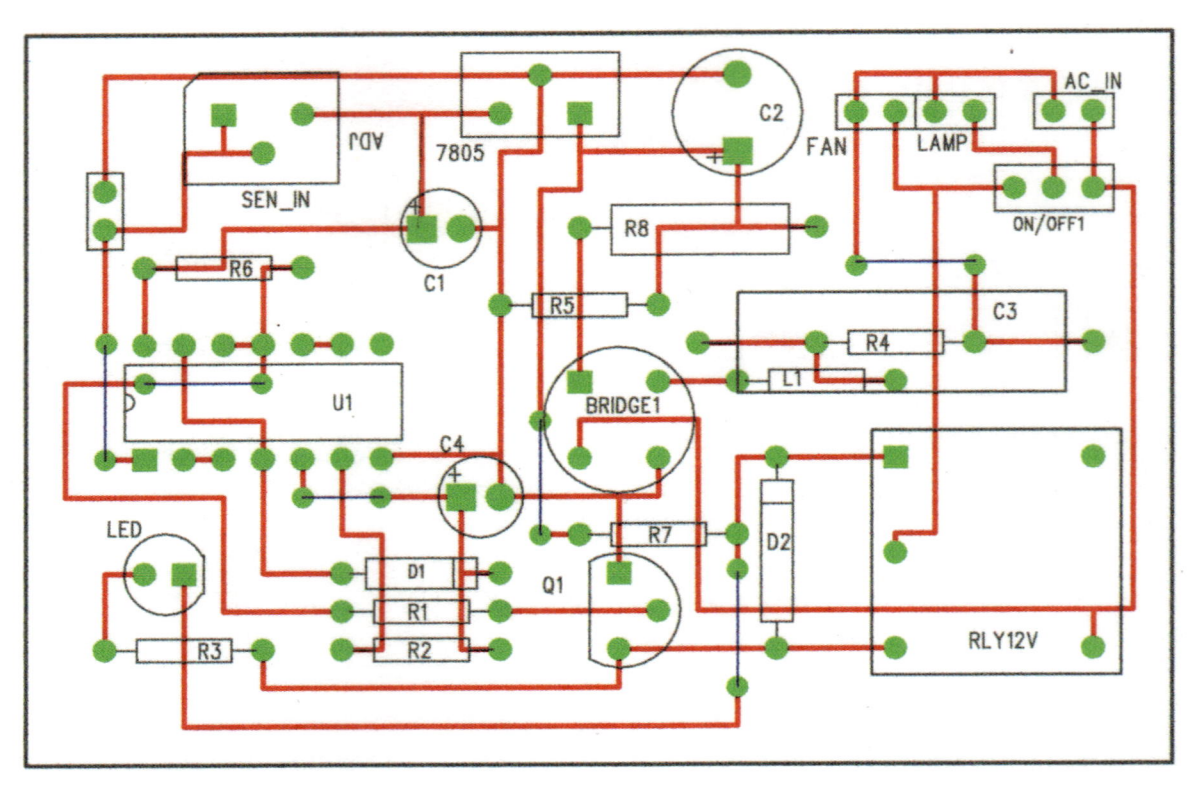

TOP VIEW

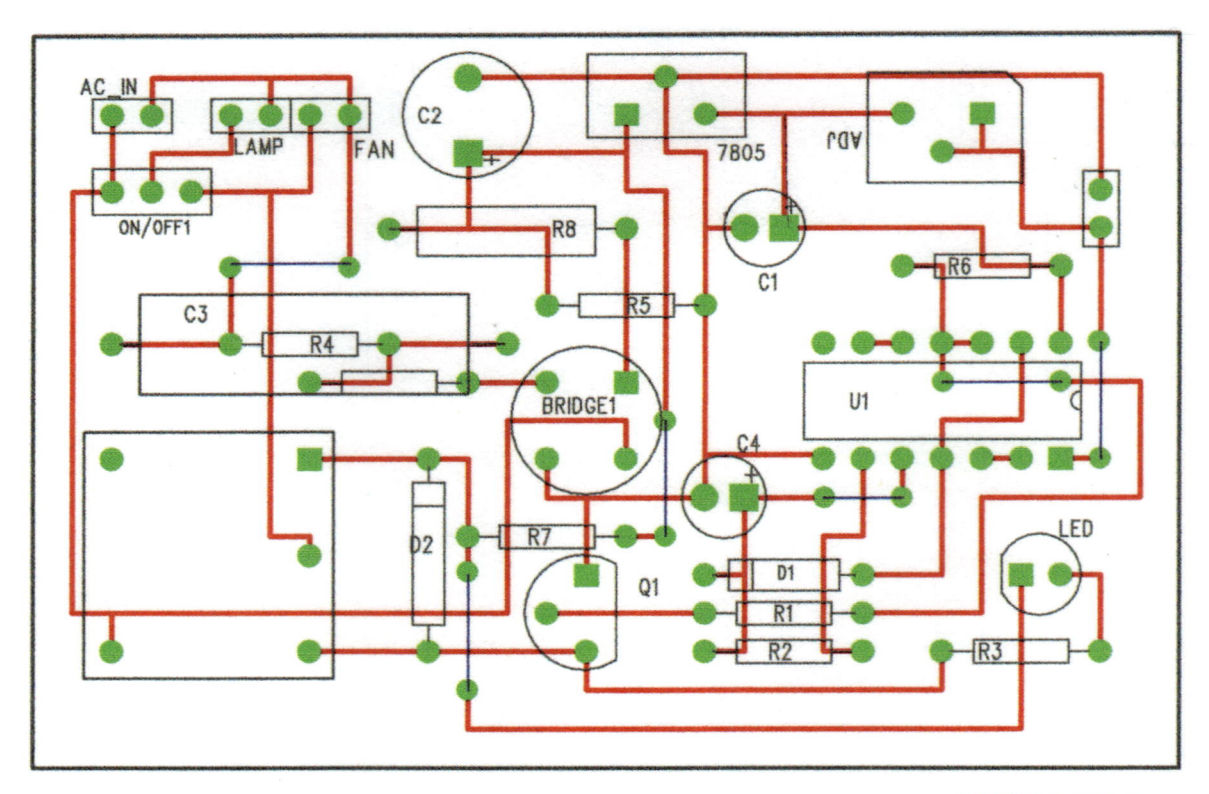

BOTTOM VIEW

4. 高分子一氧化碳感測控制電路實體佈置圖

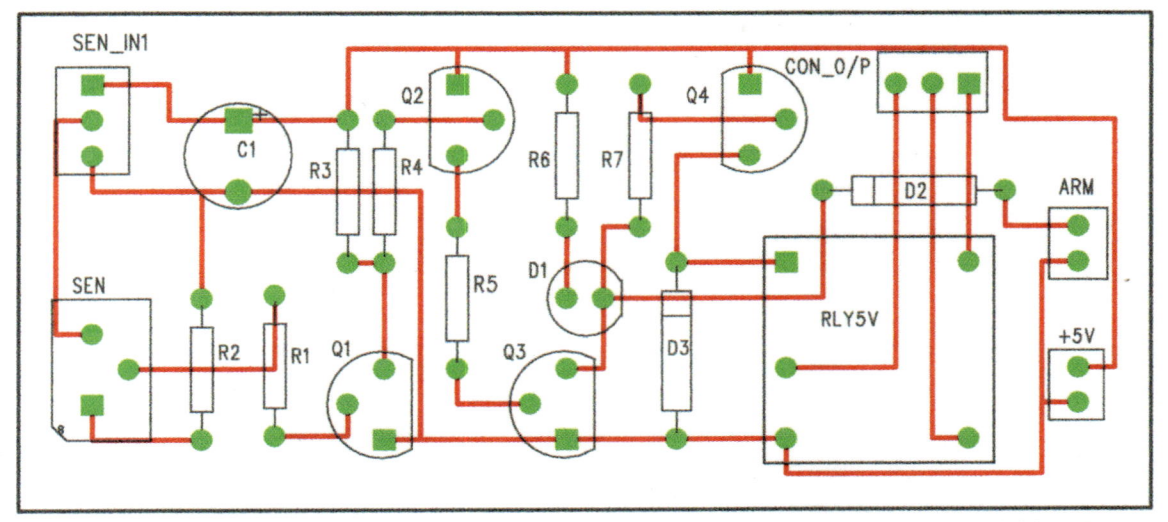

TOP VIEW

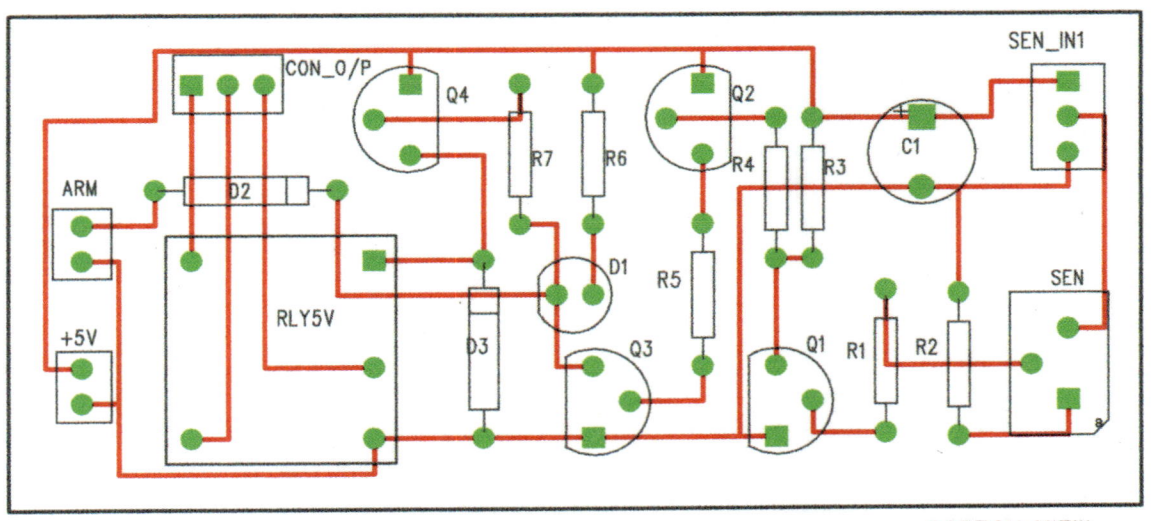

BOTTOM VIEW

5. 需求設備材料表

項 目	品 名	單 位	數 量	規 格	備 註
1	電源供給器	台	1	LPS_305	DC30V3A
2	數位三用表	台	1	YDM302	
3	示波器	台	1	20MHz	雙軌跡
4	數位IC	只	1	CD4584	
5	IC座	只	1	DIP14P	
6	穩壓IC	只	1	μA7805	
7	電晶體	只	3	CS9013	
8	電晶體	只	2	CS9012	
9	二極體	只	2	1N4148	
10	二極體	只	2	1N4002	
11	發光二極體	只	2	圓形16Φ	顏色不拘
12	半可變電阻	只	1	50kΩ	臥式
13	半可變電阻	只	1	300kΩ	臥式
14	繼電器	只	1	6V1AB	
15	繼電器	只	1	12V1AB	
16	模式座	只	3	3P	直立
17	模式座	只	6	2P	直立
18	電阻器	只	1	100Ω	0.25W
19	電阻器	只	1	680Ω	
20	電阻器	只	1	2.2kΩ	2W
21	電阻器	只	1	2.7kΩ	
22	電阻器	只	5	4.7kΩ	
23	電阻器	只	1	10kΩ	
24	電阻器	只	1	270kΩ	
25	電阻器	只	1	470kΩ	
26	電容器	只	1	1μF	DC25V
27	電容器	只	1	100μF	DC25V
28	電容器	只	1	220μF	DC25V
29	電容器	只	1	220μF	DC50V
30	電容器	只	1	0.8μF	DC400V
31	電感器	只	1	150μH	0.25W
32	手動開關	只	1	2AB	單刀雙擲式
33	電源線	只	1	7A	
34	鎢絲燈泡	只	1	30W/110V	
35	排風扇	只	1	AC110V	
36	變壓器	只	1	AC12.0.12	輸入AC110
37	單面多孔板	只	1	纖維板	KT1016
38	感測器	只	1	電阻型	溼度用
39	感測器	只	1	紅外光線	一氧化碳用
40	蜂鳴器	只	1	DC9V	
41	銅柱	只	4	日式	3cm

台北縣私立復興學校

= 資訊科 =

專題報告

省電充電插座

學生　組長：蕭勛豪
　　　組員：黃瑞泰
　　　組員：蔡明澄
　　　組員：王靖婷
指導者：林明德　老師

中華民國　97年　06月

摘要 Abstract

　　本專題研究旨在針對傳統座充式裝置，於達成對可充式電池進行充電的過程，須維持與交流電源形成連接，造成浪費電源之缺點，提出改善並構想設計一省電裝置，使座充式裝置於完成回充電力至額定值後，能自動切斷與交流電源連接，以達到省電之目的。本文為達到上述研究目的，乃運用實施實習課程學習基礎電子電路、數位邏輯應用等觀念，在老師指導下利用積體電路與繼電器進行電路應用實習，並直接以交流 110V 電源輸入施予擷取分壓，經整流、濾波與穩壓電路產出+DC5V電源，改進此一「省電充電插座」之構想設計，使本研究之作品具有輕巧、省電與實用的效果。

　　關鍵字：充電座，省電裝置，節能。

目錄

摘要	II
目錄	III
圖目次	V

第 1 章　緒論
1-1　研究動機	2-3.1
1-2　研究目的	2-3.1
1-3　預期成果	2-3.1

第 2 章　理論研究
2-1　邏輯 IC 之基本概念	2-3.2
2-1.1　邏輯 IC 之分類	2-3.2
2-1.2　邏輯 IC 系列的新發展趨勢	2-3.2
2-1.3　邏輯 IC 使用注意事項	2-3.3
2-2　反相器邏輯 IC 之基本應用	2-3.3
2-2.1　方波產生器電路	2-3.3
2-2.2　舒密特振盪器電路	2-3.4
2-3　電晶體控制自持電路	2-3.4
2-3.1　NPN 電晶體驅動電路	2-3.4
2-3.2　PNP 電晶體驅動電路	2-3.5
2-4　光感測電路	2-3.5
2-4.1　光敏電阻器電路	2-3.5
2-4.2　光電晶體電路	2-3.6
2-4.3　光耦合器電路	2-3.7

CONTENTS 目錄

第 3 章　研究設計與實施
　　3-1　研究架構　　　　　　　　　　　　　　　　2-3.9
　　　　3-1.1　基本策略　　　　　　　　　　　　　2-3.9
　　　　3-1.2　研究成效　　　　　　　　　　　　　2-3.9
　　　　3-1.3　控制條件　　　　　　　　　　　　　2-3.10
　　3-2　研究方法　　　　　　　　　　　　　　　　2-3.10
　　3-3　實施研究　　　　　　　　　　　　　　　　2-3.10
　　　　3-3.1　機構部分　　　　　　　　　　　　　2-3.10
　　　　3-3.2　硬體部分　　　　　　　　　　　　　2-3.11

第 4 章　研究成果
　　4-1　光耦合控制電路　　　　　　　　　　　　　2-3.12
　　4-2　簡易分壓式穩壓電路　　　　　　　　　　　2-3.12
　　4-3　繼電器自持電路　　　　　　　　　　　　　2-3.13
　　4-4　實體控制電路　　　　　　　　　　　　　　2-3.13

第 5 章　結論與建議
　　5-1　結論　　　　　　　　　　　　　　　　　　2-3.15
　　5-2　建議　　　　　　　　　　　　　　　　　　2-3.15

參考文獻　　　　　　　　　　　　　　　　　　　2-3.16

附錄
　　1. MC14584 特性　　　　　　　　　　　　　　　2-3.17
　　2. 主要控制電路配置圖　　　　　　　　　　　　2-3.20
　　3. 需求設備零件表　　　　　　　　　　　　　　2-3.21

圖目次

圖 2-1	方波產生器電路	2-3.3
圖 2-2	舒密特振盪電路	2-3.4
圖 2-3	NPN 電晶體驅動電路	2-3.4
圖 2-4	PNP 電晶體驅動電路	2-3.5
圖 2-5	典型光敏電阻應用電路	2-3.5
圖 2-6	典型光電晶體應用電路	2-3.7
圖 2-7	光耦合器應用電路及輸出特性	2-3.7
圖 2-8	可重置式 NE555 振盪電路	2-3.8
圖 2.9	電話來電警示電路	2-3.8
圖 3-1	研究架構圖	2-3.9
圖 3-2	實體結構示意圖	2-3.11
圖 3-3	系統控制流程圖	2-3.11
圖 4-1	光耦合器控制電路	2-3.12
圖 4-2	簡易分壓式穩壓電路	2-3.12
圖 4-3	繼電器自持電路	2-3.13
圖 4-4	省電充電插座主要控制電路	2-3.14

第1章 緒論

　　近年來由於社會大眾配合著旺盛進步的社會經濟活動，為追求安穩、舒適的生活形態，使得能源的消耗有大幅增加的驅勢。在今天，幾乎每個家庭都走向省時省力的電氣化，也因為便利而多樣化的生活方式，使得資源及能量的使用顯著的增加，如何在生活上有效節省而不浪費能源，已是值得重視的事。基此，本研究應用所習得之基礎電子專業知識及實務操作技能，針對日常生活中不可或缺的可循環式充放電電池，探討一有效輔助節能裝置之專題研究，主要研究內容分述如下。

1-1 研究動機

　　科技產品（如：數位像機、MP3、手機）能提供使用者方便與豐富生活的需求，這些科技產品所使用的電力來源，大多以小型可充電式之電池為主，使用之後將必須針對電池經充電裝置予以回充電力，才能重新回復額定的蓄電量，然經過回充電力過程後，即便已經恢復電池之蓄電量，除非經人手拔除充電裝置且中斷持續充電，否則此一回充電力的過程，可能存在充電過載造成電池損壞且產生浪費電能的缺點。因此，引發構思一「省電充電插座」之專題研究，以有效解決此一問題。

1-2 研究目的

　　本專題係利用一電感器與電容器直接將交流電源擷取分壓，再經整流、濾波與穩壓電路，提供電路工作所需之直流電壓，透過按鍵開關與CMOS反相器，控制電晶體驅動一繼電器，達到提供交流/AC110V 輸出的功能，再經一光耦合器/TLP521 執行電氣隔離，並將充電座既有之指示燈腳位與光耦合器輸入側紅外光線發射端實施腳位並接，並利用光耦合器輸出側接收紅外光線之電晶體開關特性，作為CMOS反相器運作之依據；另一可將充電座驅動狀態指示燈之開關電晶體狀態，取出控制電位直接輸出至一電子控制電路，使充電座於指示充電完成之LED燈亮起時，達到自動切斷交流/AC110V再輸入充電座，以有效節省電能浪費。

1-3 預期成果

　　本文係配合電子電路實習課程實施單元教學，同學已學習電晶體電路、光耦合器、繼電器與熟悉數位積體電路/CD4584 等基礎專業知識，且熟悉電感器與電容器實施基本串並聯電路之特性，在老師輔導下實施電路實習操作，加強實體電路配置與電路焊接之重點要求，並採分組學習方式構思一「省電充電插座」之專題研究，希望本組作品能符合經濟、實用與省電的效果。

第2章　理論研究

發展專題製作課程的迷思與難題，在於如何以先備的理論知識與實務操作能力作為基礎，以啟迪問題發掘與建立正確解決問題方法，並從中累積經驗以產出具有創新構想的作品，使能符合新穎、實用與改善問題需求之目的。基此，本文擬從探討專題製作相關之反相器邏輯IC概念及應用、繼電器自持電路、光感測電路、光耦合電路等基礎理論，落實實務操作與應用觀念，希望有助提升本專題研究之成果。

2-1 邏輯IC之基本概念

本節僅針對邏輯IC之分類、IC系列的新發展趨勢、邏輯IC使用注意事項等內容，提出以下敘述。

2-1.1 邏輯IC之分類

1. TTL 系列：以電晶體材料組合，分為 74XX-Standard 型、74LXX-Low Power 低耗電型、74SXX-Schottky 型、74LS-Low Power Schottky 型等，TTL一般工作電壓為+5V±0.25V，耗電流較高（約數mA），輸出電流可達 20mA 以上，具有 10ns 高反應速度，其 ON/OFF 轉態臨界邊限為+2V 至+0.7V。

2. CMOS 系列：以 MOSFET 材料組合，分為 CD4xxx-RCA，TC4xxx-Toshiba，MC14xxx-，Motorola 等，CMOS 系列可承受較高之溫度範圍，電壓範圍約在+3V 至+15V 之間，工作之消耗電流較及推動能力及工作頻率較TTL系列低，其 ON/OFF 轉態臨界邊限約為工作電源+V_{CC}的一半。

3. 74HC系列：以 High speed MOSFET 材料組合，此一系列產品主要在改進TTL 及 CMOS 系列之缺點，腳位與 TTL 或 CMOS 系列相同。

2-1.2 邏輯IC系列的新發展趨勢

由於CMOS與74HC系列產品製程及元件密度特性，均較TTL系列產品佳，所以74 TTL系列之Transistor與Schottky製程均已逐漸被淘汰，而74HC系列現有74HC、74HCU、74HCT等三種之腳位均與原有74TTL系列相同，其中74HC與74HCU相當於74HC4000系列之特性，而74HCT則相當於原有74TTL系列之特性。

現今半導體製程技術更新，新發展趨勢為低工作電壓之數位系列有+3V、+2.5V及+1.8V等系列，其中以+3.3V系列中LV、LVC、LVT三種已廣泛被工業界所應用。LV 相當於低電壓 4000 系列，工作電壓範圍介於+1V至+5V，LVC相當於低電壓74HC系列，工作電壓範圍+1.2V至+3.6V，LVT 相當於低電壓 74HCT 系列，工作電壓範圍+2.7V 至+3.6V。

2-1.3 邏輯IC 使用注意事項

1. 電源迴路電壓：需特別注意各不同 IC 系列，其電壓工作範圍差異，且其電源電壓會影響輸入狀態邏輯電位及輸出狀態邏輯電位，同時影響驅動輸出負載之能力及工作頻率等。

2. 電源迴路旁路電容：為避免環路寄生電容引起異常振盪或抑制外來雜訊干擾等情況發生，邏輯電路中所施加於個別IC 之+V_{CC}腳位端與GND 腳位端間，須個別並接一 0.01μF 至 0.1μF 陶瓷高頻旁路電容及 10μF 至 100μF 電解電容作為低頻旁路電容器之用。

3. 輸入邏輯電路水平：除特定之舒密特 IC 外，應注意整體邏輯電路中其它 IC 工作轉態之電位值，使於驅動負載時仍能維持動態穩定電位。

2-2 反相器邏輯IC 之基本應用

舒密特型反相器 IC 中以CD4584 與74HC14 廣泛被應用邏輯電路，本節以它應用於方波產生器、舒密特振盪器為內容，敘述如下。

2-2.1 方波產生器電路

如圖 2-1 所示，係運用 COMS IC/CD4584 二級反相器所構成的基本方波產生器電路，輸出端經 C_1 及 R_1 正回授至輸入端產生連續振盪方波，而 R_2 則經由 R_1 提供負回授，使振盪頻率穩定，其方波週期為 T = 2 (R_2C_1)，設計上為求頻率穩定取 C_1 > 100 pF 且 R_1 值最好須滿足大於 10 倍 R_2 值，即 $R_1 \geq 10R_2$。

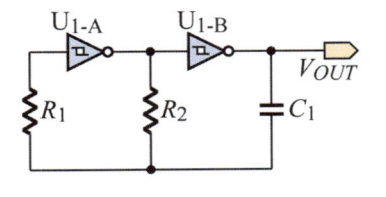

△ 圖 2-1　方波產生器電路

2-2.2 舒密特振盪器

如圖 2-2 所示，係使用舒密特（Schmitt Trigger）/CD4584 或 74HC14 IC 所構成的振盪器電路，僅需利用單級即可運用舒密特電路所具有之反相器、上限位準V_u、下限位準V_d及遲滯電壓V_h之特性，產生方波或脈波信號，於輸入端接一電容器並由輸出、入端並接一電阻器以構成一RC充放電路，當電容器端電壓V_c達到上限位準V_u或下限位準V_d臨界值時，電路輸出端之電位狀態將自行反轉一次，遲滯電壓V_h值為V_u減去V_d，常態V_h值約為0.8V。

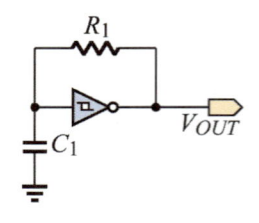

▲ 圖2-2 舒密特振盪電路

當電容器端電壓V_c值上升至V_u準位，造成舒密特輸出端電位為 0"，同時C_1經由R_1放電造成V_c值逐漸降低，若電容器端電壓V_c值下降至V_d準位，則舒密特輸出端電位轉態為1"，同時輸出端經由R_1向C_1經由充電，造成V_c值逐漸上升，當V_c值達到V_u值，輸出端立即轉態為0"，此一交互運作形成持續振盪產生方波輸出，方波週期$T = R_1C_1$。

2-3 電晶體控制自持電路

自持電路係常運用於傳統電機控制電路，以達到鎖定開關接點狀態，使能維持於導通模式或斷路模式的一種替代接點的電路機制，本節以手動開關操作電晶體進行驅動繼電器為例，敘述基本自持電路工作內容。

2-3.1 NPN電晶體驅動電路

如圖 2-3 所示，以一 NPN 電晶體驅動一只繼電器，並且利用繼電器之 a 接點與 ON 按鈕開關（常開式）並接後，同時與一 OFF 按鈕開關（常閉式）串接，以形成一提供電晶體基極電流之路徑；當 ON 按鈕開關押下時，+V_{CC}經常閉 OFF 開關接點與R_2電阻，提供電晶體順向基極電流，使電晶體導通，同時令繼電器（RLY）轉態產生 NO 與 CC 接點導通，達到取替 ON 按鈕開關接點路徑，達到持續維持電晶體導通的自持效果，當OFF按鈕開關押下產生中斷電晶體順向基極電流路徑，令電晶體截止後繼電器恢復常態，使 NO 與 CC 接點斷路。

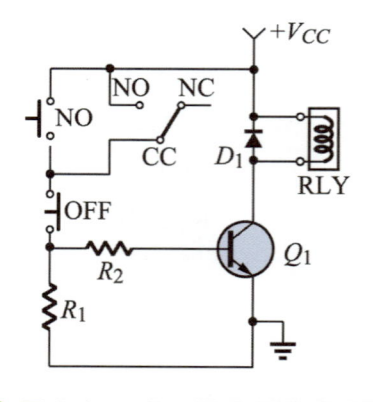

▲ 圖2-3 NPN電晶體驅動電路

2-3.2 PNP電晶體驅動電路

如圖 2-4 所示，改以一 PNP 電晶體驅動繼電器，電路接電模式與圖 2-3 相同，僅在於提供電晶體基極電流之路徑方向相反；當 ON 按鈕開關押下時，$+V_{CC}$ 先經電晶體射極與基極接面，再經常閉 OFF 開關接點與 R_2 電阻，提供電晶體順向基極電流，使電晶體導通，同時驅動繼電器（RLY）之 NO 與 CC 接點由斷路轉態短路，產生取替 ON 按鈕開關接點路徑以持續維持電晶體導通的自持效果。

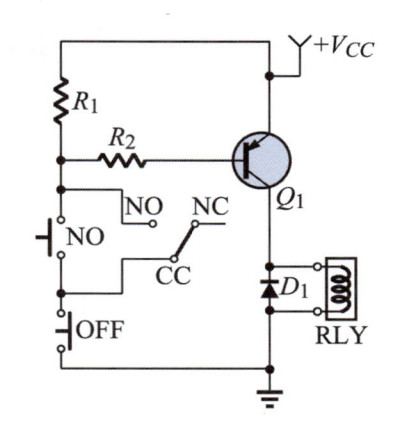

▲ 圖 2-4　PNP 電晶體驅動電路

2-4　光感測電路

一般光感測元件之應用性質，大多以可見太陽光或不可見之紅外光線為主，而作為可見光感測用之元件，如光敏電阻器或光電晶體均屬此類，另以不可見之紅外光線作為感測之元件如光耦合器，常被應用於需求電氣隔離之環境，諸如以上所述光感測元件之應用實例，分述如下。

2-4.1 光敏電阻器電路

光敏電阻器，是一種兩端式的元件，大多是由硫化鎘（CdS）和硒化鎘（CdSe）為主要材料，與家用白色燈泡或太陽光之光譜響應接近（40000Å～10000Å）。光敏電阻器本身具有半導體特性，若光線照射於 CdS 或 CdSe 上時，其共價電子受光能量激發而形成電子電洞對，使其導電性提增，降低了本身物質的電阻性，所以光敏電阻的光導電阻大小與入射光的強度成反比，典型光敏電阻之應用電路如圖 2-5 所示。

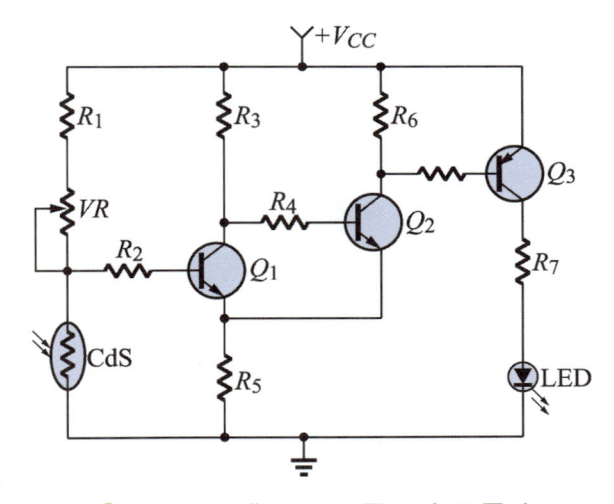

▲ 圖 2-5　典型光敏電阻應用電路

參考圖 2-5 所示電路，Q_1 及 Q_2 組成舒密特電路，當 CdS 之元件受光減弱時其電阻值會增加，經直流分壓所獲得的電壓值，將隨著 CdS 受光量減弱而增加。當 CdS 端電壓值大於舒密特電路上限臨界值 V_H 時，Q_1 將導通

且 Q_2 及 Q_3 轉態為截止，以致於 LED 處於熄滅狀態。當 CdS 受光量增加時其端電壓將減少，若低於舒密特電路下限臨界值 V_L 時，Q_1 將轉態為截止且 Q_2 將轉態為導通。此時 Q_2 因導通提供了 Q_3 基極電流順向路徑，使 Q_3 由截止轉態為導通並令驅動負載 LED 亮。

2-4.2 光電晶體電路

一種接受光源強弱並將其轉換為電器信號的電晶體，稱為光電晶體，其 I_{ceo} 值與受光強度成正比之特性，係廣泛應用於電子電路之控制元件。光電晶體大都以矽半導體為材料，當光線射入其基極表面時，會於基極、集極接面所受之逆向偏壓下形成光電流 I_λ（I_λ 近似 I_{ceo}）。此光電流經放大後形成集極電流 I_c，光電流 I_λ 與基極面所接受的光線強弱成正比。

光電晶體主要應用於物體檢知、光電控制、光耦合電路等裝置或電路。具有成本低、可靠度高、壽命長、轉換速度快、暗電流小等優點。唯其動態非直線性，所以光電晶體大多受限於開關電路之用途，圖 2-6 為基本光電晶體應用於控制實例，電路之工作情形如下敘述。

當光電晶體 Q_1 接受足夠光源時將形成導通，經由 R_2、VR_1 分壓並提供順向偏壓給 Q_2，電阻 R_1 對地電位並接後，能有效衰減雜訊干擾電晶體 Q_2 之影響，亦能適度修正 Q_1 之靈敏度，VR_1 在電路中之主要功能在於調整電壓放大級 Q_2 動態工作點，達到輔助修正 Q_1 靈敏度之用，Q_2 級對後續電路之影響如下：

1. 當 Q_2 截止時 V_{C2} = +9V，反之當 Q_2 導通時其集極與射極腳位間視同短路，於集極腳位經由 C_1、R_4、D_1 所組成負相微分電路，將產生一負相脈衝且經由 C_2 電容瞬間短路作用，使得電晶體 Q_2 轉態為截止狀態並經 Q_2 集極提升電位至 $+V_{CC}$ 值，再經由電阻 R_8 提供 Q_3 基極電流並使 Q_3 轉態為導通狀態。

2. 當 Q_3 處於導通期間，$+V_{CC}$ 經由電阻 R_6 串接可變電阻 VR_1，提供電容 C_2 充電路徑並使 C_2 端電壓由負電位逐漸上升。

3. 當電容 C_2 充電達 $0.69(R_6 + VR_2)C_2$ 之時，C_2 端電壓將令電晶體 Q_4 基、射極間接面形成順向偏壓，使 Q_4 由截止轉為導通狀態（LED 亮），電路中 $R_6 + VR_{2(max)} = 147k\Omega$，$C_2 = 2.2\mu f$ 則 $T \simeq 0.69(R_6 + VR_2)C_1 = 0.335sec$，即 T 期間 Q_4 處於截止狀態且 LED 熄滅。

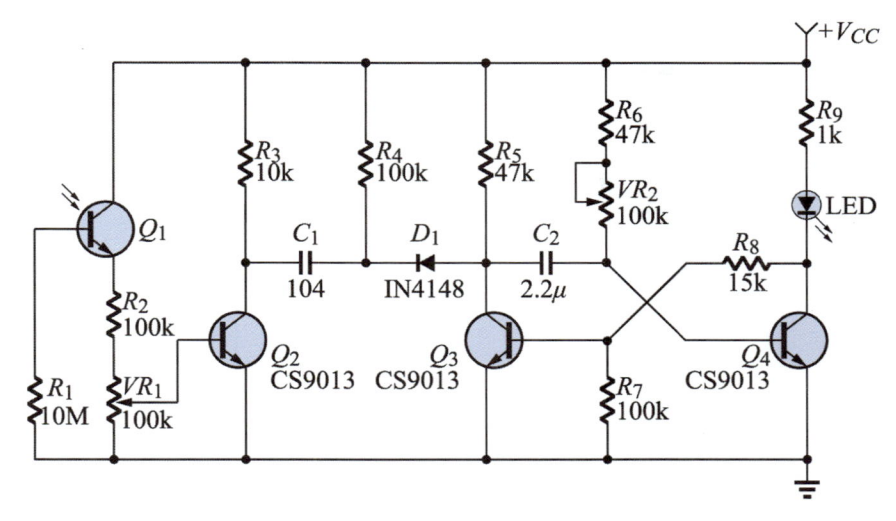

▲ 圖 2-6　典型光電晶體應用電路

2-4.3　光耦合器電路

　　光耦合元件之基本結構，係由紅外光線發射與紅外光線檢知單元所組成，兩組件單元存在各自獨立工作迴路，所以光耦合元件已廣泛運用於需電氣隔離之控制環境，透過紅外光線遮沒、穿透或反射等作用，以達到傳遞紅外光線之目的，本節以紅外光線耦合器（TLP521）之應用實例，提出扼要說明如下。

　　參考圖 2-7 所示電路，若於 V_{in} 端施加全波整流後之電壓信號。當 V_{in} 電位超過 V_F 值後，發射級之紅外光二極體開始進入順向工作區，產生發射之紅外光線，經紅外光檢知器單元，將能量轉換並於 R_L 端取出 V_C 電壓波形。當 V_{in} 電位超過 V_S 值時，紅外光二極體進入工作飽和區。如圖 2-8 所示，當於 t_0 期間由檢知單元輸出邏輯 1" 之控制（V_C）/RESET 電位，使 NE555 IC 第 3 腳產生方波振盪信號。

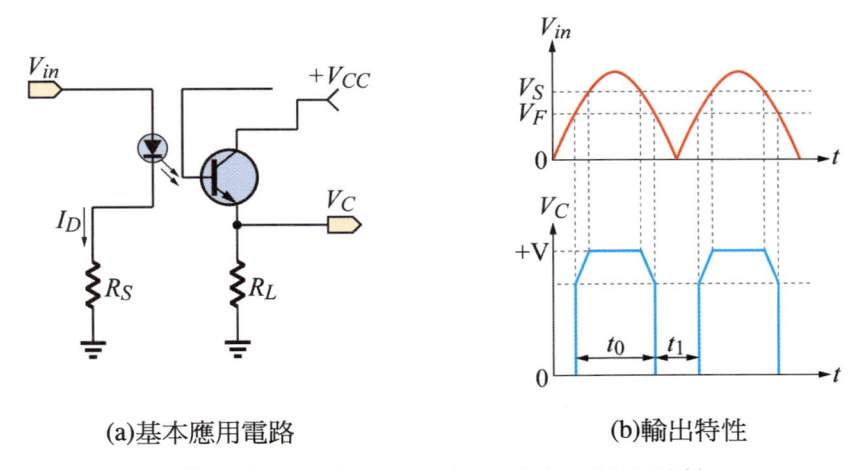

(a)基本應用電路　　　　　(b)輸出特性

▲ 圖 2-7　光耦合器應用電路及輸出特性

(a)基本應用電路　　　　　　　(b)輸出特性

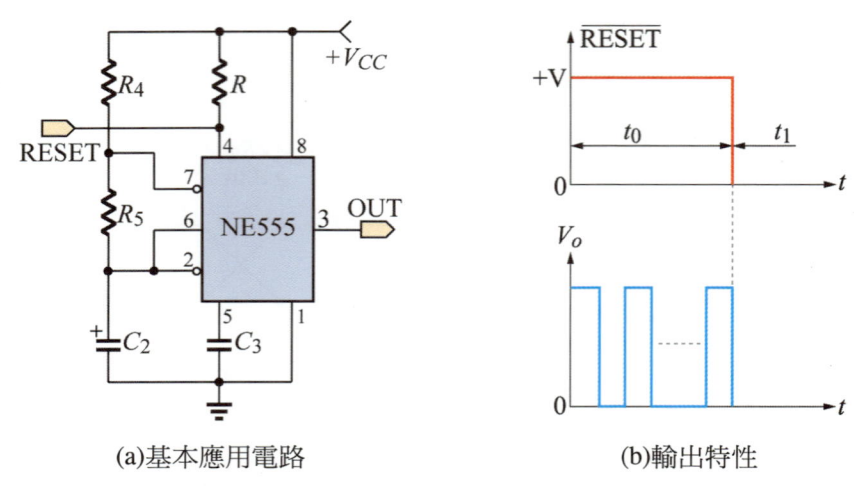

△ 圖 2-8　可重置式 NE555 振盪電路

　　圖 2-9 所示電路，係運用上述光耦合器及可重置式 NE555 振盪電路組合而成，作為居家電話機來電警示裝置。當話機鈴聲響起的同時，電話線間將產生一交流電壓，經 C_1 電容阻隔直流成分後，經由橋式整流取出全波式脈動直流，此脈動直流提供間斷的 I_d 電流，於檢知器的輸出端產生類似方波的電壓，施加於 NE555 IC 重置（RESET）第 4 腳位。

　　當電話機來電時，經由橋式電路及光耦合電路後，能提供一邏輯 1" 之電位至 NE555 第 4 腳，此時形成自由振盪信號，經由 R_6 及 Q_2 輸出至負載（喇叭），產生一既定間斷聲調輸出，聲調頻率可由 VR_1 電阻適度修正。反之，當電話機於無來電期間，NE555 第 4 腳位近似邏輯 0" 之電位，電路處於重置狀態，此時 NE555 停止自由振盪。

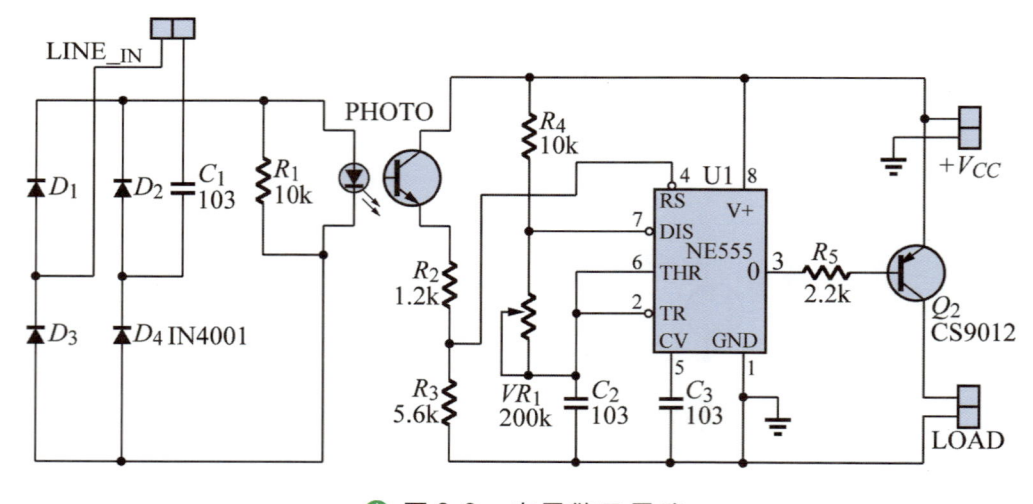

△ 圖 2-9　來電警示電路

第 3 章　研究設計與實施

　　本專題研究之主要目的，在於構想究設計一「省電充電插座」裝置，主要運用光耦合器、電晶體、數位 IC 與直流繼電器等元件發展此一研究。本章僅針對研究架構、研究方法、實施研究等三部分提出申論，主要內容分述如下。

3-1　研究架構

　　本節根據研究動機、目的與相關理論探討後，確立研究架構如圖 3-1 所示。

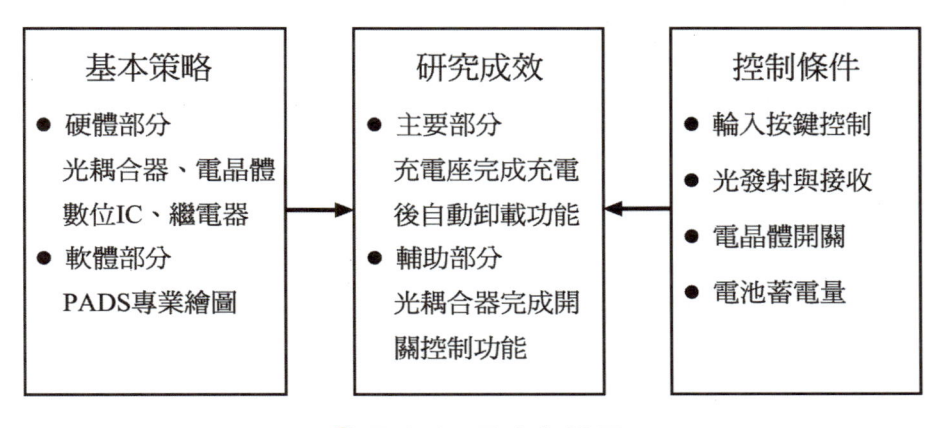

基本策略	研究成效	控制條件
● 硬體部分 　光耦合器、電晶體 　數位IC、繼電器 ● 軟體部分 　PADS專業繪圖	● 主要部分 　充電座完成充電 　後自動卸載功能 ● 輔助部分 　光耦合器完成開 　關控制功能	● 輸入按鍵控制 ● 光發射與接收 ● 電晶體開關 ● 電池蓄電量

▲ 圖 3-1　研究架構圖

3-1.1　基本策略

　　本專題係於實施電子電路實習課程時段，採行分組教學並運用單元教學所習得光耦合器、電晶體、數位IC、繼電器等基礎專業知識後，實施多次電路實習以拓展專業應用技巧，並持續接受老師指導，使專題相關之專業理論、實務與作品包裝觀念均獲得成長，同時學習應用專業軟體（PADS4.0）之資源，逐一完成電子電路繪製與實體電路板佈線配置，以期具體達成一「省電充電插座」專題研究。

3-1.2　研究成效

　　本專題旨在研究一省電充電插座裝置，透過一光耦合器作為充電座裝置與專題控制電路之介面，以達到信號耦合與隔離電氣之效果；經由數位積體電路 CD4584 IC 作為緩衝級，以有效控制電晶體以驅動繼電器狀態，展現當充電座完成對蓄電池達成充電至額定電量指示燈亮時，令充電座裝置自動切斷與交流輸入電源連接關係效果。

3-1.3 控制條件

本專題製作係提供交流電源輸出至獨立一插座，再以此插座作為供傳統式充電座搭接交流電源之用，經押下一開關（START）開啟電路工作，採運用驅動充電座裝置指示燈狀態之電晶體導通或截止的開關特性，作為當電池蓄電量未達額定值與電池蓄電量已達額定值時，使電晶體因呈導通狀態所產生之邏輯 0" 狀態，經端座直接輸出至製作電路之 CD4584 IC 之輸入端，使電路達到正確控制負載之依據。

3-2 研究方法

本專題研究係根據圖 3-1 研究架構圖發展研究，主要在於運用所學習之基礎資訊專業與對 CD4584 IC 知識的瞭解，透過居家常見的電池充電座予以少許改裝後，以取得正確充電指示燈之狀態信號，作為本文電子電路控制之用，另為能節省電路製作之成本，本文採電容器分壓方式，直接由 AC 電源端經串接分壓方式取出電源，透過橋式整流、濾波電路產出電路工作所需之直流電壓，並分別以端座作為本文電路輸入與輸出之路徑，運用一只直流（DC12V2ab）繼電器建構自持效果，並提供 AC110V 電源經端座輸出至充電座，當充電座電量飽和指示燈亮起，能使繼電器切斷 AC110V 電源供給。

3-3 實施研究

本組根據研究方法發展後續專題研究，主要包括機構、硬體二部分，內容分述如後。

3-3.1 結構部分

本組專題作品係一種開關式控制功能，提供交流電源與傳統充電座間之緩衝功能，其實體結構示意圖如圖 3-2 所示，重要的構件說明如下：

1. 端座（AC_{OUT}）：提供 AC 電源至充電座。
2. 端座（AC_{IN}）：由此端座輸入 AC 電源，提供主控電路使用。
3. 繼電器 DC12V（2ab）：作為自持電路控制與切換 AC 電源輸出。
4. 設定（SET）開關：當按下此開關開啟主控電路運作。
5. NPN（Q_1）電晶體：提供驅動 DC12V 繼電器之用。
6. LED_1 指示燈：提供指示 DC12V 繼電器動作之用。
7. LED_2 指示燈：當主控電路運作時提供明滅閃爍指示之用。
8. CD4584 IC：提供舒密特反相器輸入功能，作為信號緩衝之用。
9. 端座（CTR_{IN}）：由此端座提供一額定偏壓至光耦合（TLP521）。
10. TLP521：光耦合器提供信號隔離之用，本文以供拓展控制輸入。

11. 靈敏度（SEN）調整：調整 CD4584_c 輸入臨界電位。
12. 端座（SEN_IN）：由此端座輸入充電座狀態指示燈之邏輯電位。
13. μA7805：提供 +5V 直流電源。

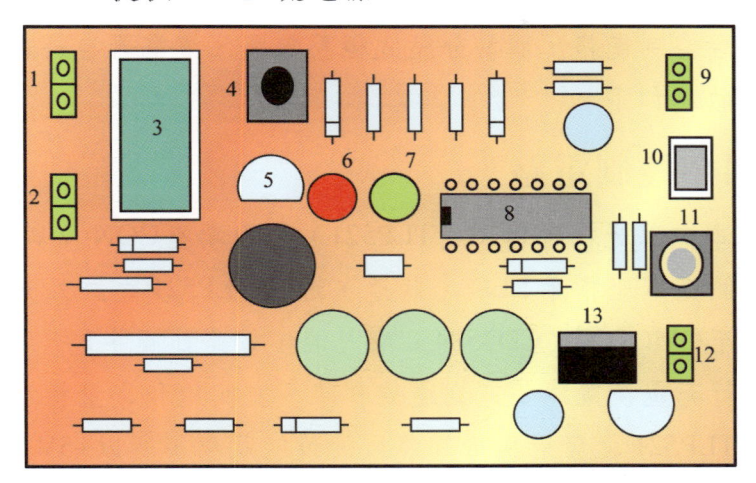

▲ 圖 3-2　實體結構示意圖

3-3.2　硬體部分

　　本專題研究系統控制流程如圖 3-3 所示，主要係由二部份單元電路所構成，虛線上緣部份為本文所構想設計的主要電路，以編號 CD4584 IC 為主要元件，結合一只 DC12V2ab 之繼電器所構成，另虛線下緣部份為一般座充式電路。當 MANU_SET 開關按下後，設定正反器輸出令繼電器 K_1 接點導通，提供一 ACV 電源至充電座電路，開始進行對可充式電池充電，充電歷程中電池端電壓值經一比較器運作，使於未達額定電量時能令繼電器 K_2 接點導通，持續對電池充電。當電量增加並達到額定值後，由正反器輸出一控制電位，使繼電器 K_2 接點斷路，並輸出 CLR 信號使正反器達到重置，因此中斷 ACV 輸入至充電座，也停止持續對電池充電的效果。

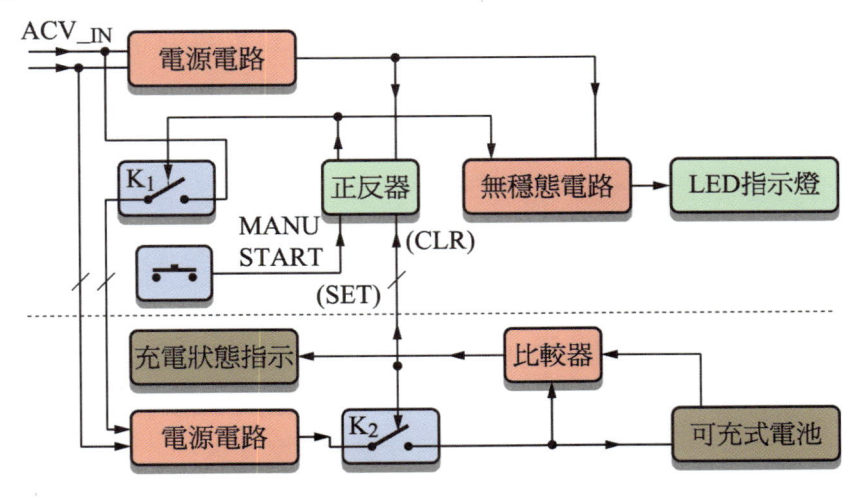

▲ 圖 3-3　系統控制流程圖

第4章 研究成果

本章主要目的在呈現研究—「省電充電插座」裝置之專題研究成果，主要內容分由光耦合控制電路、簡易分壓式穩壓電路、繼電器自持電路、實體控制電路等四部份，敘述如下。

4-1 光耦合控制電路

本文以光耦合器IC（TLP521）經由端座CON_{10}與CON_{11}並接，達成將左側充電座指示LED之狀態，透過TLP521之紅外光線發射與檢知功能耦合至CMOS IC（CD4584）輸入端，電路如圖4-1所示。當充電座對蓄電池進行充電使電池蓄電到達飽和時，左側飽和電量指示之LED將會發亮，此時TLP521之發射與檢知將處於致能狀態，所以+5V將經由2kΩ與100kΩ電阻取得近似+5V（邏輯1"）之電位，並經由CD4584 IC反相為邏輯0"輸出。

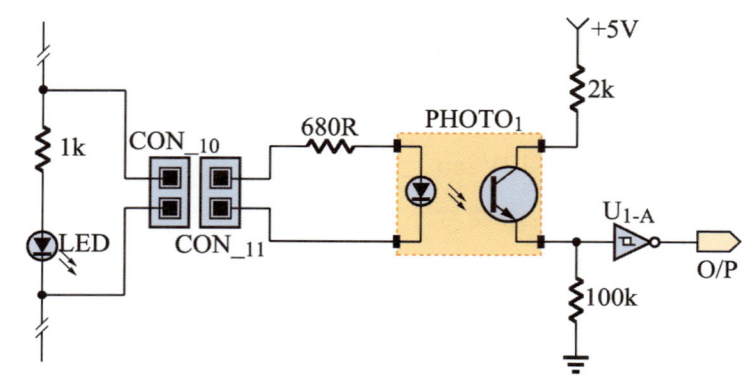

△ 圖4-1 光耦合器控制電路

4-2 簡易分壓式穩壓電路

本文為達簡易取得電路工作電源，採直接利用電感串接二只電容形成分壓方式，取出較低交流電壓後，再經橋式整流與電容濾波以取得直流電位，並以IC式穩壓IC（7805）獲致+DC5V電壓，電路如圖4-2所示。

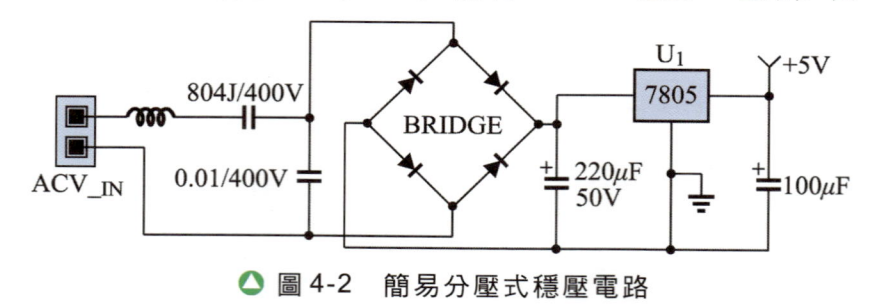

△ 圖4-2 簡易分壓式穩壓電路

4-3 繼電器自持電路

如圖 4-3 所示電路，主要係運用一二組 1ab 接點之 +DC5V 繼電器、CS9013 電晶體、橋式整流電路與一只 CD 4584 IC 所組成，電路動態特性分述如下：

1. 交流電源油 AC_IN 端座經 SET 按鍵開關，輸入於交流分壓式橋式整流、濾波與 μA7805 所組成的電源電路，以取得 +DC5V 電位供給電路需求。

2. 當啟動（SET）開關被押下，提供由 AC_IN 輸入之交流電壓進入電源電路，產生 +DC5V 經電阻 4.7kΩ 與二極體 IN4148，提供電晶體 CS9013 基極電流 I_B 而導通，再利用電晶體驅動繼電器 RLY_5V 並令其二組 a 接點開關導通，其中 1a 接點取代 START 開關，而 2a 接點提供交流電源輸出至 AC_OUT 端座，作為充電座裝置之交流電源輸入，此一繼電器接點導通狀態將持續維持，直到由 CON_O/P 產生 0" 之邏輯電位，經二極體 1N4148 導通路徑以中斷電晶體的基極電流，使電晶體停止驅動繼電器，繼電器因而返回常態模式，使二組 a 接點開關恢復斷路。

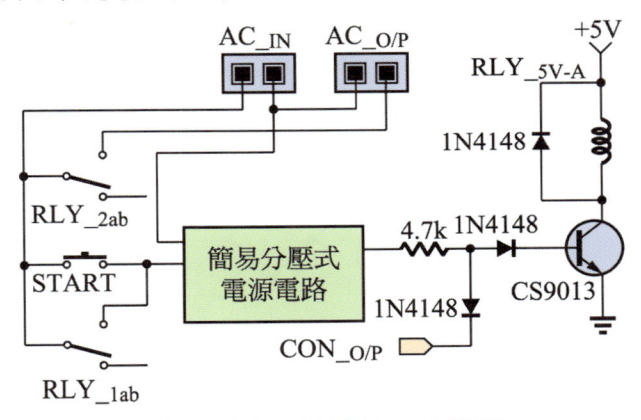

▲ 圖 4-3 繼電器自持電路

4-4 實體控制電路

實體控制電路乃將上述各單元電路彙整而成，如圖 4-4 所示。圖中以 CD4584 IC 之 U_{1-F} 級經 R_6 回授後，利用電容 C_6 充放電，形成 $1/(R_7 \times C_6)$ 時間週期之振盪信號，經 U_{1-E} 反向再由 LED_2 顯示，作為電路工作指示之用；SEN_IN 係並接一光敏電阻（CdS）元件，將 CdS 受光面與充電座指示燈作緊貼置妥後，透過於當蓄電池蓄電過程達到電量飽和亮指示燈時，CdS 所受光程度與 SEN_300k 適度修正取出分電壓，並輸入於 U_{1-D} 反相後經 D_3 輸入於 U_{1-A} 後，再經 U_{1-B} 及 U_{1-C} 輸出，作為 CON_O/P 信號，擔任令電晶體截止以中斷交流電源持續輸入於充電座的控制信號，有效縮減電源浪費。

圖 4-4 中，當 SET 開關按下啟動 RLY12V 繼電器產生自持功能，同時

AC_IN電源經L150、C₁、橋式電路輸出全波整流之交流電壓，經R₁₄、R₁₂、D₅、C₇、Q₂等元件組成硬體重置（RST）之功能，主要目的在於經AC_OUT端座輸出交流電源至充電座裝置瞬間，因電路處於非平衡狀態，此一狀態將造成主控電路無法發揮正常功能，所以透過R₁₄、D₅取出一然納電壓值，經C₇（100μF）對Q₂電晶體提供一強制基極電流使Q₂處於導通狀態，因此達到CD4584（U₁_A）第1腳位被接地以避開電路呈現不穩定的效果。

本文考量一般充電裝置於充電狀態指示燈（LED）亮起後，因燈光顏色不一且無法限定，故以採取自充電座之充電狀態指示燈致能時，其中迴路低電位端取出電位信號，再經SEN_IN端作輸入提供低電位之控制信號，使於充電指示燈亮起時CD4584（U₁_C）輸入為邏輯0"電位，經U₁_A、U₁_B、U₁_D三級緩衝之後，於U₁_D輸出端形成0"電位，並且令二極體D₄導通而達到中斷電晶體Q₁驅動RLY12V與中斷ACV輸出之效果。

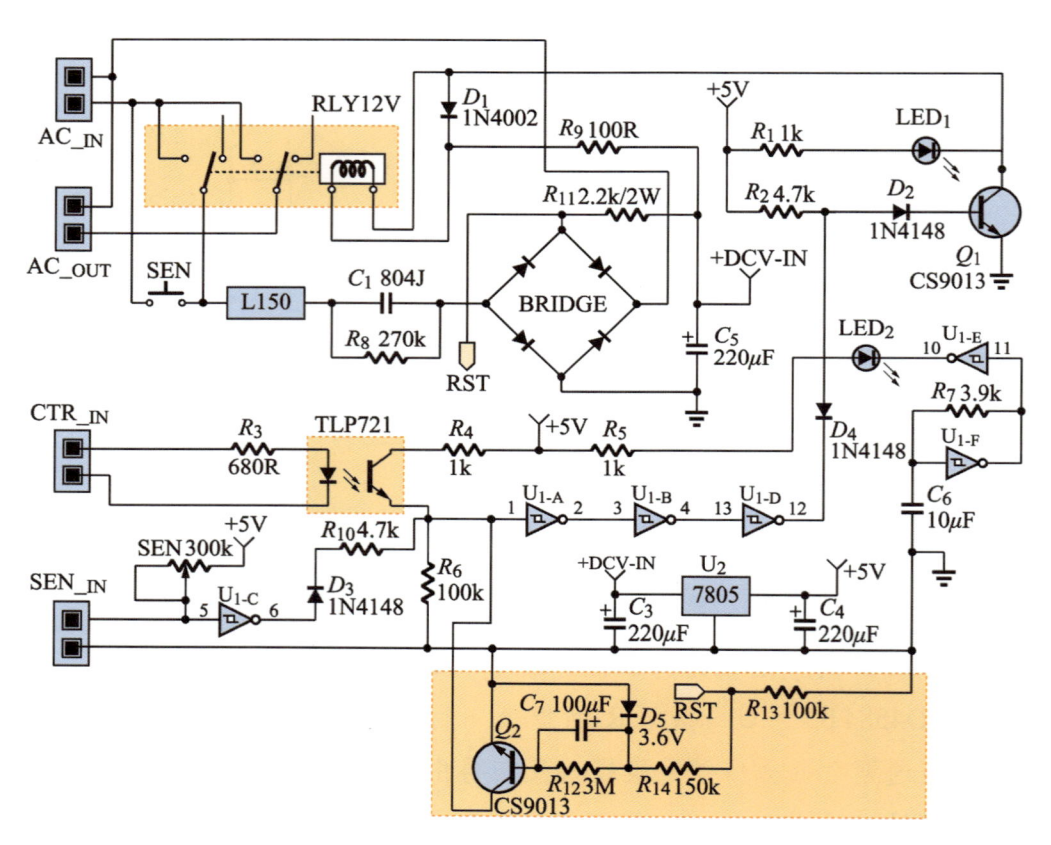

▲ 圖4-4　省電充電插座主要控制電路

第 5 章　結論與建議

本章內容主要係透過實施專題製作課程，進行分組專題研究—「省電充電插座」裝置歷程中，運用已習得之電晶體、繼電器、數位 IC 與交流電路實習等專業知識及實習操作觀念，經組員努力與老師用心指導下，完成此一專題製作之研究，並提出研究結論與後續研究的建議。

5-1 結論

本專題研究旨在改進座充式充電裝置於達成對可充式電池進行充電的功能，仍然須維持與交流電源形成連接，造成電源浪費之缺點並提出構想設計一省電裝置，使座充式裝置於完成回充電力至額定值後，能自動切斷與交流電源連接，達到具體減低耗電之效果。

本組發展此一專題研究共歷時三個月時間完成，作品經動態功能測試結果，存在以下研究發現，內容分述如後：

1. 本研究以交流電源輸入以擷取分壓方式，經整流、濾波與 IC 式穩壓電路，產出 +DC5V 電位供作電源用，使作品具有簡單、輕巧的效果。
2. 本研究採紅外光耦式 IC 模組達到隔離電氣之目的，能符合適用於市面現有之座充式裝置，使作品符合實用的效果。
3. 本研究由於構想設計電路精簡，著重取材方便且易於製作為考量，作品經持續多次實體測試結果，均能達成預期之研究目的，並符合經濟與解決問題需求之效果。

5-2 建議

本專題研究旨在針對市面現有科技產品所含之電池，經座充式充電裝置進行達成回充電力至額定電位後，若不經人為拔除或中斷交流電源之操作過程，形成浪費無謂電源的現狀，予以構想製作一具有電子功能之控制電路，作品雖符合預定之研究成果，然而由於不同座充式充電裝置，並非均具有指示充電狀態之指示燈，另現有充電裝置其充電指示燈並非全然是 LED 元件，此二種存在之事實形成了與原先專題研究構想之差異，使本專題研究範疇出現限制，有待後續研究者予以深入探討改進。

參考文獻

1. 吳一農（民96），8051單晶片實務與應用。台北：台科大圖書股份有限公司。
2. 林豐隆（民89），專題製作。台北：雙日文化事業無限公司。
3. 林明德（民92），電子電路應用-專題製作。台北：台科大圖書股份有限公司。
4. 林明德（民95），我國高職資訊科「專題製作」教材發展及其對創造力影響之研究。國立台北科技大學技術及職業教育研究所碩士論文。
5. 林榮耀（民96），中華民國第四十六屆科學展覽會參展作品專輯-高中職組。台北：國立台灣科學教育館。
6. 黃文良（民90），專題製作及論文寫作及指導手冊。台北：東華書局。
7. 葉瑞鑫（民82），產品設計及專題製作。台北：儒林圖書有限公司。
8. 劉炳麟、李雪銀（民88），專題製作。台北：儒林圖書有限公司。

附錄

1. MC14584 特性

MC14584B

Hex Schmitt Trigger

The MC14584B Hex Schmitt Trigger is constructed with MOS P–channel and N–channel enhancement mode devices in a single monolithic structure. These devices find primary use where low power dissipation and/or high noise immunity is desired. The MC14584B may be used in place of the MC14069UB hex inverter for enhanced noise immunity to "square up" slowly changing waveforms.

- Supply Voltage Range = 3.0 Vdc to 18 Vdc
- Capable of Driving Two Low–power TTL Loads or One Low–power Schottky TTL Load over the Rated Temperature Range
- Double Diode Protection on All Inputs
- Can Be Used to Replace MC14069UB
- For Greater Hysteresis, Use MC14106B which is Pin–for–Pin Replacement for CD40106B and MM74C14

ON Semiconductor

http://onsemi.com

MARKING DIAGRAMS

PDIP–14 P SUFFIX CASE 646 — MC14584BCP AWLYYWW

SOIC–14 D SUFFIX CASE 751A — 14584B AWLYWW

TSSOP–14 DT SUFFIX CASE 948G — 14 584B ALYW

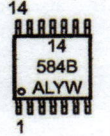

SOEIAJ–14 F SUFFIX CASE 965 — MC14584B ALYW

A = Assembly Location
WL, L = Wafer Lot
YY, Y = Year
WW, W = Work Week

MAXIMUM RATINGS (Voltages Referenced to V_{SS}) (Note 2.)

Symbol	Parameter	Value	Unit
V_{DD}	DC Supply Voltage Range	–0.5 to +18.0	V
V_{in}, V_{out}	Input or Output Voltage Range (DC or Transient)	–0.5 to V_{DD} + 0.5	V
I_{in}, I_{out}	Input or Output Current (DC or Transient) per Pin	±10	mA
P_D	Power Dissipation, per Package (Note 3.)	500	mW
T_A	Ambient Temperature Range	–55 to +125	°C
T_{stg}	Storage Temperature Range	–65 to +150	°C
T_L	Lead Temperature (8–Second Soldering)	260	°C

2. Maximum Ratings are those values beyond which damage to the device may occur.
3. Temperature Derating:
    Plastic "P and D/DW" Packages: – 7.0 mW/°C From 65°C To 125°C

This device contains protection circuitry to guard against damage due to high static voltages or electric fields. However, precautions must be taken to avoid applications of any voltage higher than maximum rated voltages to this high–impedance circuit. For proper operation, V_{in} and V_{out} should be constrained to the range $V_{SS} \leq$ (V_{in} or V_{out}) $\leq V_{DD}$.

Unused inputs must always be tied to an appropriate logic voltage level (e.g., either V_{SS} or V_{DD}). Unused outputs must be left open.

ORDERING INFORMATION

Device	Package	Shipping
MC14584BCP	PDIP–14	2000/Box
MC14584BD	SOIC–14	55/Rail
MC14584BDR2	SOIC–14	2500/Tape & Reel
MC14584BDT	TSSOP–14	96/Rail
MC14584BDTEL	TSSOP–14	2000/Tape & Reel
MC14584BF	SOEIAJ–14	See Note 1.
MC14584BFEL	SOEIAJ–14	See Note 1.

1. For ordering information on the EIAJ version of the SOIC packages, please contact your local ON Semiconductor representative.

MC14584B

ELECTRICAL CHARACTERISTICS (Voltages Referenced to V_{SS})

Characteristic		Symbol	V_{DD} Vdc	−55°C Min	−55°C Max	25°C Min	25°C Typ (4.)	25°C Max	125°C Min	125°C Max	Unit
Output Voltage "0" Level $V_{in} = V_{DD}$		V_{OL}	5.0 10 15	— — —	0.05 0.05 0.05	— — —	0 0 0	0.05 0.05 0.05	— — —	0.05 0.05 0.05	Vdc
$V_{in} = 0$ "1" Level		V_{OH}	5.0 10 15	4.95 9.95 14.95	— — —	4.95 9.95 14.95	5.0 10 15	— — —	4.95 9.95 14.95	— — —	Vdc
Output Drive Current (V_{OH} = 2.5 Vdc) (V_{OH} = 4.6 Vdc) (V_{OH} = 9.5 Vdc) (V_{OH} = 13.5 Vdc)	Source	I_{OH}	5.0 5.0 10 15	−3.0 −0.64 −1.6 −4.2	— — — —	−2.4 −0.51 −1.3 −3.4	−4.2 −0.88 −2.25 −8.8	— — — —	−1.7 −0.36 −0.9 −2.4	— — — —	mAdc
(V_{OL} = 0.4 Vdc) (V_{OL} = 0.5 Vdc) (V_{OL} = 1.5 Vdc)	Sink	I_{OL}	5.0 10 15	0.64 1.6 4.2	— — —	0.51 1.3 3.4	0.88 2.25 8.8	— — —	0.36 0.9 2.4	— — —	mAdc
Input Current		I_{in}	15	—	±0.1	—	±0.00001	±0.1	—	±1.0	µAdc
Input Capacitance ($V_{in} = 0$)		C_{in}	—	—	—	—	5.0	7.5	—	—	pF
Quiescent Current (Per Package)		I_{DD}	5.0 10 15	— — —	0.25 0.5 1.0	— — —	0.0005 0.0010 0.0015	0.25 0.5 1.0	— — —	7.5 15 30	µAdc
Total Supply Current (5.) (6.) (Dynamic plus Quiescent, Per Package) (C_L = 50 pF on all outputs, all buffers switching)		I_T	5.0 10 15			I_T = (1.8 µA/kHz) f + I_{DD} I_T = (3.6 µA/kHz) f + I_{DD} I_T = (5.4 µA/kHz) f + I_{DD}					µAdc
Hysteresis Voltage		V_H (7.)	5.0 10 15	0.27 0.36 0.77	1.0 1.3 1.7	0.25 0.3 0.6	0.6 0.7 1.1	1.0 1.2 1.5	0.21 0.25 0.50	1.0 1.2 1.4	Vdc
Threshold Voltage Positive–Going		V_{T+}	5.0 10 15	1.9 3.4 5.2	3.5 7.0 10.6	1.8 3.3 5.2	2.7 5.3 8.0	3.4 6.9 10.5	1.7 3.2 5.2	3.4 6.9 10.5	Vdc
Negative–Going		V_{T-}	5.0 10 15	1.6 3.0 4.5	3.3 6.7 9.7	1.6 3.0 4.6	2.1 4.6 6.9	3.2 6.7 9.8	1.5 3.0 4.7	3.2 6.7 9.9	Vdc

4. Data labelled "Typ" is not to be used for design purposes but is intended as an indication of the IC's potential performance.
5. The formulas given are for the typical characteristics only at 25°C.
6. To calculate total supply current at loads other than 50 pF:

$I_T(C_L) = I_T(50\ pF) + (C_L - 50)\ Vfk$

where: I_T is in µA (per package), C_L in pF, V = ($V_{DD} - V_{SS}$) in volts, f in kHz is input frequency, and k = 0.001.

7. $V_H = V_{T+} - V_{T-}$ (But maximum variation of V_H is specified as less than $V_{T+\ max} - V_{T-\ min}$).

LOGIC DIAGRAM

1 →▷∘→ 2
3 →▷∘→ 4
5 →▷∘→ 6
9 →▷∘→ 8
11 →▷∘→ 10
13 →▷∘→ 12

V_{DD} = PIN 14
V_{SS} = PIN 7

MC14584B

PIN ASSIGNMENT

IN 1	1	14	V_{DD}
OUT 1	2	13	IN 6
IN 2	3	12	OUT 6
OUT 2	4	11	IN 5
IN 3	5	10	OUT 5
OUT 3	6	9	IN 4
V_{SS}	7	8	OUT 4

MC14584B

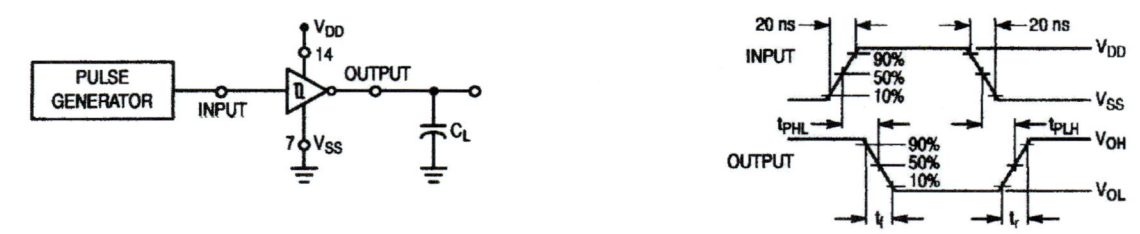

Figure 1. Switching Time Test Circuit and Waveforms

(a) Schmitt Triggers will square up inputs with slow rise and fall times.

(b) A Schmitt trigger offers maximum noise immunity in gate applications.

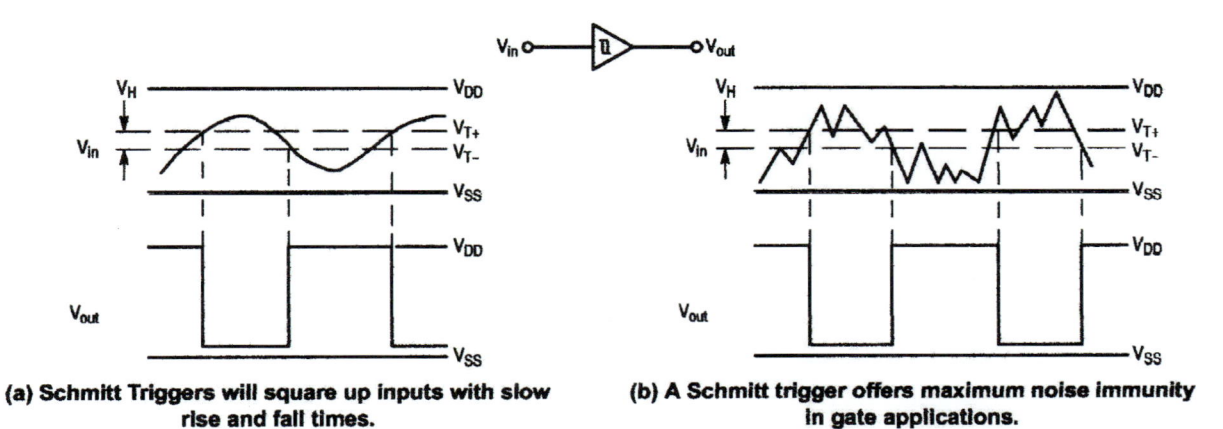

Figure 2. Typical Schmitt Trigger Applications

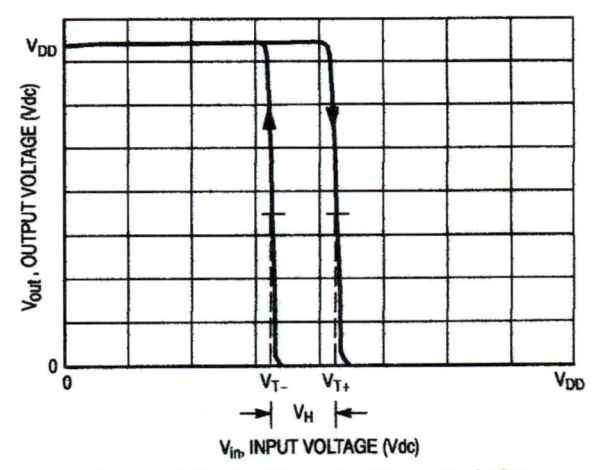

Figure 3. Typical Transfer Characteristics

2. 主要控制電路配置圖

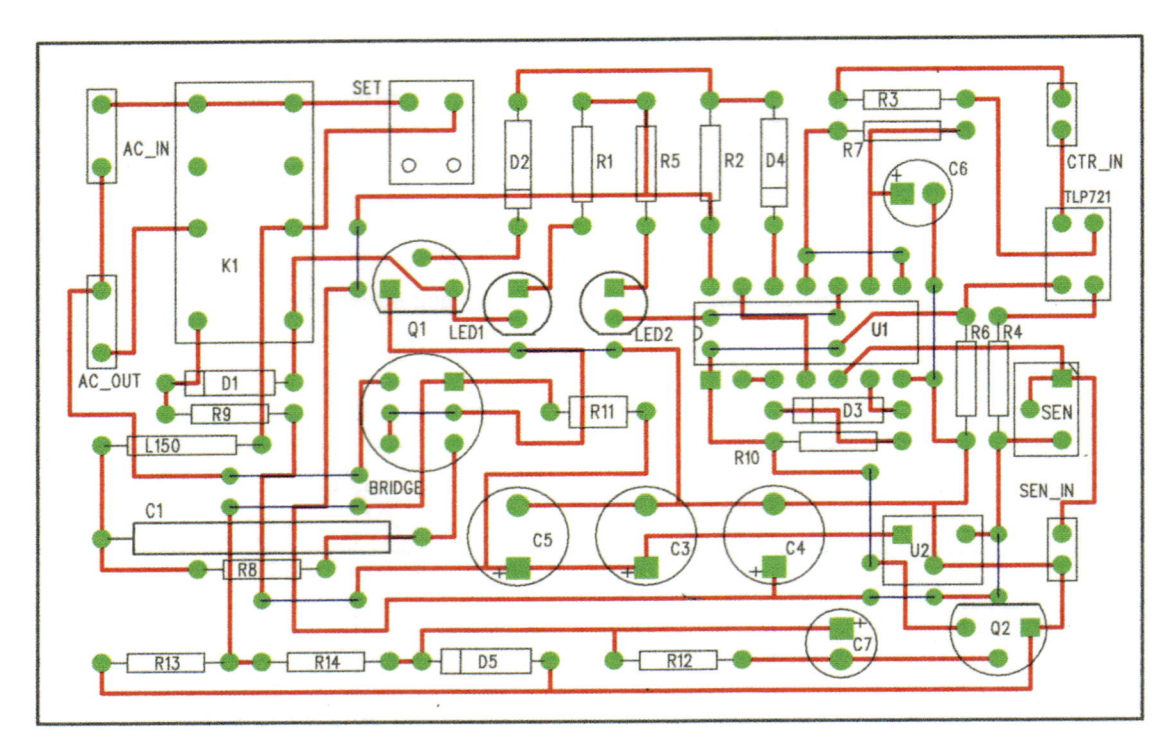

TOP_VIEW

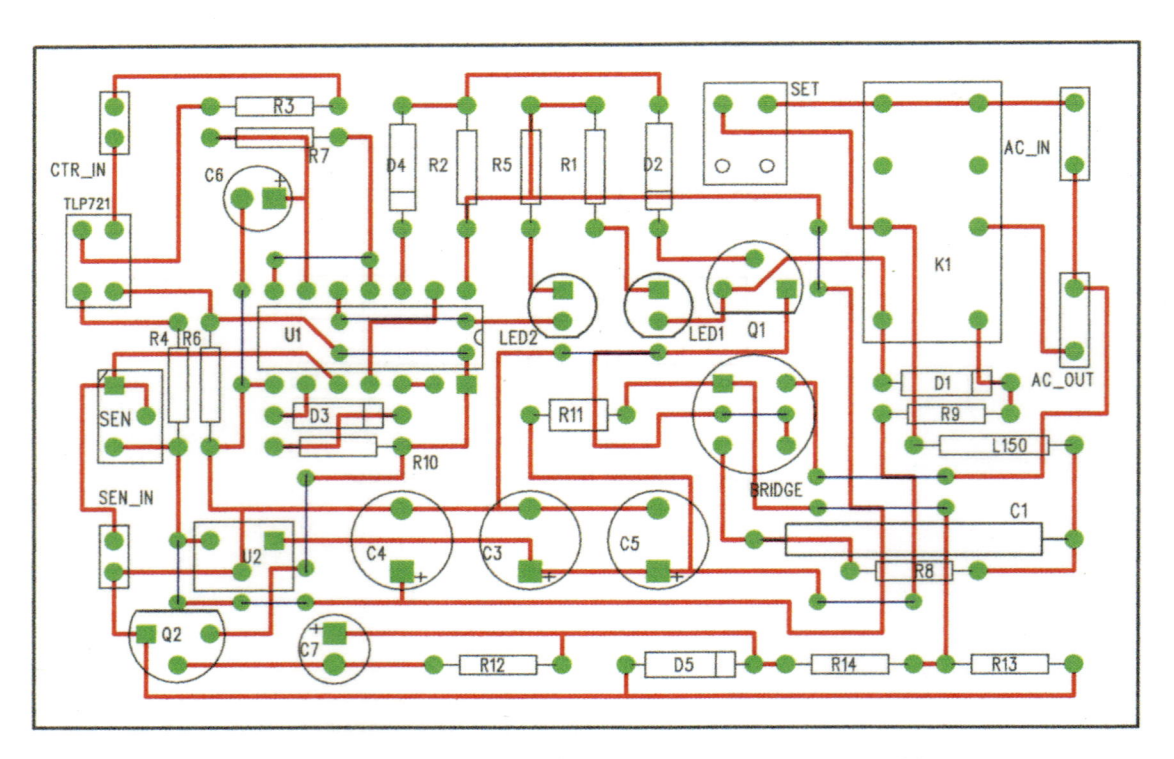

BOTTOM_VIEW

3.需求設備零件表

項目	品名	單位	數量	規格
1	電源供給器	只	1	± DC30V
2	數位 IC	只	1	CD4584
3	數位 IC	只	1	TLP521
4	IC 腳座	只	1	DIP14P
5	繼電器	只	1	RY12WK/2ab
6	穩壓 IC	只	1	μA7805
7	電晶體	只	2	CS9013
8	二極體	只	1	1N4001
9	二極體	只	3	1N4148
10	然納二極體	只	1	3.6V/0.5W
11	橋式整流子	只	1	MU2W06
12	電感器	只	1	150μH/0.25W
13	莫式端座	只	4	直式 2P
14	PB-SW	只	1	1a
15	半可變電阻	只	1	臥式 300KΩ
16	電阻	只	1	100Ω/0.25W
17	電阻	只	1	680Ω/0.25W
18	電阻	只	3	1kΩ/0.25W
19	電阻	只	2	4.7kΩ/0.25W
20	電阻	只	2	100kΩ/0.25W
21	電阻	只	1	150kΩ/0.25W
22	電阻	只	1	270kΩ/0.25W
23	電阻	只	1	390kΩ/0.25W
24	電阻	只	1	3MΩ/0.25W
25	電阻	只	1	2.2kΩ/2W
26	電解電容	只	1	10μF
27	電解電容	只	1	100μF
28	電解電容	只	2	220μF/25V
29	電解電容	只	1	220μF/50V
30	陶瓷電容	只	1	804J/400V
31	綠色 LED	只	1	小圓 16Φ
32	紅色 LED	只	1	小圓 16Φ
33	多孔纖維板板	片	1	KS6611
34	銅柱	支	8	1cm
35	螺絲	只	8	銅柱配用
36	AC 電源線	條	1	
37	AC 開關盒	個	1	
38	單刀開關	只	1	
39	AC 插座	只	1	
40	充電座	只	1	廠牌不限

# 台北縣私立復興學校

資訊科

專題報告

電烙鐵輔助控制裝置

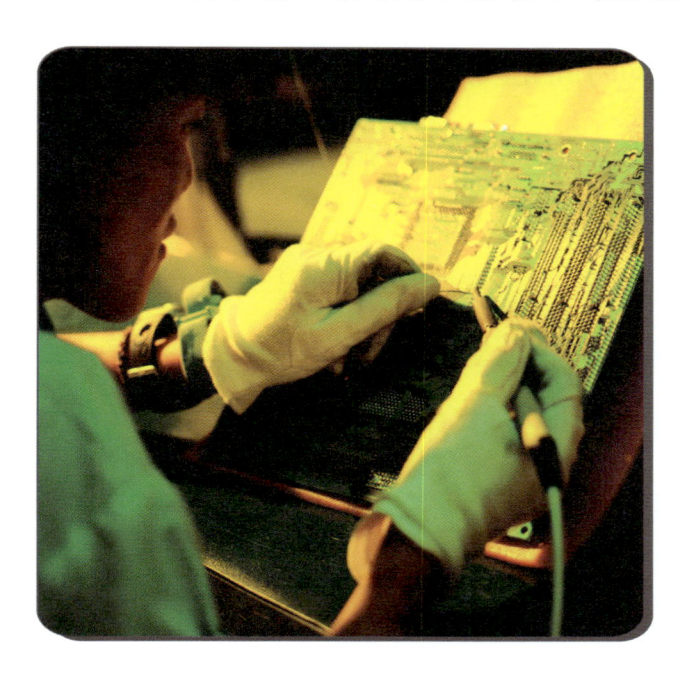

學生　　組長：蔡承佑
　　　　組員：王瑋智
　　　　組員：王奕云
　　　　組員：黃瑞泰

指導者：林明德　老師

中華民國 97年 06月

摘要 Abstract

　　本研究旨在利用一自動伸縮滑道及一微動開關元件,將其配置於電烙鐵握把部,以達成偵測電烙鐵頭處於操作焊接與否之狀態,進而構思製作一微電腦式電子計數及計時顯示電路,以運算實施錫焊過程中完成各別焊接點之需時是否逾時,及施作焊接歷程之累計時間,本文作品「電烙鐵輔助控制裝置」可於實施基礎焊接訓練課程,提供教師考核學習者於電路焊接操作歷程中之參照依準;經過一個學期的時間完成此專題研究,獲得的主要成果如下:

一、本研究清楚圖示構想設計,並說明一可伸縮電烙鐵頭與電子功能之控制電路,顯見本作品具有創新性與精密性。

二、本作品針對傳統電烙鐵存在單一焊接功能之不足,提供檢視學習焊接訓練歷程的依準,使學習者能修正缺點並正確而快速達到精熟操作焊接之效果,更見本作品符合改善問題與實用性之目的。

　　關鍵字:電烙鐵、可程式、微電腦。

目錄

摘要	II
目錄	III
圖目次	V
第 1 章　緒論	
1-1　研究動機	2-4.1
1-2　研究目的	2-4.1
1-3　預期成果	2-4.2
第 2 章　理論研究	
2-1　七段顯示器介紹	2-4.3
2-2　共陽極式顯示器驅動控制	2-4.4
2-3　共陰極式顯示器驅動控制	2-4.5
2-4　認識錫焊作業	2-4.6
第 3 章　研究設計與實施	
3-1　研究架構	2-4.8
3-1.1　基本策略	2-4.8
3-1.2　研究成效	2-4.8
3-1.3　控制條件	2-4.9
3-2　研究方法	2-4.9
3-3　實施研究	2-4.9
3-3.1　電烙鐵結構部分	2-4.9
3-3.2　硬體部分	2-4.10
3-1.3　軟體部分	2-4.10
第 4 章　研究成果	
4-1　電烙鐵偵測控制電路	2-4.11
4-2　微電腦計次顯示器電路	2-4.11
4-3　微電腦電子鐘電路	2-4.12
4-4　電烙鐵結構更新部份	2-4.12

CONTENTS 目錄

第 5 章　結論與建議
5-1　結論　　　　　　　　　　　　　　　　　　　　2-4.13
5-2　建議　　　　　　　　　　　　　　　　　　　　2-4.13

參考文獻　　　　　　　　　　　　　　　　　　　　2-4.14

附錄
1. 電烙鐵偵測控制電路　　　　　　　　　　　　　　2-4.15
2. 電烙鐵偵測控制電路實體佈置圖　　　　　　　　　2-4.16
3. 微電腦計次顯示器電路　　　　　　　　　　　　　2-4.17
4. 微電腦電子鐘電路　　　　　　　　　　　　　　　2-4.17
5. 微電腦計次及電子鐘電路　　　　　　　　　　　　2-4.18
6. 微電腦計次及電子鐘電路（續）　　　　　　　　　2-4.18
7. 微電腦電子鐘電路程式內容　　　　　　　　　　　2-4.19
8. 需求設備材料表　　　　　　　　　　　　　　　　2-4.22

圖目次

圖 2-1	七段顯示器頂視與底視圖	2-4.3
圖 2-2	七段顯示器偏壓示意及等效電路	2-4.3
圖 2-3	共陽極式七段顯示器驅動控制	2-4.5
圖 2-4	共陰極式七段顯示器驅動電路之一	2-4.6
圖 2-5	共陰極式七段顯示器驅動電路之二	2-4.6
圖 2-6	錫焊過程示意圖	2-4.7
圖 3-1	研究架構圖	2-4.8
圖 3-2	電烙鐵結構示意圖	2-4.9
圖 3-3	系統控制流程圖	2-4.10

CONTENTS

第 1 章　緒論

電烙鐵係學習基礎電子技術課程，實施電子電路配置與焊接之工具，熟練電烙鐵焊接實體元件，對展現製作電路之正確功能與否，存在深遠影響。所以，如何製作一輔助裝置，使學習者於操作電路焊接的訓練過程，能清楚掌握適切的操作電烙鐵時間，將有助於建立正確電子電路焊接觀念與拓展專題製作成果。以下僅針對本文研究動機、目的與預期研究成果之內容，分述如下。

1-1 研究動機

傳統電烙鐵操作之方式與手持自動筆書寫動作類似，自動筆可以存在伸縮操作的方便性，而電烙鐵卻未似如此，因此引伸如何予以注入新的構想設計，使電烙鐵亦能如自動筆一般具有可伸縮操作功能，以延伸更多想像的創意效果，成為本文研究與探討的潛在誘因，又如何能偵測出電烙鐵存在操作焊接的狀態，與完成焊接單一電路接點持續時間值，因為未見文獻探討或研究者提出論述，所以很值得進一步予以研究。

1-2 研究目的

本研究主要在構想設計一電烙鐵輔助控制裝置，透過運用反相式IC、微動極限開關、解碼器、單晶片微電腦及七段顯示器，進行構想設計一具有電子功能的控制電路，以偵測電烙鐵實際操作於單一焊接點之持續時間，透過此一時間值可得知學習者是否已達熟練焊接操作，對學習者而言，存在能正確修正不當操作電烙鐵技巧的不足，同時亦提供老師於實施基礎電路焊接訓練課程之際，可具體以數字顯示方式，呈現不當操作焊接點的累加計數，以茲於訓練歷程中針對電路銲接是項成績考核之用，對於提升電路焊接相關的技術養成訓練，存在正面的效果。

1-3 預期成果

根據研究動機與研究目的所述內容，本研究旨在以自動筆之筆尖可存在伸縮性的概念，予以應用於改進傳統電烙鐵現有操作的既有想法，此一全新的嘗試與後續研究，希望在老師指導下能呈現下列研究成果：

1. 改進傳統式電烙鐵頭之固定結構，使能類似一般自動筆所具有可伸縮性操作方式；
2. 於電烙鐵握把部內側，構想設計一簡易滑道並配置一彈簧裝置，使烙鐵頭於輕輕施壓力量時，能呈現內縮的推移效果；

3. 以一微動極限開關作為感知元件，使能當烙鐵頭於輕輕施壓力量過程，可形成開關接點導通的效果；
4. 繼前一項所述，當開關被施力而觸動後使接點導通的呈現狀態，作為感知電烙鐵正開始處於焊接狀態；
5. 構想設計一單穩態觸發控制電路，同時以可調式修正時間長度，當電烙鐵於開始焊接同時，觸發此一電路以產生一定時間常數的單穩態邏輯電位信號；
6. 構想設計一四位數顯示累加器，當電烙鐵被操作於焊接電路之時間長度高於單穩態邏輯高電位持續時間時，將令累加器自動產生累增計數功能；
7. 構想設計一微電腦式時鐘，以計量總體操作電烙鐵焊接時間。

第 2 章　理論研究

本章主要係針對七段顯示器、顯示器驅動控制電路與認識錫焊作業等文獻提出探討，希望能有助於豐富專題研究成果，相關文獻內容分述如下。

2-1 七段顯示器介紹

七段顯示器內部構造由八個發光二極體所組成，為七個筆劃與一個小數點，依順時針方向為 a、b、c、d、e、f、g 與 dp 等八組發光二極體之排列，可用以顯示 0～9 數字及英文數 a、b、c、d、e、f，一般七段顯示器均配置一小數點 dp，如此以顯示阿拉伯數之小數點部份如圖 2-1(a) 所示，實體七段顯示器共有 10 個腳位，參考圖 2-1(b) 所示，第 1 支接腳位於俯視圖之左上角。

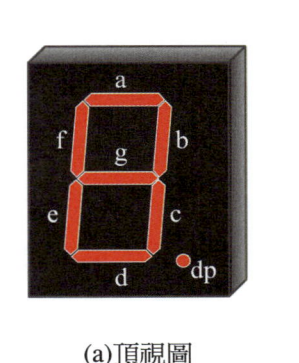

(a)頂視圖　　　　　(b)底視圖

△ 圖 2-1　七段顯示器頂視與底視圖

一般七段顯示器內部構造之 LED 存在相同特性，其逆向電壓均小於 DC3V，順向電流約介於 10mA 至 20mA 間，因此每一只 LED 均須串接一限流電阻，以避免 LED 因電流過載而燒毀，七段顯示器的第一支接腳位於俯視圖之左上角。由於發光二極體係一 pn 接面元件，參考如圖 2-2(a) 所示，當 SW_1 接通形成順向偏壓的時候 LED 才會發光。因此，七段顯示器依其結構不同的應用需求，區分為低電位動作型態之共陽極式七段顯示器，與高電位動作型態之共陰極式七段顯示器兩種組合，等效電路如圖 2-2(b) 及 2-2(c) 所示。

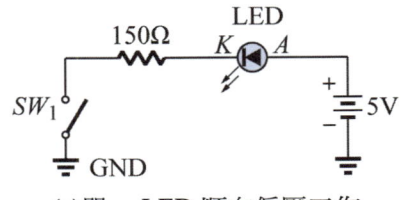

(a)單一 LED 順向偏壓工作

△ 圖 2-2　七段顯示器偏壓示意及等效電路

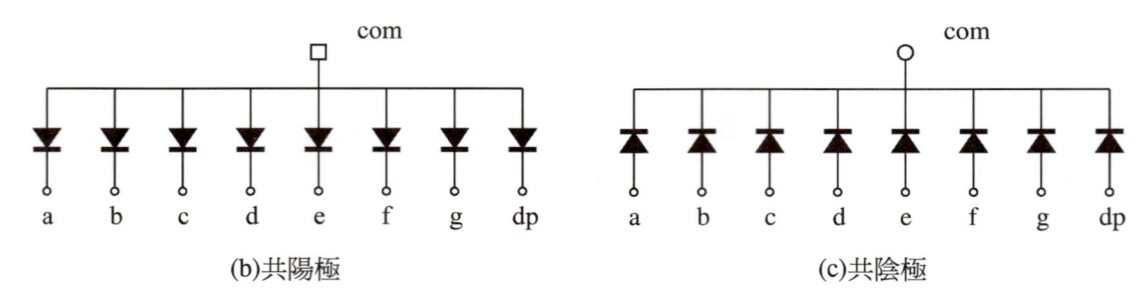

```
        com                              com
   ▼ ▼ ▼ ▼ ▼ ▼ ▼ ▼              ▲ ▲ ▲ ▲ ▲ ▲ ▲ ▲
   a b c d e f g dp             a b c d e f g dp
        (b)共陽極                       (c)共陰極
```

▲ 圖 2-2　七段顯示器偏壓示意及等效電路（續）

2-2 共陽極式顯示器驅動控制

1. 7447 IC 介紹：一般驅動共陽極式七段顯示器大多以編號 7447 IC 最為常見，7447 有 4 支腳位作為輸入 BCD 碼，分別為 D、C、B、A，輸出有 7 支腳位提供與七段顯示器相連接，分別是 a、b、c、d、e、f、g，另 7447 IC 具有 3 支控制腳位，分別是 BI/RBO、/LT、/RBI 參考圖 2.3(a)所示，此 3 支控制腳位之功能說明分述如下：

   (1) /LT：輸入腳位以提供測試七段顯示器之用，配合 BI/RBO 腳位才能運作功能；當 BI/RBO=1″且/LT=0″時，七段顯示器 7 個線段均亮。

   (2) BI/RBO：作為輸入或輸出腳位之用，當 BI/RBO=1″時，七段顯示器執行常態顯示功能；當 BI/RBO 作為輸入腳位並且接至地電位 0″時，七段顯示器執行遮沒功能使七段顯示器均不亮。當 BI/RBO 作為輸出腳位使用時，若 BCD 值為 0 亦即當 D、C、B、A 均為 0″時 BI/RBO=0″，於此外存在之狀態 BI/RBO=1″。

   (3) /RBI：輸入腳位作為 0 遮沒的控制，當輸出有前置 0 的情形（如 0034）時，令其只顯示 34 即可，而前面 00 便需予以遮沒；於 BI/RBO=1″及/LT=1″時，/RBI 若接至地電位 0″，則當 BCD 輸入值為 0″時，輸出顯示器均不亮，稱為 0 遮沒；若當 BCD 輸入值不為 0″時，輸出顯示器則顯示所對應的數碼。

2. 7447 IC 控制電路

   (1) 單級顯示驅動控制：對於共陽極式的七段顯示器來說，必須使用"Sink Current"方式使七段顯示器發光，亦即是共同接腳 com 為 +V$_{CC}$，並使 a、b、c、d、e、f、g 與 dp 等接腳成為低電位，以令七段顯示器順向導通的一種方式，共陽極式的七段顯示器以搭配編號 7447 解碼器 IC 驅動，7447 解碼器 IC 係作為輸入 BCD 碼對輸出低態七段顯示器轉換，以達到顯示十進制數的效果。

(2) 多級顯示驅動控制：多級顯示控制模式若欲消除前置 0 時（即小數點之前的顯示部份），可將 /RBI 接至前一級 BI/RBO 腳位，而將最高位數級之 /RBI 接地。若欲消除尾端 0 時（即小數點之後的顯示部份），做法與消除前置 0 方式相反，可將最後位數級之 /RBI 接地，而將 BI/RBO 接至前一級 /RBI 腳位。個位數之 /RBI 腳位須接至 $+V_{CC}$ 電位或空接，以免當所有位數皆為 0〞時，所有顯示器將因形成遮沒而呈消失情形，若不希望消除前置 0 或尾端 0 時，只需將所有 /RBI 腳位保持開路即可。

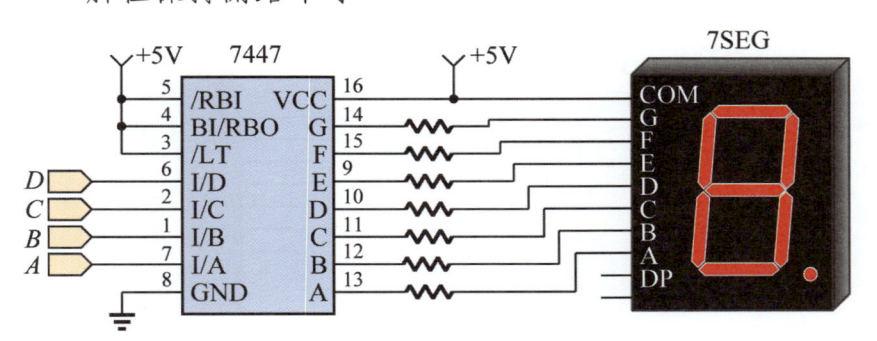

(a) 單級顯示驅動

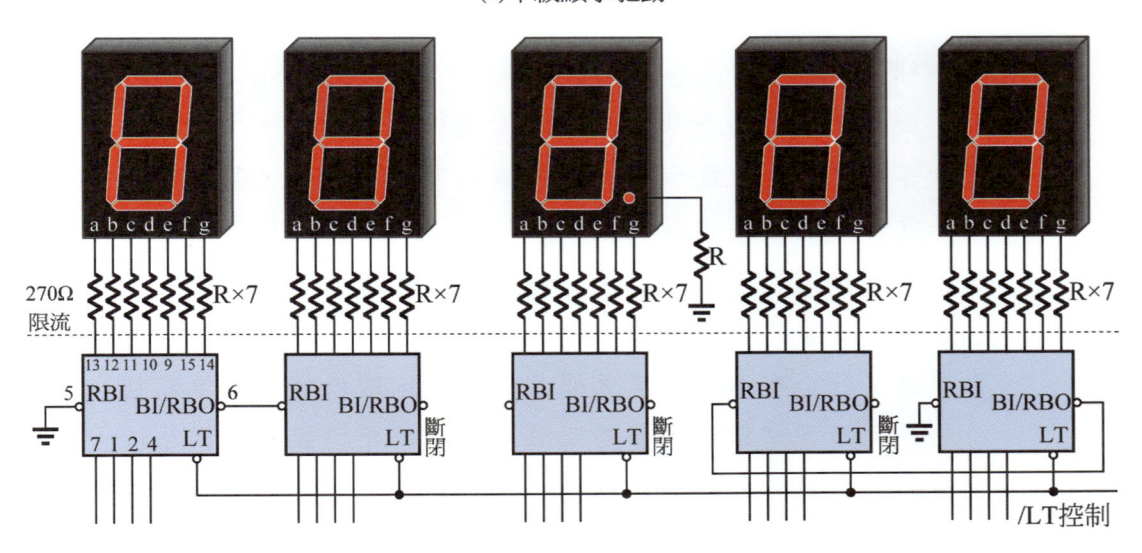

(b) 多級顯示驅動

▲ 圖 2-3　共陽極式七段顯示器驅動控制

2-3　共陰極式顯示器驅動控制

顯示器與共陽極式相反，然須將共同腳位 com 與地電位 GND 相接，而使 a、b、c、d、e、f、g 與 dp 等接腳成為高電位，才能產生 " Source Current " 方式之效果，共陰極式的七段顯示器以搭配編號 7448 或 CD4511 解碼器 IC 驅動，參考圖 2-4 及圖 2-5 所示電路。

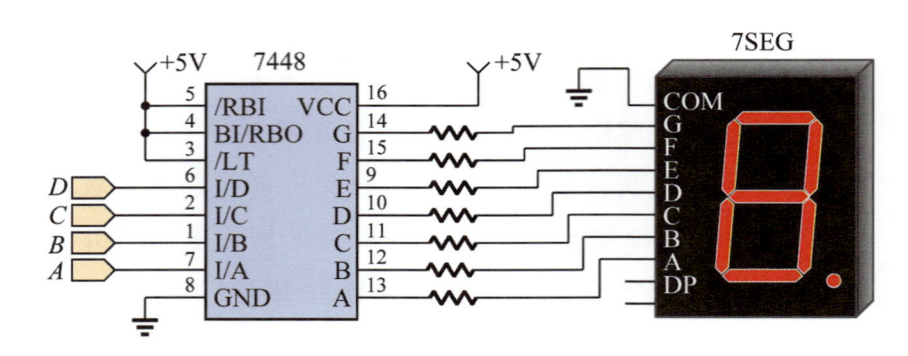

▲ 圖 2-4　共陰極式七段顯示器驅動電路之一

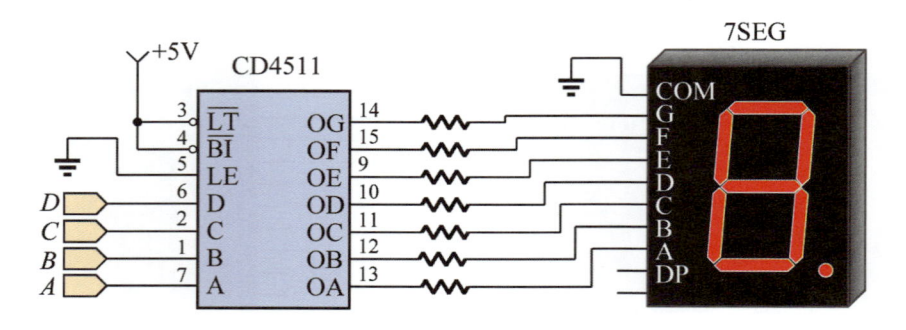

▲ 圖 2-5　共陰極式七段顯示器驅動電路之二

2-4　認識錫焊作業

　　錫焊工作是電子製作中相當重要的一個環節，不純熟的錫焊操作不僅會導致冷焊、短路現象，呈現電路動作不正常，甚至會在錫焊時損壞電子元件，或者在通電後燒毀元件。因此任何欲從事電子製作的人都應該了解焊接的原理，才能提升錫焊品質，降低不良成品之機率，甚至延長產品之壽命。

1. 焊接：就是在兩種金屬之間加入熔點比較低的金屬使其接合，一般作法是利用電烙鐵將兩金屬同時加熱來熔化焊錫。在電路板上利用焊錫來將零件針腳以及銅箔結合，作為電氣信號傳導的中繼媒介。焊接最重要的原理就是熱傳遞，藉由電烙鐵產生的熱量來使零件引腳與銅箔升溫，此時將焊錫靠上去，焊錫自然變成液態並且均勻流佈於整個焊點與針腳上，接著移開電烙鐵頭後，焊錫自然冷卻後即完成焊接工作。

2. 錫焊工作參數：操作錫焊重要的參數有工作溫度、烙鐵頭瓦數大小，烙鐵頭形狀、助焊劑種類等，只有在適當的條件操作之下，熟練施作時間與溫度控制才能呈現焊接品質，同時須於選擇焊錫的時候清楚錫絲的外徑，一般焊電路板所用直徑 0.8mm 以下較宜，焊導線或接點面積較大時採 1mm 以上。

3. 錫焊操作過程：一般錫焊作業操作過程如圖 2-6 所示，各步驟之間停留的時間將直接影響焊接效果，唯有透過持續實務操作與練習才能逐步趨於精熟，主要敘述內容如下：

(1) 錫焊準備：準備好焊錫絲、電烙鐵、海綿、烙鐵架、尖斜口鉗，完成烙鐵頭溫度調整，烙鐵頭部要保持乾淨才可以沾上焊錫。

(2) 元件加熱：將烙鐵接觸焊接點，注意首先要保持烙鐵加熱元件各部分，例如印製板上引線和焊盤都使之受熱，其次要注意讓烙鐵頭、元件與銅箔面於適量施力之下，保持元件均勻受熱。

(3) 熔化錫絲：當元件持續加熱達熔化錫絲之溫度後，將錫絲置於焊點上達到焊點熔接的效果。

(4) 移開錫絲：當熔化一定量的焊錫後，再將錫絲自焊接點移開。

(5) 移開烙鐵：當焊錫完全擴散覆蓋焊點後，以大致 45° 的方向移開烙鐵頭，至此完成單一焊點錫焊操作。

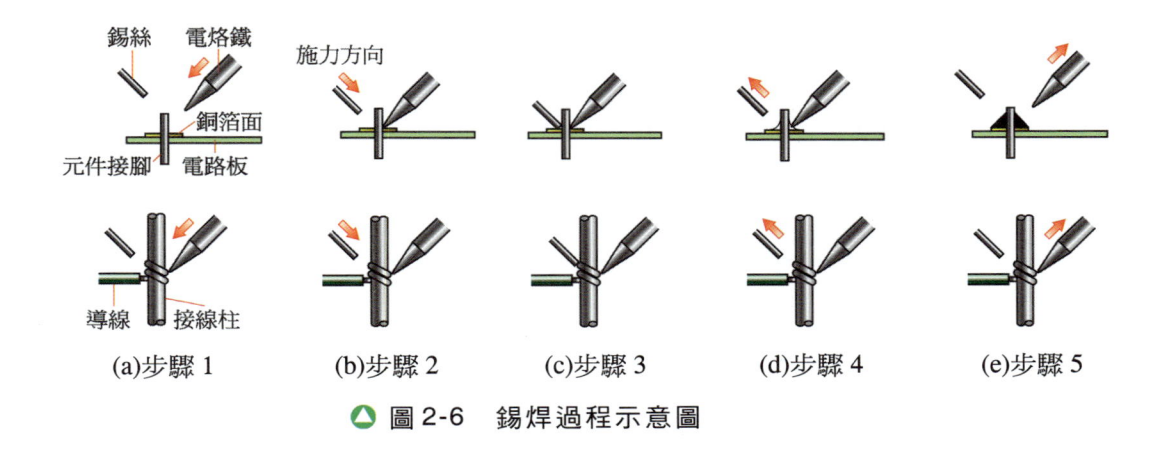

(a)步驟 1　(b)步驟 2　(c)步驟 3　(d)步驟 4　(e)步驟 5

▲ 圖 2-6　錫焊過程示意圖

第 3 章　研究設計與實施

　　本文主要目的，在於發展一「烙鐵輔助控制裝置」之專題研究，運用電烙鐵、微動極限開關、電晶體、數位IC與89C2051、七線段顯示器等元件構想製作此一作品。本章僅針對研究架構、研究方法、實施研究等三部分提出申論，內容分述如下。

3-1　研究架構

　　本節根據研究動機、目的與相關理論探討後，確立研究架構如圖3-1所示。

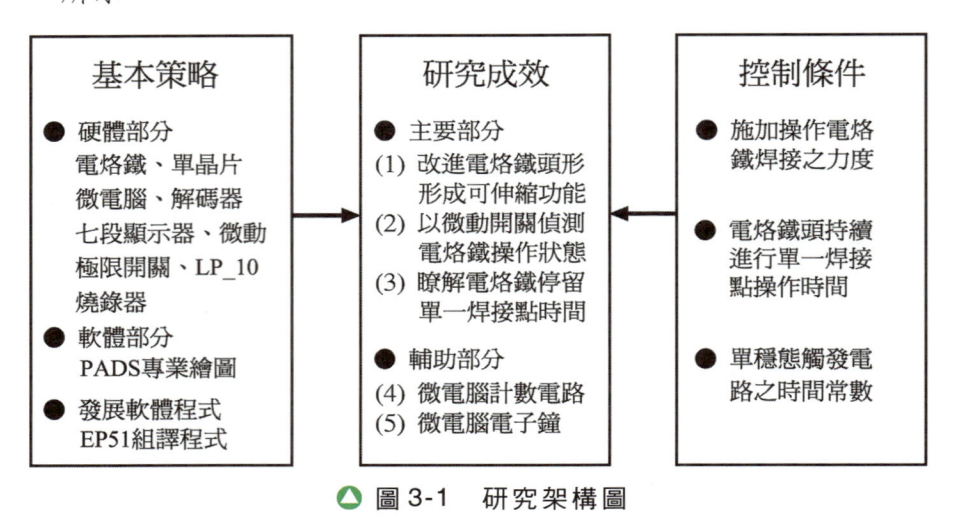

基本策略	研究成效	控制條件
● 硬體部分 　電烙鐵、單晶片 　微電腦、解碼器 　七段顯示器、微動 　極限開關、LP_10 　燒錄器 ● 軟體部分 　PADS專業繪圖 ● 發展軟體程式 　EP51組譯程式	● 主要部分 (1) 改進電烙鐵頭形 　　形成可伸縮功能 (2) 以微動開關偵測 　　電烙鐵操作狀態 (3) 瞭解電烙鐵停留 　　單一焊接點時間 ● 輔助部分 (4) 微電腦計數電路 (5) 微電腦電子鐘	● 施加操作電烙 　鐵焊接之力度 ● 電烙鐵頭持續 　進行單一焊接 　點操作時間 ● 單穩態觸發電 　路之時間常數

▲ 圖 3-1　研究架構圖

3-1.1　基本策略

　　本專題係運用已習得之基礎電路焊接觀念、MCS_51單晶片微電腦、CD4511共陰式解碼器、四位數七段顯示器與微動極限開關等常用元件，進行電路實驗以拓展專題相關電路之理解，同時熟悉以專業繪圖軟體（PADS4.0）實施電路設計、佈線與操作實體元件焊接，並經由老師指導發展此一「電烙鐵輔助控制裝置」專題研究。

3-1-2　研究成效

　　本專題旨在研究一電烙鐵輔助控制裝置，於電烙鐵握把部內側，構想設計一可偵測電烙鐵操作與否之狀態，並以完成一電子閘道功能之比較器，達到識別電烙鐵實施錫焊作業時間，同時以一微電腦數位顯示器，顯示錫焊作業時間及逾時操作錫焊的焊接點數量，提供教師考核錫焊作業練習歷程之依準。

3-1-3 控制條件

本專題研究根據研究係運用吾人操作電烙鐵錫焊作業時，必須施以烙鐵頭一定力量的過程，運用此一力量以移動一滑道並觸動微動開關轉態，當此力量運作狀態不明確，將直接影響微動開關轉態與否；另操作單一焊點之錫焊時間，與單穩態輸出之直流脈波進行比較之結果並產生一觸發信號輸出。

3-2 研究方法

本專題係根據圖 3-1 研究架構圖發展研究，透過於電烙鐵握把部內側完成一滑道並搭配一微動極限開關配置，達成一可以偵測電烙鐵操作狀態之初始構想，再經由此一偵測功能產生一觸發動作，以致能一單穩態電路，產生一直流脈波與微動開關狀態一起經電晶體閘運算，以達到電烙鐵實施單一焊接點作業時間之指引信號，此一信號將作為單晶片計數中斷致能來源，作為執行單晶片微電腦程式，呈現自動累增計數顯示之依據。

3-3 實施研究

本節根據研究方法發展後續專題研究，主要包括電烙鐵機構、硬體與軟體等三部分，內容分述如後。

3-3.1 電烙鐵結構部分

如圖 3-2(a)及圖 3-2(b)所示，以一微動極限開關配置於烙鐵頭與握把部間，運用握把部分構成簡易滑道與一彈簧，完成一可輕輕施力操作便可產生伸縮之動作，以達成此一微動極限開關接點轉態的效果。

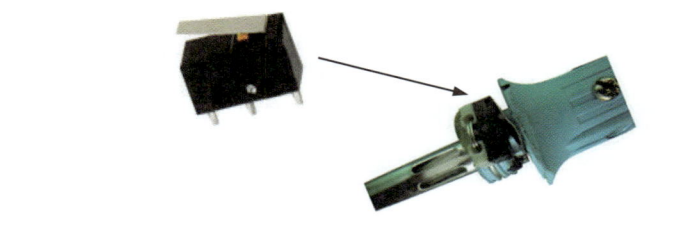

(a)微動極限開關配置

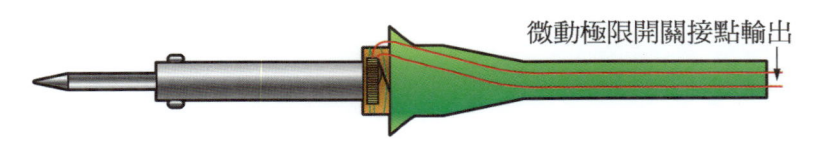

(b)微動極限開關引線

▲ 圖 3-2　電烙鐵結構示意圖

3-3.2 硬體部分

本專題研究系統電路流程如圖 3-3 所示，主要係由微動極限開關、編號 CD4584 IC 構成波形整型電路、單穩態電路與負緣觸發延時電路，運用一只 PNP 電晶體組成排斥或閘（XOR Gate），使微動極限開關狀態與單穩態脈波信號進行比較功能，再依比較信號電位經 CD4584 IC 產生計次脈波，經 ATMEL_89C2051 微電腦程式控制與搭配七段顯示器，達到顯示累增計次之功能。

同時運用操作烙鐵進行電路焊接時，必須對烙鐵頭施力且利用此一施力作用，產生微動極限開關接點轉態，以啟動微電腦電子鐘開始計時，達到累計顯示操作電烙鐵進行焊接的時間。

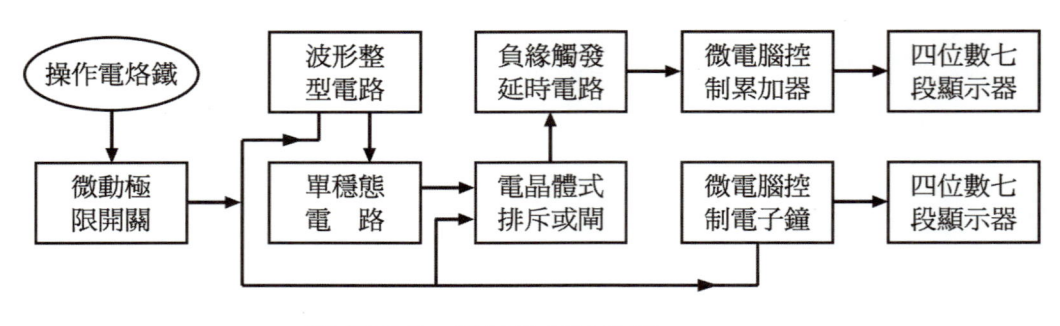

▲ 圖 3-3　系統控制流程圖

3-3.3 軟體部分

本研究根據系統控制流程圖規畫硬體控制電路，其中分別以二只編號 89C2051 單晶片微電腦，分別執行累加計次顯示與電子時鐘之功能，因兩者之硬體電路結構相近，所以程式內容亦類似；程式發展過程係先依照書面電路與程式流程安排，經專業軟體 PADS4.0 版完成電路繪圖與實體元件佈線處理後，作為實體電路焊接依準；原始程式係於微軟視窗記事本環境，將程式流程圖逐一轉換為 89C2051 組合語言，再經執行 X8051（程式組譯）與 LINK（程式連結）過程產生十六進制檔，並載入 LP_10 萬用燒錄器完成程式燒錄。

第4章　研究成果

本章旨在呈現發展專題製作—「電烙鐵輔助控制裝置」之成果，主要內容包括電烙鐵偵測控制電路、微電腦計次顯示器電路、微電腦電子鐘、電烙鐵結構更新等四部分，內容分述如下。

4-1 電烙鐵偵測控制電路

如附錄1所示電路，係運用CMOS反相式舒密特IC所構成，TOU_IN提供一微動極限開關狀態輸入，U_{1-A}作為反相緩衝之用，R_2、C_2、R_3、D_1提供交流式正極性觸發信號，其中U_{1-D}、U_{1-E}、C_3、C_4、R_4、R_5、$V_{RES(500k\Omega)}$構成單穩態電路，可於U_{1-D}輸入一正極性觸發信號瞬間，於U_{1-E}輸出端產生一可調式寬度之正極性脈波信號，脈波寬度係由手動調整$V_{RES(500k\Omega)}$值所決定；由U_{1-F}輸出端及TOU_IN輸入端之電位狀態同時輸入至Q_1之E、B兩腳位，經Q_1電晶體執行排斥或閘（XOR）之功能後，於Q_1之C腳位輸出一邏輯電位，再經由此一電位信號，經C_{10}、R_{12}、D_2提供一交流觸發信號路徑，達成另一級由U_{1-B}及U_{1-C}、C_{11}、R_{13}、R_{14}所組成之單穩態電路，並採負極性低電位信號輸出，此一輸出信號又經CLK_OUT端座和微電腦計次電路連接，係作為顯示累加計次之用，實體佈置圖如附錄2所示。

4-2 微電腦計次顯示器電路

如附錄3所示電路，係運用單晶片微電腦89C2051、七段解碼器CD4511、四位數共陰式七段顯示器所構成，電路主要功能在於運用低電位負緣觸發中斷模式，經由單晶片INT腳位提出中斷申請，經程式致能中斷服務副程式，執行累加計次運算並分由$P_{1.3}$至$P_{1.0}$腳位，輸出BCD值至解碼器CD4511（D至A）輸入端，再經由CD4511（Q_A至Q_F）腳位與四位數七段顯示器連接，透過掃描方式依序由$P_{1.7}$至$P_{1.4}$腳位，分時致能電晶體完成驅動四位數七段顯示器。

本電路輸入於INT_0腳位提出中斷申請之信號，主要係來自於電烙鐵偵測控制電路之CLK_OUT端座，即唯當持續操作電烙鐵焊接時，電烙鐵頭持續停留於該焊接點之時間值，高於單穩態高電位停留時間值，該電路CLK_OUT端座將送出一低電位負緣信號，以致能單晶片微電腦執行中斷副程式，達到計數值累增一次之目的。

4-3 微電腦電子鐘電路

　　如附錄 4 所示電路，電路主要構成與微電腦計次顯示器電路相似，唯透過單晶片微電腦 $P_{3.2}$、$P_{3.3}$、$P_{3.4}$、$P_{3.5}$ 之腳位輸入，分別並接一按鍵開關（PB），達到可設定電子鐘分、時、停止、開始之運作功能，此電路主要功能在於顯示學習者完成整體焊接之時間值。

　　因微電腦電子鐘電路與微電腦計次顯示器電路，線路結構相異極微，因此實體電路布置圖採共同電路視之，唯於焊接計次電路時請參考附錄 5 施工時，須將小數點致能迴路（2.2kΩ電阻 R_7、27Ω電阻 R_8、Q_5 電晶體）、J_2、J_3、J_4、J_5 維持空接，記得將 J_2、J_5 以 3P 模式公座 3P（拔去中間之 1P 保留首尾 2P），作為計次脈波信號與開始計時輸入控制之用，另 RST 開關可用排線擴充外部手動操作。

4-4 電烙鐵結構更新部份

　　參考圖 3-2 所示，利用電烙鐵頭與握把間之連結部份，新建構一滑道並搭配一彈簧與定置一微動極限開關作為起始焊接感測裝置，當使用者開使焊接時，彈簧即因使用者施力作用形成內縮而使微動極限開關接點導通。反之，當焊接完成時將不再對電烙鐵施力，因彈簧之反向推力作用而使微動極限開關接點不再導通。

第 5 章　結論與建議

　　本專題研究旨在探討於一般電烙鐵握把部內側，構思一可移動之滑道裝置並結合一微動極限開關元件，達到電烙鐵頭可自動伸縮之功能，進而透過微動開關達到感知電烙鐵是否處於操作焊接之狀態，因而增加現有電烙鐵的基本結構內涵，拓展了新的應用與控制的效果，歷經一學期時間研究，完成此一「電烙鐵輔助控制裝置」專題製作，獲致以下結論與建議。

5-1 結論

1. 於電烙鐵握把部內側，構想設計一簡易滑道並配置一彈簧裝置，使烙鐵頭具有可伸縮性操作功能，並予以輕輕施壓力量時，能呈現內縮的推移效果；
2. 以一微動極限開關作為感知元件，使能當烙鐵頭於輕輕施壓力量過程，可使開關接點導通以產生一電氣信號；
3. 繼前一項所述，當操作焊接時微動開關接點，將因輕微施力向內縮作用而呈現轉態導通，因而能感知電烙鐵正開始處於焊接狀態。反之，當完成焊接點操作後，電烙鐵頭將因不存在施力作用形成外移，因而使微動開關接點轉為不導通。
4. 以 CD4584 IC 構想設計如附錄 1 所示之單穩態觸發控制電路，加以利用一可變電阻設定時間長度，透過一微動開關導通以形成一負電位之觸發信號，產生一可預設定時間長數的單穩態邏輯電位信號輸出；
5. 以單晶片微電腦 89C2051、解碼器、七段顯示器，構想設計一四位數顯示累加器，當電烙鐵被操作於焊接電路之時間長度，大於預設單穩態邏輯高電位持續時間時，將令累加器自動產生累增計數功能，表示停留於該點之焊接時間過長，將對該焊接點形成破壞作的影響；
6. 以單晶片微電腦 89C2051、解碼器、七段顯示器，構想設計一微電腦電子鐘，以顯示學習者操作電烙鐵進行電路焊接的時間。

5-2 建議

　　本組專題作品係針對一般電烙鐵，因無法具有類似自動筆可伸縮操作的功能，亦無法偵測電烙鐵何時開始操作於焊接與何時停止焊接的原有想法，注入了一新的組合與拓展應用的觀念，作品雖表現出前述結論所列之諸項成果，然而電烙鐵畢竟是一種發熱且高溫的焊接工具，於其握把部內側完成一滑道裝置，如何能存在持續可潤滑的作用與如何使微動極限開關接點特性能不受高溫影響，將是後續繼續研究的重點。

參考文獻

1. 全華編輯部（民89），最新TTL IC規格表。台北：全華圖書。
2. 吳一農（民96），8051單晶片實務與應用。台北：台科大圖書股份有限公司。
3. 郭坤榮（民93），電子電路實習。台北：旗立資訊。
4. 陳麗文、劉麗香、WonDerSun（民97），專題製作-整體造形篇。台北：勁園・台科大圖書股份有限公司。
5. 創見科技公司網站，焊接教學。97年6月10日，取自：www.cktechco.com/soldering.pdf。

附錄

1. 電烙鐵偵測控制電路

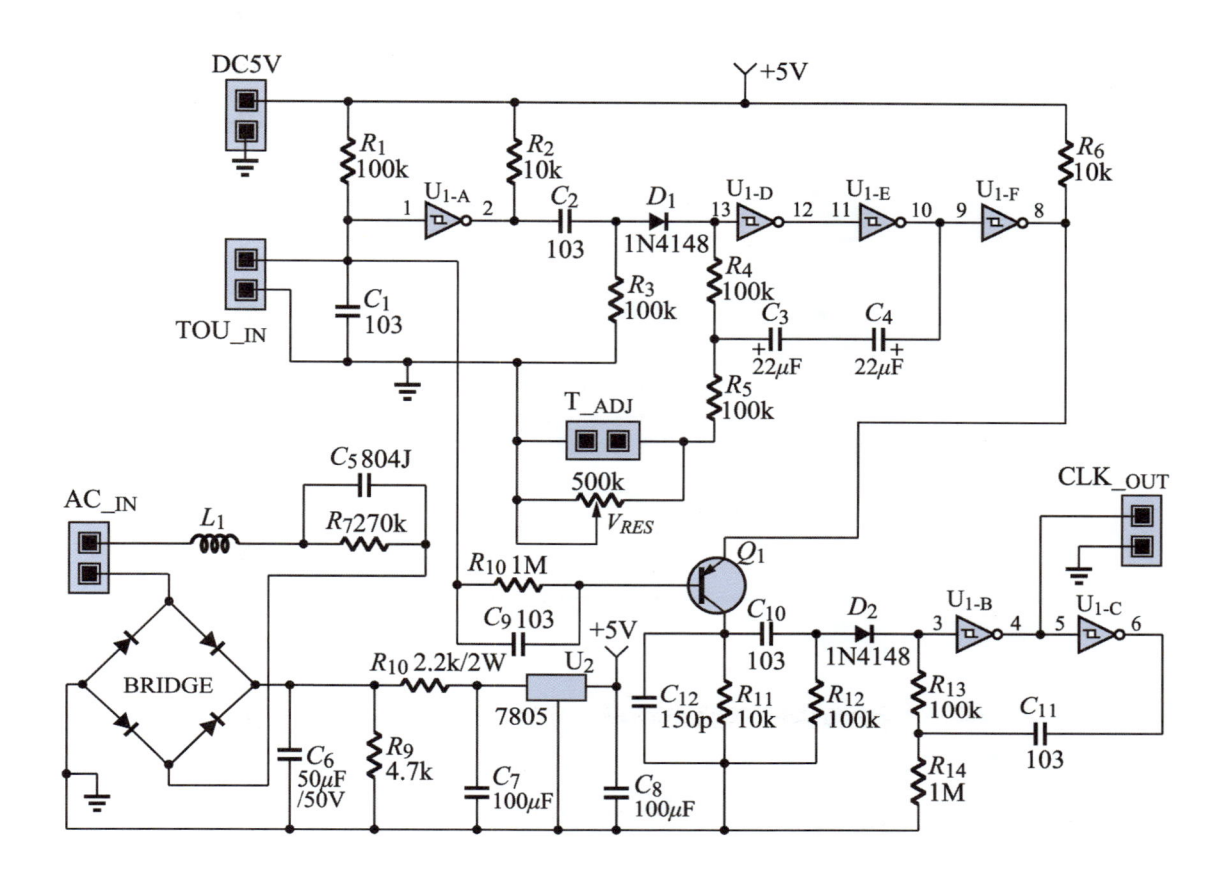

2. 電烙鐵偵測控制電路實體佈置圖

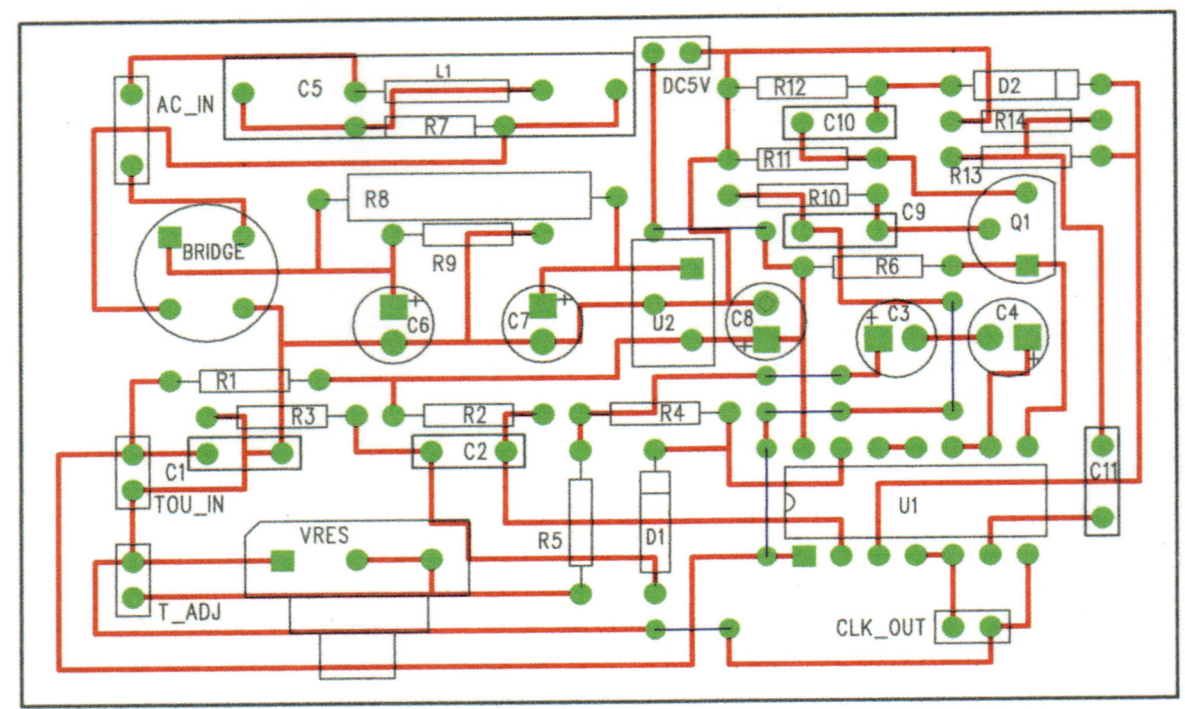

TOP VIEW

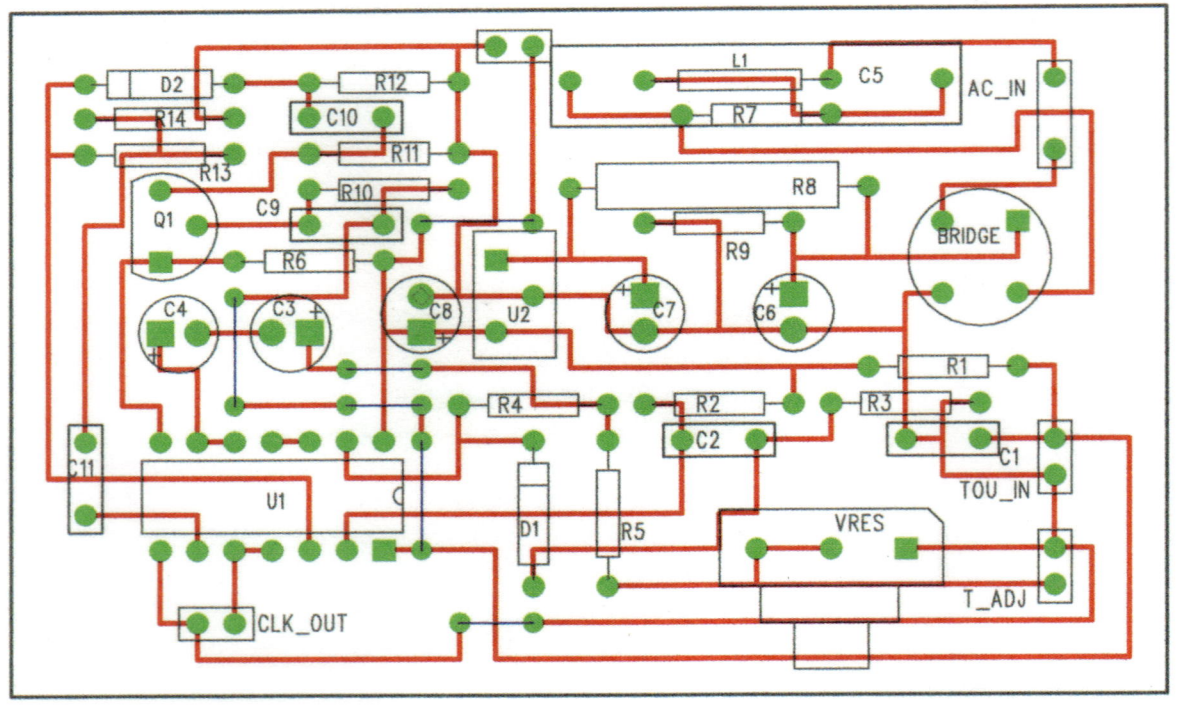

BOTTOM VIEW

3. 微電腦計次顯示器電路

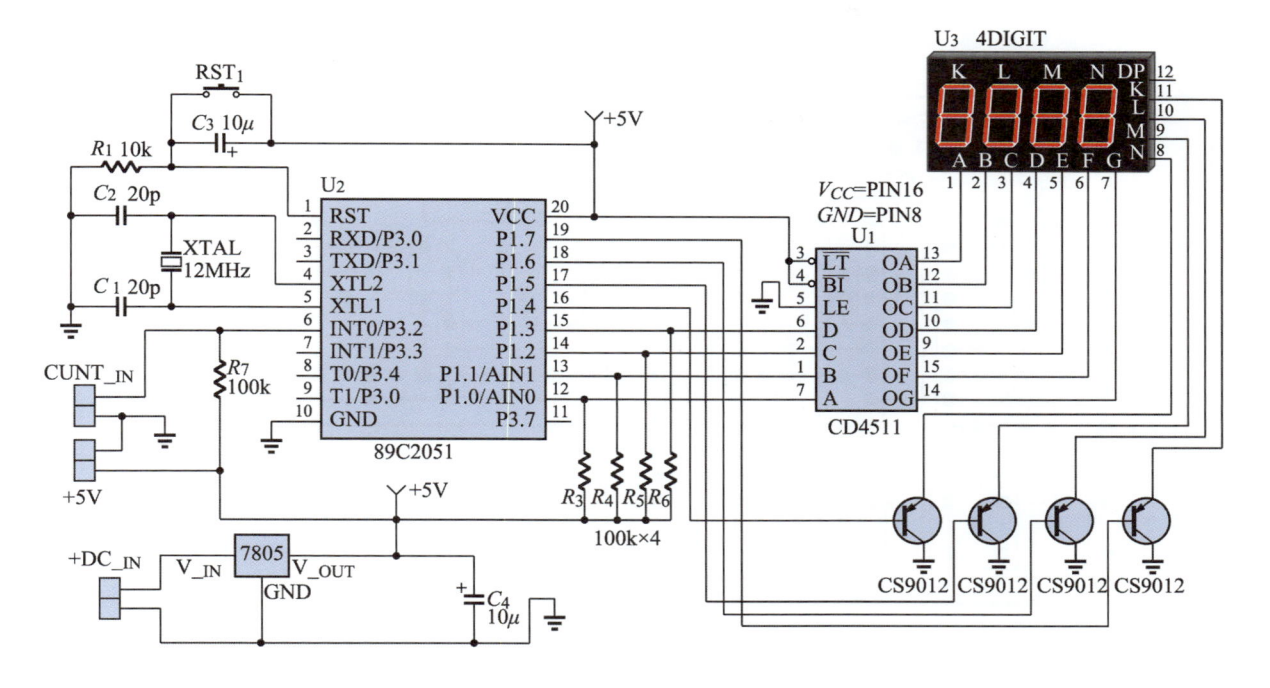

4. 微電腦電子鐘電路

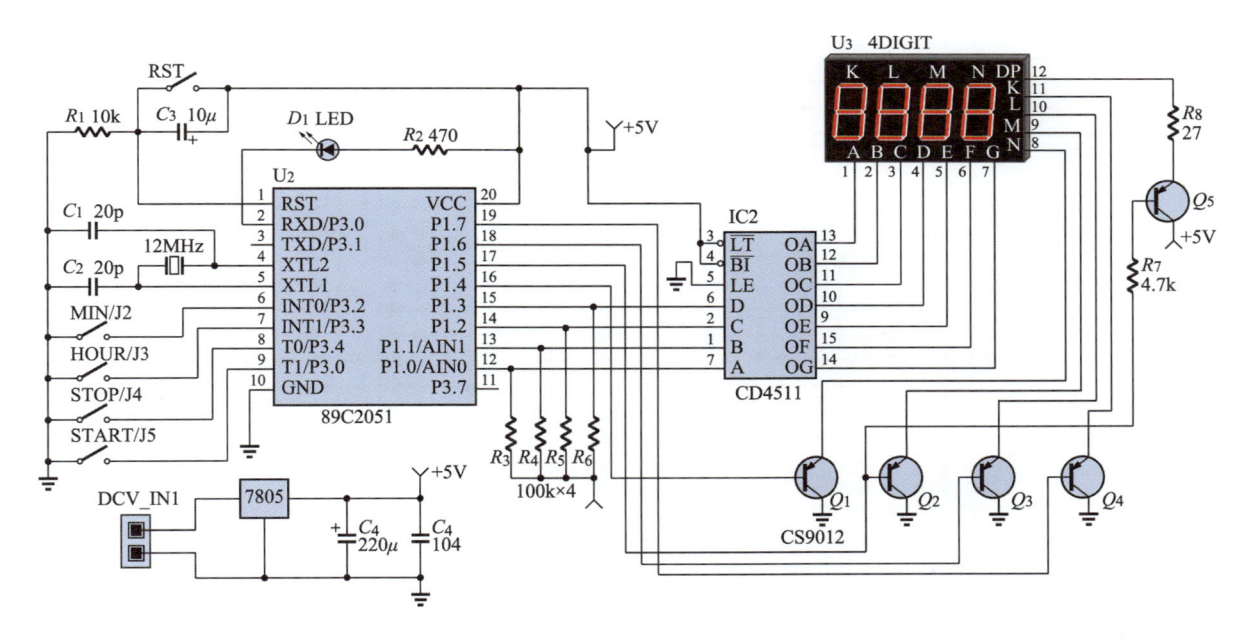

5. 微電腦計次及電子鐘電路

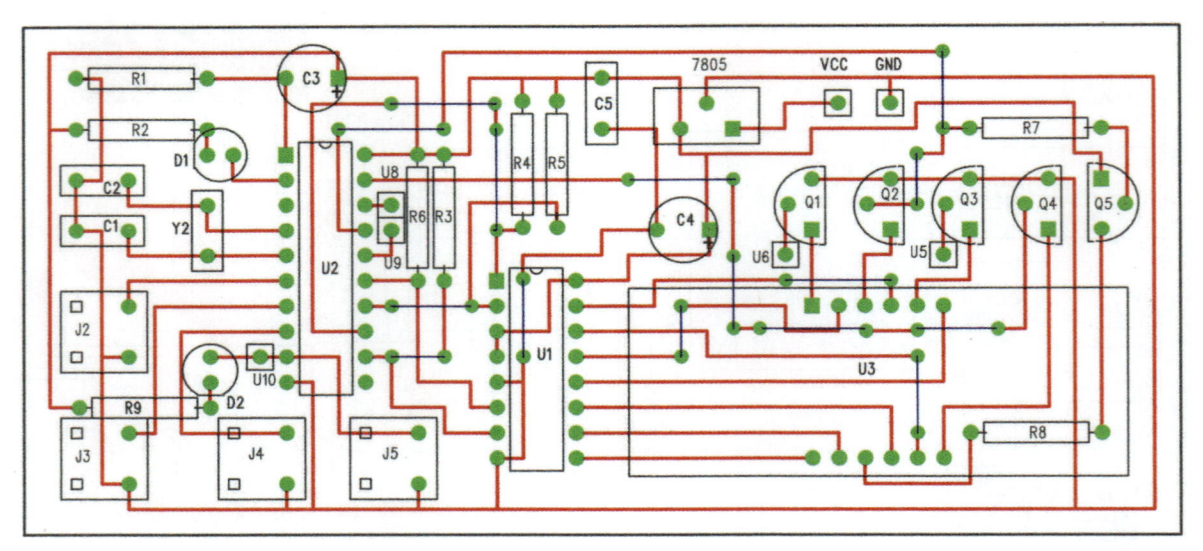

TOP VIEW

6. 微電腦計次及電子鐘電路(續)

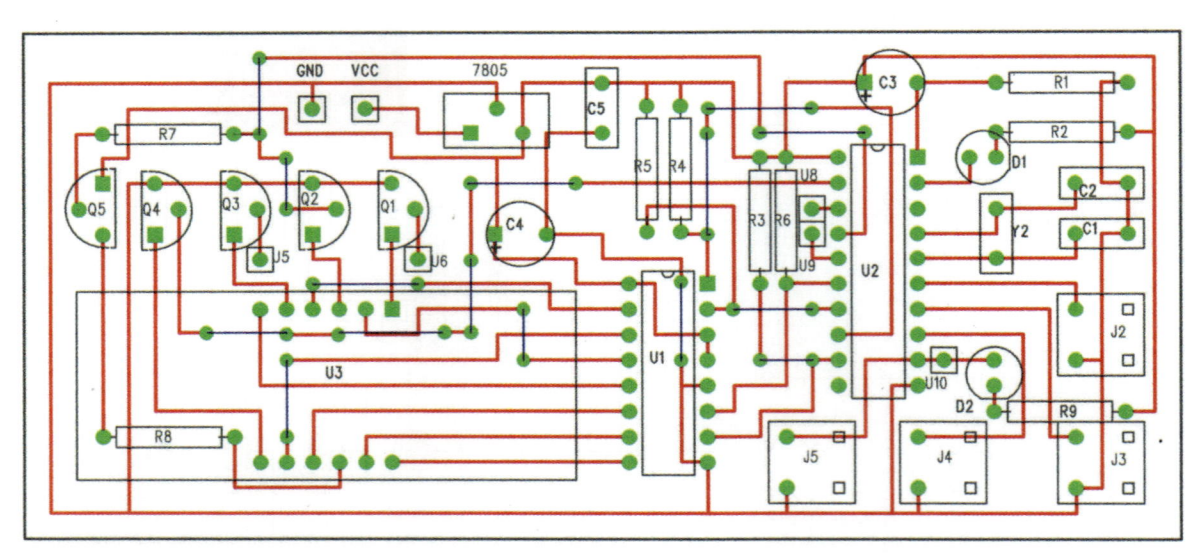

BOTTOM VIEW

7. 微電腦電子鐘電路程式內容

```
;------------------------------------------------
;------------ CLOCK PROGRAM/89C2051 -----
;------------------------------------------------
            ORG     00H
            AJMP    START
;------------------------------------------------
            ORG     03H
            AJMP    MIN
;------------------------------------------------
            ORG     0BH
            AJMP    TIMER
;------------------------------------------------
            ORG     13H
            AJMP    HOUR
;------------------------------------------------
START:      MOV     SP,#59H
            SETB    INT0
            SETB    INT1
            SETB    EA
            CLR     IT0
            CLR     IT1
            SETB    ET0
            SETB    EX0
            SETB    EX1
            MOV     R0,#30H
            MOV     R1,#30H
            MOV     R2,#12H
            MOV     TMOD,#01H
;------------------------------------------------
AGAIN:      MOV     R3,#20
            MOV     TH0,#>(65536-50000)
            MOV     TL0,#<(65536-50000)
WAIT0:      CALL    DISPLAY
            ORL     P3,#FFH
            JB      P3.5,WAIT0
            SETB    TR0
WAIT:       CALL    DISPLAY
            SETB    P3.4
            JB      P3.4,WAIT
            CLR     TR0
            AJMP    AGAIN
;------------------------------------------------
TIMER:      PUSH    PSW
            PUSH    ACC
            MOV     TH0,#>(65536-50000)
            MOV     TL0,#<(65536-50000)
            DJNZ    R3,BACK
            MOV     R3,#20
            CPL     P3.0
            MOV     A,R0
            INC     A
            DA      A
            MOV     R0,A
            XRL     A,#60H
            JNZ     BACK
            MOV     R0,#00H
            MOV     A,R1
            INC     A
            DA      A
            MOV     R1,A
            XRL     A,#60H
            JNZ     BACK
            MOV     R1,#00H
            MOV     A,R2
            INC     A
            DA      A
            MOV     R2,A
            XRL     A,#24H
            JNZ     BACK
            MOV     R2,#00H
BACK:       POP     ACC
            POP     PSW
            RETI
;------------------------------------------------
DISPLAY:
            MOV     A,R1
            ANL     A,#0FH
            ORL     A,#70H
            MOV     P1,A
            CALL    DELAY
            CALL    BLANK
            MOV     A,R1
            SWAP    A
            ANL     A,#0FH
            ORL     A,#B0H
            MOV     P1,A
            CALL    DELAY
            CALL    BLANK
            MOV     A,R2
            ANL     A,#0FH
            ORL     A,#D0H
            MOV     P1,A
            CALL    DELAY
            CALL    BLANK
            MOV     A,R2
            SWAP    A
```

```
                ANL     A,#0FH
                ORL     A,#E0H
                MOV     P1,A
                CALL    DELAY
                CALL    BLANK
                RET
;--------------------------------------------------
MIN:            PUSH    PSW
                PUSH    ACC
                CLR     EX0
                MOV     A,R1
                INC     A
                DA      A
                MOV     R1,A
                XRL     A,#60H
                NZ      NEXT1
                MOV     R1,#00H
NEXT1:          CALL    DEL_A
                POP     ACC
                POP     PSW
                SETB    EX0
                RETI
;--------------------------------------------------
HOUR:           PUSH    PSW
                PUSH    ACC
                CLR     EX1
                MOV     A,R2
                INC     A
                DA      A
                MOV     R2,A
                XRL     A,#24H
                JNZ     NEXT0
                MOV     R2,#00H
EXT0:           CALL    DEL_A
                POP     ACC
                POP     PSW
                SETB    EX1
                RETI
;--------------------------------------------------
BLANK:          ORL     P1,#11111111B
                RET
;--------------------------------------------------
DELAY:          MOV     R5,#01
DEL0:           MOV     R6,#10
DEL1:           MOV     R7,#50
                DJNZ    R7,$
                DJNZ    R6,DEL1
                DJNZ    R5,DEL0
                RET
;--------------------------------------------------
DEL_A:          MOV     R4,#30
LOOP:           CALL    DISPLAY
                DJNZ    R4,LOOP
                RET
;--------------------------------------------------
END
```

附錄 7 微電腦計次電路程式內容

```
;--------------------------------------------------
;---------- CUNT PROGRAM/89C2051 ----------
;--------------------------------------------------
                ORG     00H
                AJMP    START
;--------------------------------------------------
                ORG     03H
                AJMP    CUNT
;--------------------------------------------------
START:          MOV     SP,#59H
                SETB    INT0
                SETB    EA
                SETB    EX0
                MOV     R1,#00H
                MOV     R2,#00H
                MOV     TMOD,#01H
;--------------------------------------------------
WAIT0:          CALL    DISPLAY
                ORL     P3,#FFH
                JB      P3.5,WAIT0
WAIT:           CALL    DISPLAY
                AJMP    WAIT
;--------------------------------------------------
DISPLAY:
                MOV     A,R1
                ANL     A,#0FH
                ORL     A,#70H
                MOV     P1,A
                CALL    DELAY
                CALL    BLANK
                MOV     A,R1
                SWAP    A
                ANL     A,#0FH
                ORL     A,#B0H
                MOV     P1,A
                CALL    DELAY
                CALL    BLANK
                MOV     A,R2
                ANL     A,#0FH
                ORL     A,#D0H
                MOV     P1,A
```

```
                CALL    DELAY
                CALL    BLANK
                MOV     A,R2
                SWAP    A
                ANL     A,#0FH
                ORL     A,#E0H
                MOV     P1,A
                CALL    DELAY
                CALL    BLANK
                RET
;------------------------------------------------
CUNT:           PUSH    PSW
                PUSH    ACC
                CLR     EX0
                MOV     A,R1
                INC     A
                DA      A
                MOV     R1,A
                XRL     A,#00H
                JNZ     NEXT1
                MOV     R1,#00H
                CLR     C
                MOV     A,R2
                INC     A
                DA      A
                MOV     R2,A
NEXT1:          CALL    DEL_A
                POP     ACC
                POP     PSW
                SETB    EX0
                RETI
;------------------------------------------------
BLANK:          ORL     P1,#11111111B
                RET
;------------------------------------------------
DELAY:          MOV     R5,#01
DEL0:           MOV     R6,#10
DEL1:           MOV     R7,#50
                DJNZ    R7,$
                DJNZ    R6,DEL1
                DJNZ    R5,DEL0
                RET
;------------------------------------------------
DEL_A:          MOV     R4,#30
LOOP:           CALL    DISPLAY
                DJNZ    R4,LOOP
                RET
;------------------------------------------------
                END
```

8. 需求設備材料表

項目	品名	單位	數量	規格	備註
1	電源供給器	台	1	LPS_305	DC30V3A
2	數位三用表	台	1	YDM302	
3	示波器	台	1	20MHz	雙軌跡
4	單晶片	只	2	89C2051	
5	數位 IC	只	2	CD4511	
6	數位 IC	只	1	CD4584	
7	穩壓 IC	只	3	μA7805	
8	電晶體	只	10	CS9012	
9	二極體	只	2	1N4148	
10	發光二極體	只	2	圓形 16Φ	顏色不拘
11	半可變電阻	只	1	500kΩ	臥式
12	橋式二極體	只	1	2W	圓形
13	晶體振盪器	只	2	12MHz	
14	模式座	只	8	2P	直立
15	電阻器	只	11	100k	0.25W
16	電阻器	只	9	10K	
17	電阻器	只	2	1M	
18	電阻器	只	1	2.7kΩ	
19	電阻器	只	1	4.7kΩ	
20	電阻器	只	1	270kΩ	
21	電阻器	只	2	2.2kΩ	
22	電阻器	只	1	27Ω	
23	電阻器	只	1	470Ω	
24	電容器	只	2	22μF	DC25V
25	電容器	只	2	100μF	
26	電容器	只	2	10μF	
27	電容器	只	5	103μF	
28	電容器	只	1	804JμF	
29	電容器	只	1	50μF	
30	電容器	只	4	20PμF	
31	電容器	只	1	4.7μF	
32	電感器	只	1	150μH	0.25W
33	七段顯示器	只	2	4位數	共陰極
34	微動開關	只	1	2AB	單刀雙擲式
35	電源線	只	1	7A	
36	變壓器	只	1	AC12.0.12	輸入 AC110
37	單面多孔板	只	3	纖維板	KT1016
38	開關	只	4	4P	
39	開關	只	1	2P	
40	開關	只	1	4P	二段式彈跳
41	開關	只	4	4P	
42	銅柱	只		日式	1cm
43	IC 座	只	2	DIP20P	
44	IC 座	只	3	DIP14P	

台北縣私立復興學校

資訊科

專題報告

乙級電腦硬體檢修卡
　　輔助測試裝置

學生　組長：陳柏智
　　　組員：王建雄
　　　組員：呂炯瑞
　　　組員：尤士誠
指導者：林明德 老師

中華民國 97年 06月

摘要

　　本文旨在研究一輔助測試裝置，以提供簡易、快速測試實體乙級檢修板製作及模擬測試該電路之指定功能，助益提升學生於實施電腦硬體術科訓練效果與通過術科考試及格之目的，為達到此一研究目的，教師運用電子電路課程實施單元教學並實施分組研究，指導學生應用指撥式開關提供四位元BCD編碼、NE555及CD4027 IC構想製作一IC測試器、設計單晶片微電腦程式、電晶體與繼電器組成限電流電路，進行實體作品配置與整合功能，使作品符合新穎性、創新性、實用性效果為目的之研究。

　　關鍵字：限流電路，檢修卡電路，乙級硬體裝修。

目錄

摘要	II
目錄	III
圖目次	V
表目次	VI

第 1 章　緒論

1-1　研究動機	2-5.1
1-2　研究目的	2-5.1
1-3　預期成果	2-5.1

第 2 章　理論研究

2-1　IC 規格	2-5.2
2-1.1　NE555 計時器	2-5.2
2-1.2　D 型正反器/74LS273	2-5.3
2-1.3　三態緩衝器/74LS244	2-5.4
2-1.4　主僕式 JK 正反器/CD4027	2-5.5
2-2　檢修卡電路解析	2-5.6
2-3　電晶體開關電路	2-5.7
2-3.1　PNP 與 NPN 電晶體	2-5.7
2-3.2　PNP 與 PNP 電晶體	2-5.7
2-3.3　NPN 與 NPN 電晶體	2-5.8
2-3.4　NPN 與 PNP 電晶體	2-5.8
2-4　印表機埠基本介紹	2-5.8

第 3 章　研究設計與實施

3-1　研究架構	2-5.10
3-1.1　基本策略	2-5.10
3-1.2　研究成效	2-5.10
3-1.3　控制條件	2-5.10
3-2　研究方法	2-5.11

3-3	實施研究	2-5.11
	3-3.1 結構部分	2-5.11
	3-3.2 硬體部分	2-5.13
	3-3.3 軟體部分	2-5.13

第4章 研究成果

4-1	微電腦控制電路	2-5.14
4-2	過載保護與IC測試電路	2-5.15
4-3	MCS_51程式流程	2-5.17
4-4	MCS_51程式設計	2-5.18

第5章 結論與建議

5-1	結論	2-5.22
5-2	建議	2-5.22

參考文獻　　　　　　　　　　　　　　　　　　　　　　　　2-5.23

附錄

1.	檢修卡製作電路實體（頂視）圖	2-5.24
2.	檢修卡製作電路實體（底視）圖	2-5.24
3.	檢修卡測試電路實體（頂視）圖	2-5.25
4.	檢修卡測試電路實體（底視）圖	2-5.25
5.	74LS273 IC特性	2-5.26
6.	74LS244 IC特性	2-5.29
7.	需求設備零件表	2-5.30

圖目次

圖 2-1	NE555 內部結構圖	2-5.2
圖 2-2	基本振盪器電路圖	2-5.3
圖 2-3	74LS273 內部結構及腳位圖	2-5.4
圖 2-4	74LS244 內部結構及腳位圖	2-5.4
圖 2-5	74LS244 內部結構及腳位圖	2-5.5
圖 2-6	檢修卡製作電路圖	2-5.6
圖 2-7	開關輸入與輸出狀態圖	2-5.7
圖 2-8	PNP 與 NPN 組合控制圖	2-5.7
圖 2-9	PNP 與 PNP 組合控制圖	2-5.7
圖 2-10	NPN 與 NPN 組合控制圖	2-5.8
圖 2-11	NPN 與 PNP 組合控制圖	2-5.8
圖 2-12	印表機 D 型（母頭）端座實體圖	2-5.8
圖 2-13	印表機 D 型（母頭）端座腳位圖	2-5.9
圖 3-1	研究架構圖	2-5.10
圖 3-2	實體結構示意圖	2-5.11
圖 3-3	系統控制流程圖	2-5.13
圖 4-1	微電腦控制電路圖	2-5.14
圖 4-2	過載保護與 IC 測試電路圖	2-5.16
圖 4-3	微電腦程式流程圖	2-5.17

表目次

表 2-1	74LS273 內部 D-TYPE 狀態表	2-5.4
表 2-2	74LS244 IC 三態閘狀態表	2-5.4
表 2-3	CD4027 IC 真值表	2-5.5

第1章　緒論

推廣專業技能檢定是國家既定的政策，對學習專業技術者能夠取得技術證照，是個人學習專業技能的肯定，也奠定了就業能力與拓展後續升學的機會，影響生涯規畫與專業能力的發展。本研究僅針對如何構思設計一輔助裝置，協助學習者簡化乙級硬體檢修訓練操作過程以提高學習效果，主要內容分述如下。

1-1 研究動機

以乙級電腦硬體修護職類術科考試的內涵，於「檢修卡製作」部分，強調基礎數位邏輯組合、元件應用與電路焊接作業的能力，也兼顧測試學習者對專業軟體（如 Qbasic、Visual Basic、C 語言）程式撰寫與操作的能力。

現況學校於實施乙級電腦硬體檢修輔導訓練課程，針對術科第一站「檢修卡電路製作」部分考試的內涵，必須透過搭配電腦介面控制裝置，進行執行指定軟體程式以驗證「檢修卡電路製作」的成果，存在重複操作、測試與時間浪費，影響了階段學習與訓練成果。因此，引發構思製作一「乙級電腦硬體檢修卡輔助測試裝置」之研究興趣。

1-2 研究目的

本專題係利用一 BCD 開關，供學習者選擇共十題不同動作的跑馬燈之用，透過BCD 碼以指引單晶片（AT89C2051）微電腦程式執行運算，達到一種指定跑馬燈與十種隨機抽選的跑馬燈功能，再經由印表機端座（DB_25P）輸出與檢修卡完成正確連線，進行與「檢修卡製作」的動態功能作比較，提供參與乙級硬體檢定的學習者，具有一簡易、實用、迷你與快速檢驗檢修卡製作的輔助裝置，使學習時間與歷程縮減，助益訓練與學習效果與提升證照考試成績。

1-3 預期成果

本文係配合電子電路實習課程實施單元教學，同學已學習電晶體電路、繼電器、NE555 振盪電路、JK正反器等基礎專業知識，且熟悉基本實務操作觀念，在老師輔導下參與乙級術科考試訓練，加強實體電路配置與電路焊接之重點要求，並針對訓練歷程存在重複操作的耗時與麻煩，採分組學習方式構思一「乙級電腦硬體檢修卡輔助測試裝置」之主題進行專題研究，希望組員能積極合作努力，預計以一學期時間完成實際連線測試，進行實體測試模擬考場指定抽選題目功能，使能快速而有效獲知檢修卡製作電路是否滿足指定動作功能。

第2章　理論研究

　　發展專題製作課程的迷思與難題，在於如何以先備的理論知識與實務操作能力作為基礎，以啟迪問題發掘與建立正確解決問題方法，並從中累積經驗以產出具有創新構想的作品，使能符合新穎、實用與改善問題需求之目的。基此，本文擬從探討專題製作相關之IC規格、檢修卡電路解析、PNP電晶體開關電路等基礎理論，落實實務操作與應用觀念，希望有助提升本專題研究之成果。

2-1　IC規格

　　本節針對主題相關IC元件與基本控制電路，提出概要敘述以釐清實務應用與研究之觀念，內容分述如下。

2-1.1　NE555計時器

　　NE555 IC由於穩定度高及工作電源範圍廣，可由+DC4.5V至+DC16V，僅需外加少數外部零件即可運用於振盪電路、單穩態觸發電路，具有很大電流吸收能力，輸出電位可直接與TTL或CMOS數位邏輯相容，是常見且實用的IC。NE555 IC包裝為DIP型態，其符號、腳位及內部構造如圖2-1所示，包含兩個比較器，一個正反器，一個洩放電路經開關之電晶體，三個電阻器及反相器。

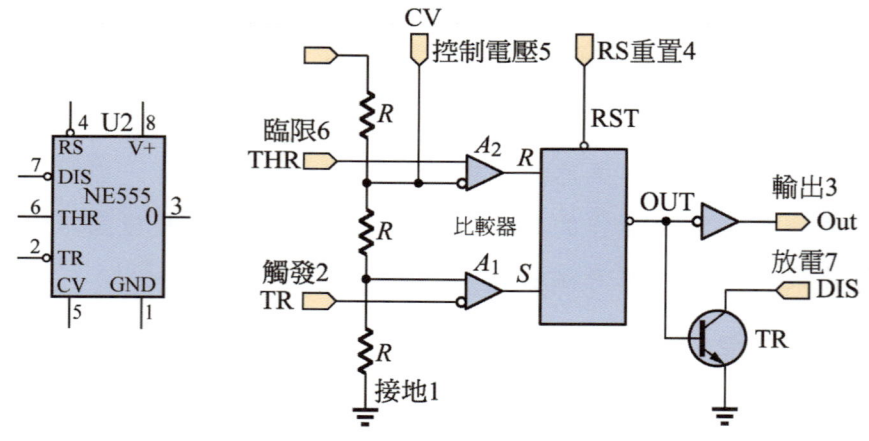

▲ 圖2-1　NE555內部結構圖

1. 腳位功能

   (1) 接地（Ground）／第1腳：通常被連接到電路共同接地。

   (2) 觸發（Trigger）／第2腳：當腳位電位低於（1/3）V_{cc}，觸發比較器輸出 0"，經反相器使輸出端（第3腳）為 1"，觸發信號脈波寬度必須遠小於RC所設定之時間常數值。

   (3) 輸出（Out）／第3腳：提供邏輯電位輸出或脈波信號。

(4) 重置（Reset）/ 第 4 腳：一般均以一電阻器接至 1" 電位，若接至 0" 電位，555 IC 將停止工作使第 3 腳位為 0"。

(5) 控制電壓（Control Voltage）/ 第 5 腳：控制觸發位準及設定臨界電壓值，不使用時須以一個小電容跨接對地去除雜訊干擾。

(6) 臨界鎖定（Threshold）/ 第 6 腳：當此腳位的電位高於（2/3）V_{CC} 時，正反器輸出端為 1" 經反相使輸出端轉態為 0"。

(7) 放電端（Discharge）/ 第 7 腳：此腳位為開集極式端點，提供電容器對地放電開關路徑。

(8) Pin 8（+V_{CC}）/ 第 8 腳：計時器 IC 的正電源電壓端，施加正電壓的範圍介於 +4.5V 至 +16V 之間。

2. NE555 IC 基本振盪器

參考圖 2-2 電路所示，於 t_0 期間 +9V 經 R_1、R_2 對 C_1 充電產生 C_1 端電壓逐漸上升，經內部比較器 A_1 及 A_2 運算後，當 V_{C1} = (2/3) V_{CC} = +6V 時，其第 3 腳位轉態為低電位 0"，V_{C1} 經 R_2 及第 7 腳內部 TR 對地形成放電，於 t_1 期間 V_{C1} 逐漸下降，當 V_{C1} = (1/3) V_{CC} = +3V 時，使第 2 腳被觸發 NE555 第 3 腳輸出轉態為高電位 1"，如此動態循環不停【t_0 = 0.693（R_1 + R_2）C_1，t_1 = 0.693(R_2)C_1，T = t_0 + t_1 ≒ 1.44 /（R_1 + 2R_2）C_1 秒】。

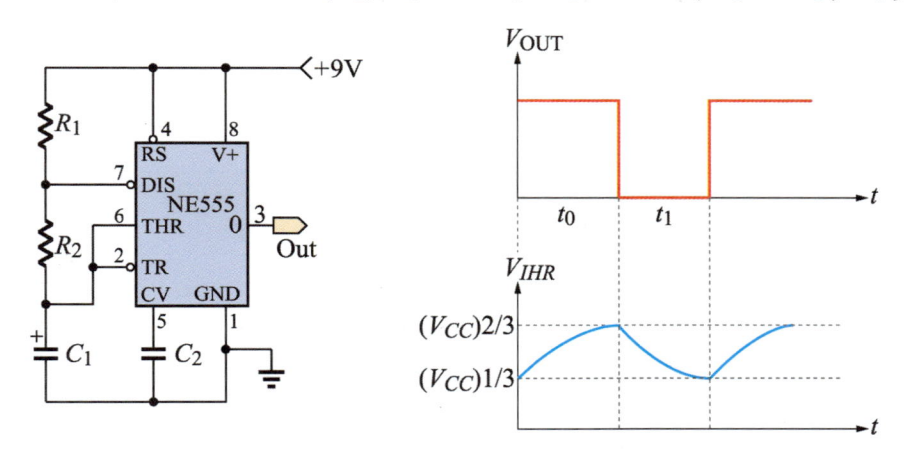

○ 圖 2-2　基本振盪器電路圖

2-1.2　D 型正反器 / 74LS273

74LS273 內部係由八只 D_TYPE 正反器/Flip Flop 所組成，並接受輸入時鐘脈波/$\overline{CLK}$ 負緣觸發方式，將輸入端資料栓鎖/Latch 保持於正反器輸出端/Q，若無 $\overline{CLK}$ 負緣觸發信號輸入，將持續保持目前之狀態，當清除腳位/$\overline{MR}$ = 0" 時輸出/Q 端將全部為 0"，D_TYPE 狀態表如表 2-1 所示，而輸入 74LS273 之腳位與內部構造圖如 2-3 所示。

▼ 表 2-1　74LS273 內部 D_TYPE 狀態表

輸入/INPUT			輸出/OUTPUT
$\overline{MR}$	$\overline{CLK}$	D	Q
L	X（H 或 L）	X（H 或 L）	L
H	↓ 負緣	L	L
H	↓ 負緣	H	H

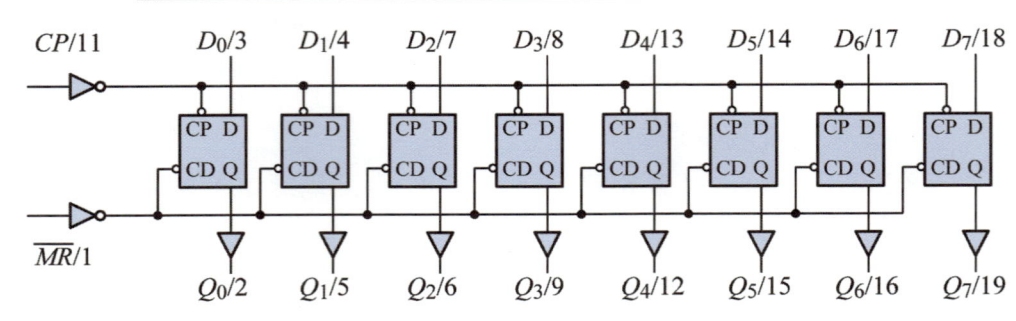

△ 圖 2-3　74LS273 內部結構及腳位圖

2-1.3　三態緩衝器／74LS244

　　74LS244 IC 內部係由兩組三態閘/Tri-State Gate 所組成，每組三態閘各包括四只三態閘。三態閘係指輸出之電位存在 0"與 1"及高阻抗等三種狀態，每組三態閘分別接受致能/Enable 輸入端所控制，當致能/Enable=0"時每只三態閘相當於緩衝器/Buffer，此時輸入與輸出呈現同相電位，若致能/Enable=1"時每只三態閘輸出端呈現高阻抗或開路狀態，74LS244 IC 三態閘之狀態表如表 2-2 所示，內部構造圖及腳位圖如 2-4 所示。

▼ 表 2-2　74LS244 IC 三態閘狀態表

輸入/INPUT		輸出/OUTPUT
$1\overline{G}$、$2\overline{G}$	A	Y
L	L	L
L	H	H
H	X（H 或 L）	高阻抗

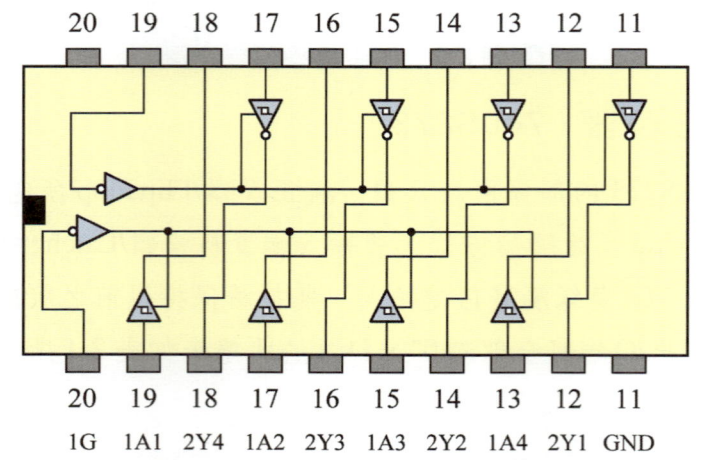

△ 圖 2-4　74LS244 內部結構及腳位圖

2-1.4 主僕式 JK 正反器/ CD4027

CD4027 IC 內部結構含兩只主僕式 JK 正反器，係循序邏輯控制常用的重要元件，由於循序邏輯係依觸發脈波來達到時序變化，若以位準觸發方式無法確定正反器轉態之時間點，因此實際運用方面均以邊緣觸發方式，且 CD4027 IC 正反器均增設預置（Preset）及清除（Clear）功能之腳位，真值表如表 2-3 所示，內部構造圖及腳位圖如 2-5 所示。

▼ 表 2-3　CD4027 IC 真值表

先前狀態				CLK 正緣	目前狀態
輸入/INPUT		預置/ Preset	清除/ Clear		輸出/OUTPUT
J	K				Q_{n+1}
X	X	H	L	X	H
X	X	L	H	X	L
L	L	L	L	⌐	Q_n
L	H	L	L	⌐	L
H_1	L	L	L	⌐	H
H	H	L	L	⌐	$\overline{Q_n}$

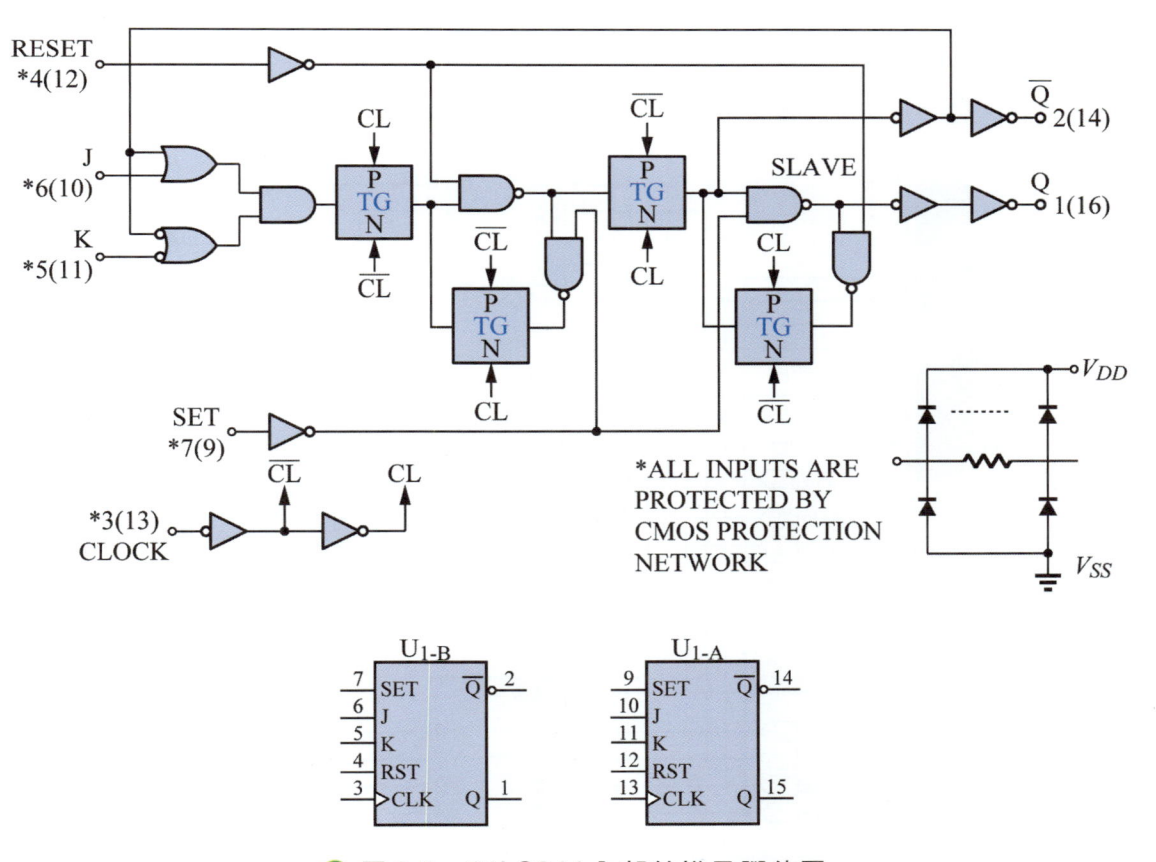

△ 圖 2-5　74LS244 內部結構及腳位圖

2-2 檢修卡電路解析

如圖 2-6 所示之檢修卡製作電路,係透過直流+5V 提供電源,並運用資料栓鎖器 IC(74LS273)驅動發光二極體 LED_1 至 LED_8,與三態資料栓鎖器 IC(74LS244)驅動發光二極體 LED_9 至 LED_{15},二只栓鎖器均有 8 支輸入資料腳位,採依序並接後與印表機連接端座(DB_25P)之位址/資料排線(AD_7 至 AD_0)相接,在 VB 程式中若把相對應之值輸出至 I/O 埠,便可指定至 AD_7~AD_0 腳位。

由 DB_25P 第 16 腳位所提供的 INIT 信號,其 I/O 位址為 37AH Bit2,作為 74LS273 正緣 Clock 時鐘脈衝。設執行 Out&37AH,0 將使 74LS273 Clock 腳位為 0",再執行 Out&378H,204 將會把 $11001100_{(2)}$ =$204_{(10)}$ 的值輸出至資料排線(AD_7 至 AD_0),續執行 Out&37AH,4 以令 74LS273 Clock 腳位為 1" 之正緣時鐘脈衝,74LS273 立即將 $11001100_{(2)}$ 栓鎖輸出。DB_25P 第 17 腳位所提供的 A1 信號,其 I/O 位址為 37AH Bit3,係作為 74LS244 IC 負緣輸出致能(/OE)控制之用。

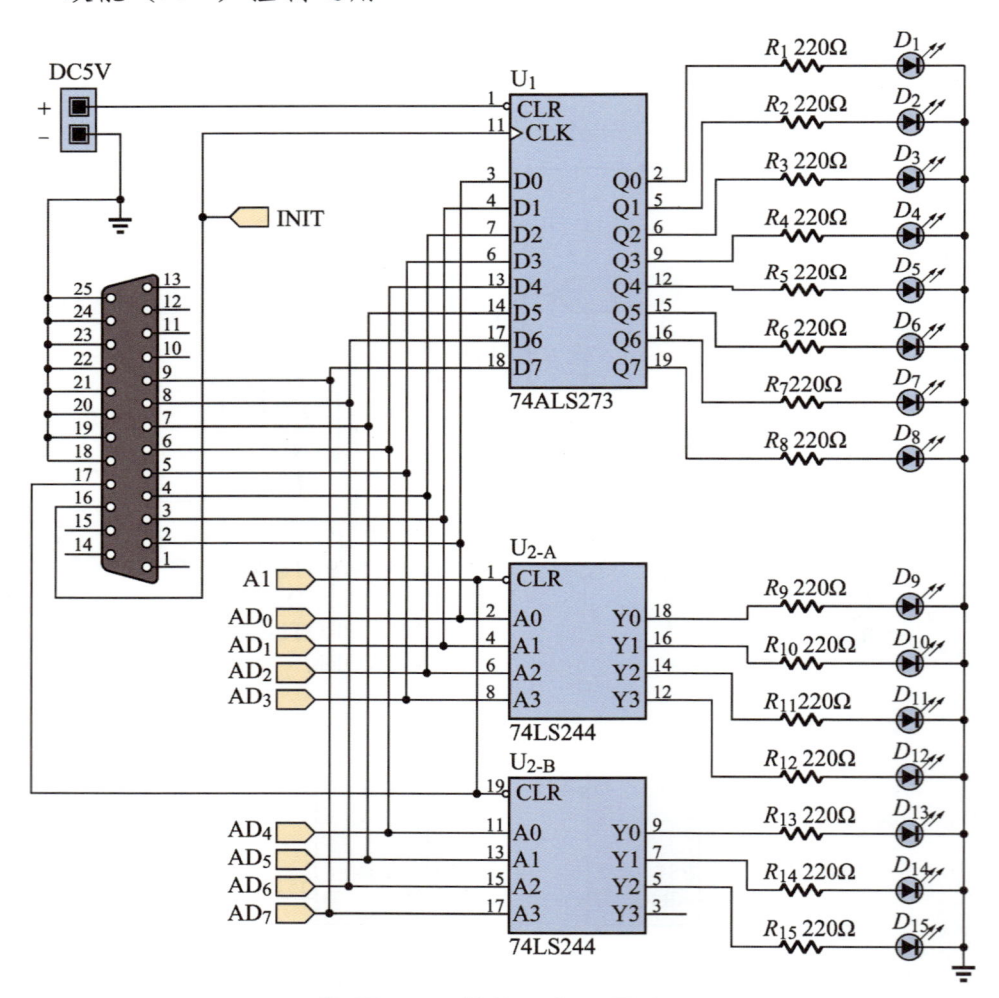

▲ 圖 2-6　檢修卡製作電路圖

2-3 電晶體開關電路

如圖 2-7 所示係以一 a 接點開關提供相同狀態輸入,並運用 PNP 或 NPN 電晶體基本特性予以構想電路,使不同組合之電路於輸出端點,均能呈現出相同狀態之結果,內容分述如後。

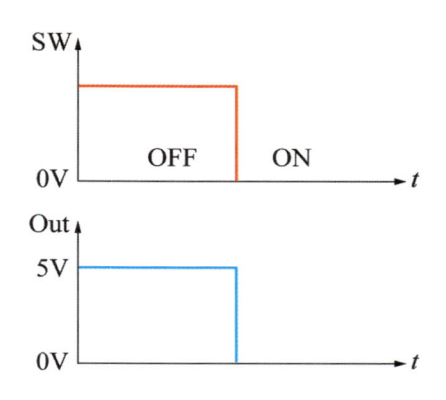

△ 圖 2-7　開關輸入與輸出狀態圖

2-3.1　PNP 與 NPN 電晶體

如圖 2-8 電路所示,以 PNP、NPN 兩只電晶體為主體零件,當輸入開關開路/OFF 時,因 Q_1 基極對地迴路斷路令 Q_1 截止,Q_2 因基極電流為零亦截止;所以 V_{Out} 端電壓為 +5V,發光二極體 LED_1 滅。當輸入開關導通/ON 時電路轉態,輸出端為地電位。

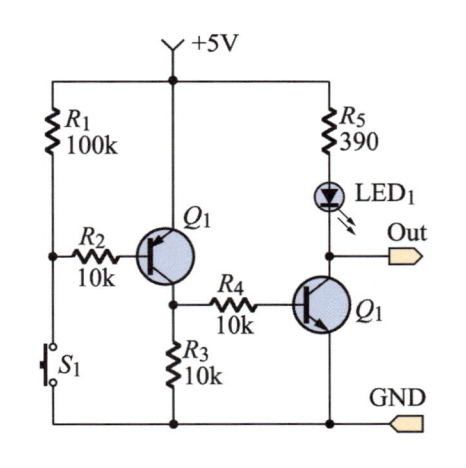

△ 圖 2-8　PNP 與 NPN 組合控制圖 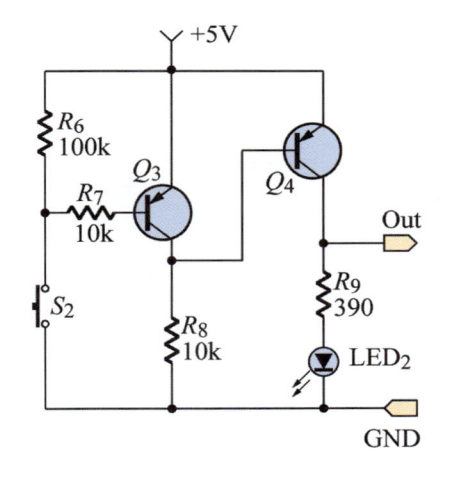　　△ 圖 2-9　PNP 與 PNP 組合控制圖

2-3.2　PNP 與 PNP 電晶體

如圖 2-9 電路所示,以 PNP、PNP 兩只電晶體為主體零件,當輸入開關開路/OFF 時,因 Q_3 基極對地迴路斷路令 Q_3 截止,Q_4 基極電流經 R_8 對地形成迴路而導通,所以 Out 端電壓為+5V,發光二極體 LED_2 亮;當輸入開關導通/ON 時電路轉態,輸出端為地電位。

2-3.3　NPN 與 NPN 電晶體

如圖 2-10 電路所示，當輸入開關開路/OFF 時，+5V 經 R_{10} 提供與 Q_5 基極電流而導通使 Q_6 截止，Out 電壓為 +5V 且發光二極體 LED_3 滅；當輸入開關導通/ON 時，令 Q_5 基極電流為零而截止，+5V 經 R_{11} 提供 Q_6 基極電流而導通發光二極體 LED_3 亮。

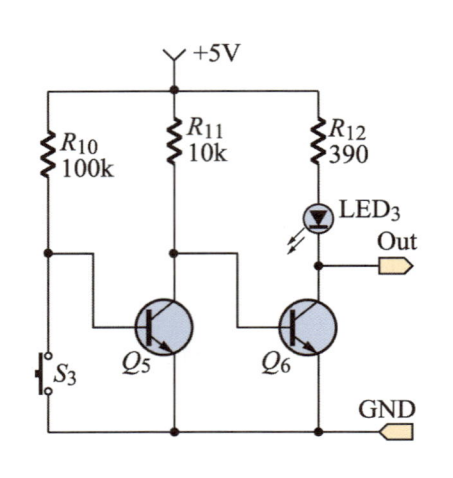

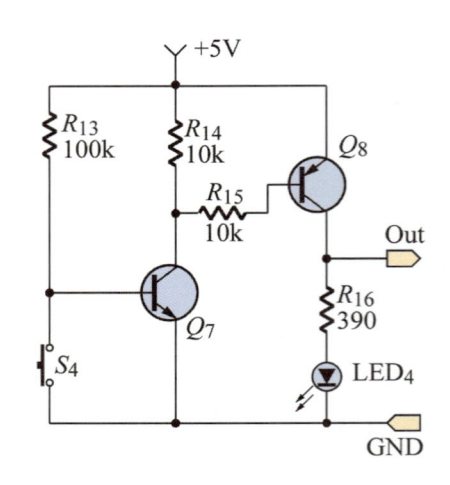

▲ 圖 2-10　NPN 與 NPN 組合控制圖　　▲ 圖 2-11　NPN 與 PNP 組合控制圖

2-3.4　NPN 與 PNP 電晶體

如圖 2-11 電路中所示，當輸入開關開路/OFF 時，因 +5V 經 R_{13} 提供 Q_7 基極電流而導通並使 Q_8 基極電流導通，輸出 Out 端電位為 +5V，經限流電阻 R_{16} 令二極體 LED_4 亮；當輸入開關導通/ON 時，使 Q_7 截止形成 Q_8 基極迴路斷路，Out 端為地電位令 LED_4 滅。

2-4　印表機埠基本介紹

印表機埠一般稱為平行埠/Paralled Port，它具有一次送出或接收 8 位元資料之功能，傳輸資料之速度較序列埠/Serial Port 為快，因此平行埠傳輸多應用於雷射、點撞、噴墨印表機傳輸介面，因其傳輸方式需要多條傳輸路徑造成成本較高，僅限於傳輸距離較短的環境。目前標準的印表機埠/LPT 係指 25 支腳位之 D 型母接頭端座，其外觀如圖 2-12 所示。

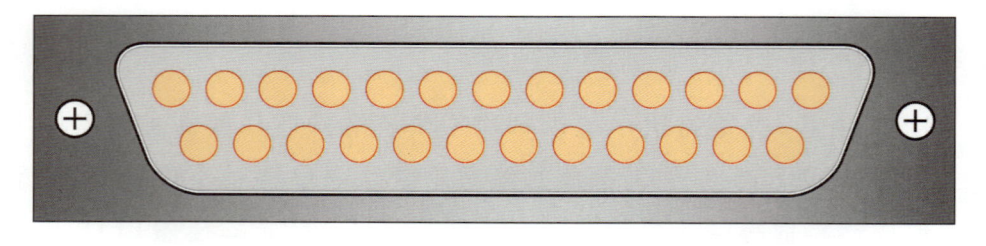

▲ 圖 2-12　印表機 D 型（母頭）端座實體圖

印表機 D 型連接端座共 25 支腳位,含 8 條資料線埠、4 條控制線埠、5 條狀態線埠,其中之 Pin18 至 Pin25 未使用而直接與地電位/GND 連接,以上三組線埠如圖 2-13 所示,必須依據 SPP 模式分別如以下定義,其中 Pin16 腳位採同相方式輸出,而 Pin17 腳位採倒相方式輸出,因此使用時應予以留意。

1. 資料線/D_0 至 D_7:0378H/Pin2 至 Pin9
2. 控制線/C_0 至 C_3:037AH
3. 狀態埠/S_3 至 S_7:0379H

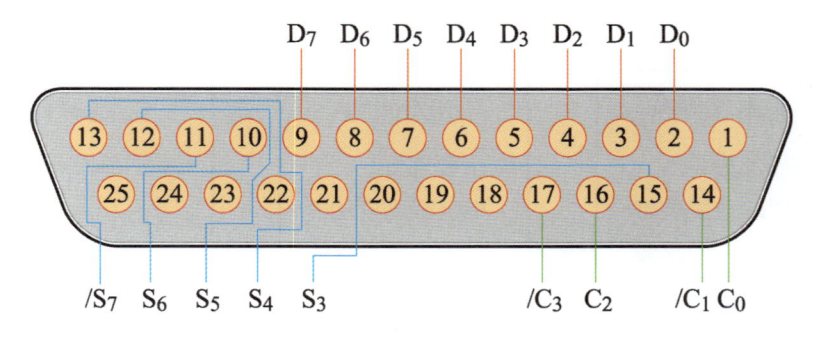

● 圖 2-13　印表機 D 型(母頭)端座腳位圖

第 3 章　研究設計與實施

本專題研究之主要目的，在於構想設計一檢修卡製作輔助測試裝置，主要運用 BCD 指撥開關、數位 IC、單晶片微電腦等元件發展此一研究。本節僅針對研究架構、研究方法、實施研究等三部分提出申論，內容分述如下。

3-1　研究架構

本節根據研究動機、目的與相關理論探討後，確立研究架構如圖 3-1 所示。

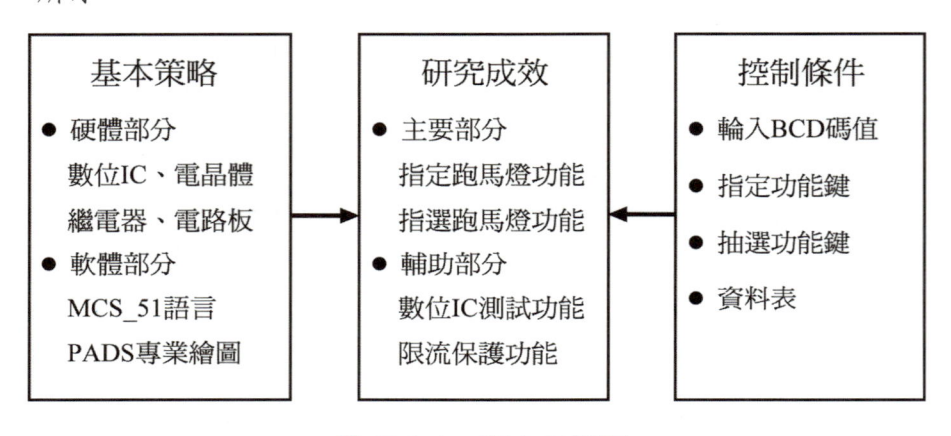

```
┌──────────────┐      ┌──────────────┐      ┌──────────────┐
│   基本策略    │      │   研究成效    │      │   控制條件    │
│ ● 硬體部分    │      │ ● 主要部分    │      │ ● 輸入BCD碼值 │
│   數位IC、電晶體│ ───▶│   指定跑馬燈功能│◀─── │ ● 指定功能鍵  │
│   繼電器、電路板│      │   指選跑馬燈功能│      │ ● 抽選功能鍵  │
│ ● 軟體部分    │      │ ● 輔助部分    │      │ ● 資料表      │
│   MCS_51語言  │      │   數位IC測試功能│      │              │
│   PADS專業繪圖│      │   限流保護功能 │      │              │
└──────────────┘      └──────────────┘      └──────────────┘
```

▲ 圖 3-1　研究架構圖

3-1.1　基本策略

本研究係以電子電路實習課程結合單晶片控制課程，運用單元教學所學專業知識實施分組專題研究，應用基礎數位 IC、電晶體、繼電器與電路焊接工具，結合發展單晶片程式與專業繪圖(PADS4.0)軟體操作技巧，旨在研究一「乙級電腦硬體檢修卡輔助測試裝置」。

3-1.2　研究成效

主要在探討乙級硬體檢修卡電路製作後，透過印表機連接埠與單晶片微電腦連線進行功能檢驗，達到測試檢修卡電路是否符合考場指定功能與抽選功能，並經由數位 IC 測試與限流保護電路之輔助功能，提供學習者能簡便實施製作與快速測試檢修卡電路之效果。

3-1.3　控制條件

控制條件係進行測試檢修卡電路功能時，為避免影響實驗結果而必須加以控制的依據，本研究以 BCD 編碼單元所產生的數碼值，作為對應於單晶片程式語言資料段參考位址，並於參照位址事先建立指定功能與抽選功能資料表。

3-2 研究方法

　　本專題研究係以單元實習課程所學習之專業為基礎，於熟悉常用數位 IC 的特性與基本知識，運用電腦控制課程認識單晶片微電腦程式控制觀念，啟發以組合語言以完成實作控制之練習，增進熟悉基本指令控制與建構硬體電路之應用觀念，經由常態分組進行小組研究，針對課程教學單元範本電路，先於麵包板以實體元件配置，完成單元電路實作與熟練指令操作，經老師指導彙整電子電路與完成程式編輯，經電路實作執行程式驗證功能與修正，透過專業繪圖軟體 PADS4.0 版輔助電路板設計，進而逐一完成實體元件焊接、功能測試與作品包裝。

3-3 實施研究

　　本組根據研究方法發展後續專題研究，主要包括結構、硬體與軟體等三部分，內容分述如後。

3-3.1 結構部分

　　本組專題作品係一種檢修卡製作輔助測試裝置，其實體結構示意圖如圖 3-2 所示。

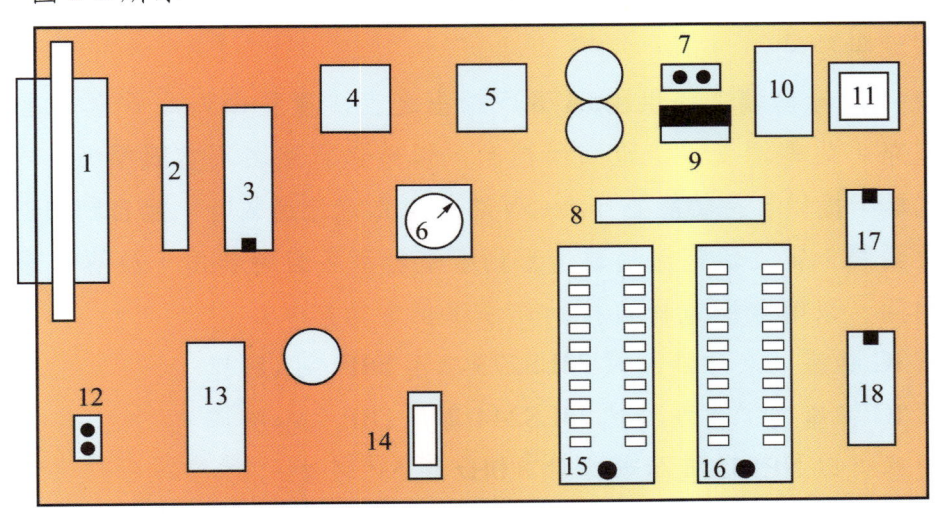

▲ 圖 3-2　實體結構示意圖

【重要構件說明】

1. 列表機端座：以 DB_25B 作為與受測試之硬體檢修卡電路連接。
2. 輸出顯示：以 8 顆 LED 顯示 DB_25B 之資料狀態，當各別資料線電位為 0"則對應之 LED 顯示為亮狀態。
3. 單晶片微電腦：以 DIP_20P 之 AT89C2051 執行程式控制。
4. 指定功能鍵：當此鍵按下 ON"將使單晶片微電腦執行指定跑馬燈之功能，經檢修卡電路所配置之 $D_8 \sim D_1$ 顯示效果。
5. 選定功能鍵：當此鍵按下 ON"將使單晶片微電腦執行抽選題次所對應跑馬燈之功能，經檢修卡電路所配置之 $D_{15} \sim D_9$ 顯示效果。
6. BCD 開關：採單步轉動方式可輸出 0 共 10 撥段之 BCD 數碼。
7. 模式端座：經由此端座所並接之路徑輸入額定直流電源。
8. 測試 IC 狀態顯示：當顯示一致性明滅閃爍狀態，表示測試 IC 屬良品，否則表示受測 IC 以損壞。
9. 直流穩壓 IC：以 μA7805 輸出直流+5V 之穩壓電源，供負載電路（檢修卡測試器電路及檢修卡介面電路）使用。
10. 直流輸入端座：提供簡易式且須高於 6.3V 以上直流電源輸入。
11. 主電源開關：當按下 ON"外加電源供給檢修卡測試器電路，再次按下 OFF"切斷電源供給。
12. 直流+5V 輸出端：提供由 μA7805 輸出之直流穩壓+5V 之電源輸出至檢修卡介面電路，此電源受限流電路所控制，以確保電路之不當毀損。
13. 繼電器：提供自持功能並作為+5V 路徑工作電流過載時，能自動切斷電流路徑。
14. 重置開關：當直流電流過載情形則繼電器產生自持作用，於解除過載之後押下此開關，以解除繼電器自持動作恢復供電功能。
15. 測試 IC 腳座$_1$：作為測試 74LS273 專用 DIP_20PIN 腳座。
16. 測試 IC 腳座$_2$：作為測試 74LS244 專用 DIP_20PIN 腳座。
17. 振盪器：以 NE555 產生頻率約 3.0Hz 之 5V 脈波。
18. 除頻電路：以 CD4027（正反器）達成除頻之功能。

3-3.2 硬體部分

本專題研究系統電路流程如圖 3-3 所示,主要係由波段選擇開關與數位 IC 建構 BCD 編碼器,透過微電腦程式控制監督輸入開關(T_1與T_2)狀態,以對應於當 T_1 開關按入時,令 8 位元資料暫存器驅動 D_1 至 D_8 達成指定跑馬燈動作。另當 T_2 開關按入時,程式依 BCD 碼值對應的資料表起始位址,逐一提取建立的狀態值令 7 位元資料暫存器,驅動 D_9 至 D_{15} 模擬圈選指定跑馬燈動作。

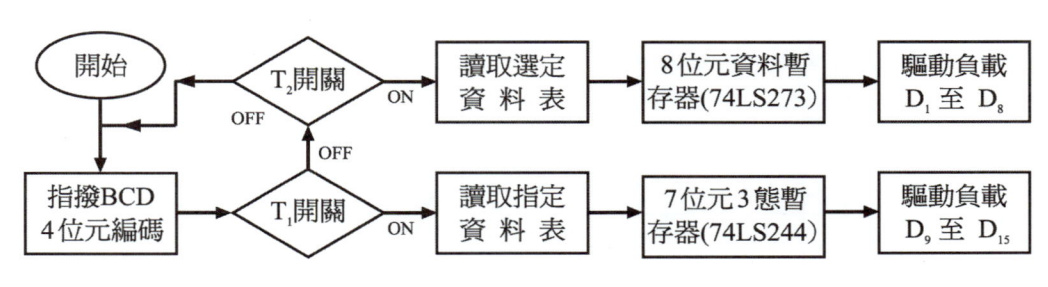

▲ 圖 3-3　系統控制流程圖

3-3.3 軟體部分

本研究繼規畫硬體系統控制流程之後,發展程式流程並轉為 MCS_51 單晶片語言,經由程式編輯、組譯、除錯與燒錄程式過程後,再於麵包板完成實體硬體電路配置,結合執行單晶片程式運作進行作品功能確認與整合週邊控制,以達成構想設計之目的。

第4章　研究成果

本章主要目的在呈現研究—「乙級硬體檢修卡製作電路輔助測試裝置」之專題研究成果，主要內容分微電腦控制電路、過載保護電路及IC測試電路、MCS_51程式流程及程式設計與實體電路配置等小節，內容分述如下。

4-1 微電腦控制電路

本文以AT89C2051單晶片微電腦為控制電路主要元件，運用I/O埠腳位並接於DB_25B端座，再經由印表機連線完成與檢修卡電路相接，以提供簡易測試檢修卡電路是否符合指定功能，主要電路如圖4-1所示。

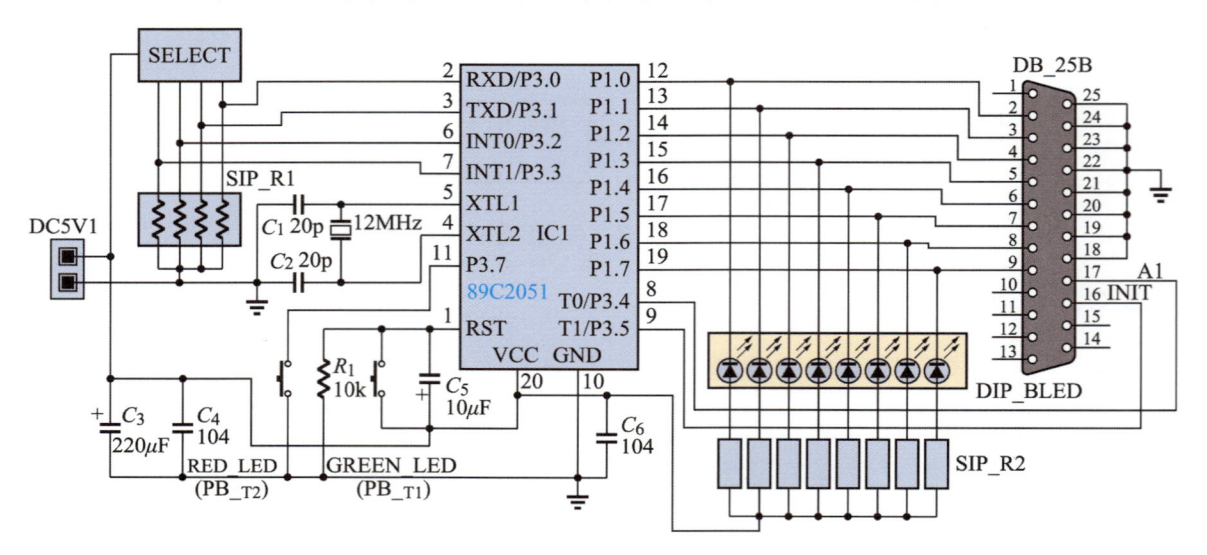

△ 圖4-1　微電腦控制電路圖

圖4-1電路以AT_89C2051單晶片微電腦為電路核心，執行程式控制結果經印表機連接端座（DB_25B）腳位輸出，透過排線與檢修卡連接以進行動態功能檢測，檢測電路如圖4-2所示，首先運用一只手動式共10波段式BCD編碼功能，由Y_0至Y_3腳位分別與AT_89C2051微電腦P3.0至P3.3腳位連接，提供執行微電腦程式指令參照的基準。

因受單晶片微電腦/AT_89C2051腳位數所限，分別以重置Reset腳位透過開關（PB_{T1}）作為「指定功能」之確認，與P3.7腳位所連接的開關（PB_{T2}）作為「選定功能」之確認。當PB_{T1}按下導通使系統重置時，程式將令DIP_{8LED}達成由左至右指定跑馬燈之功能；當PB_{T2}按下導通時，微電腦將依74LS147 IC所輸出之BCD碼作為程式資料段參考位址，正確對應已建立的10種跑馬燈狀態值之路徑，依據狀態值長度逐筆讀取以驅動DIP_{8LED}，令DIP_{8LED}達成10種選定之跑馬燈動作，符合模擬檢定試題共10題由考生親自抽選其中一題之指定功能。

4-2 過載保護與 IC 測試電路

　　過載保護及 IC 測試電路如圖 4-2 所示，其中過載保護電路係由然納二極體、PNP 電晶體與一只二 ab 接點繼電器所組成，主要在提供當人為操作所引生製作檢修卡所存在電路短路的情形，使能自動切斷輸出電流形成保護電路之功能，並以手動開關（RST）執行重置之功能；圖 4-2 電路中以限流電阻 R_3 經繼電器 b 接點，提供 +DC5V 電源至 $DC_{O/P}$ 端座連接至負載/檢修卡電路，電路運用一 DC3.1V 之然納二極體/ZD_1 串接電阻/R_7 至 PNP 電晶體基極，使於當負載/檢修卡電路電流過載時，提供電晶體基極電流/I_B 之路徑，使電晶體進入導通狀態，並驅動繼電器轉態形成自持作用，同時中斷 +DC5V 電源輸出至檢修卡電路，以確保負載電路之安全。

　　圖 4-2 中所示另一部份為 IC 測試電路，係由一只 NE555 IC、CD4027/JK 正反器與兩只雙排列/DIP_{20P} 腳位之活動腳座所構成，主要針對檢修卡電路須用兩只 74LS273、74LS244 IC 提供簡易檢測其功能是否正常之目的。電路係由 NE555 IC、電阻器/R_2、R_3、電容器/C_7 構成無穩態振盪電路，提供約 3Hz 之脈波作為觸發信號，經由另一只正反器 IC/CD4027 達成除頻功能，並於活動式 IC 腳座分別將二只 IC 資料輸入端並接一起，分別與除頻電路正反相兩輸出端相連接，而二只 IC 共 16 支輸出腳位各對應於 16 只 LED 為負載，其中 74LS273 脈波輸入端與 NE555 輸出端相接，且直接將低電位清除控制端連接至 +V_{CC} 端，另外 74LS244 低電位致能控制端亦直接接地電位，達到可隨意簡易測試 74LS273 或 74LS244 IC 是否具有功能正常之目的。

　　當 74273 IC 或 74244 IC 分別妥置於指定的活動式腳座後，經由指示燈（LED_2 至 LED_9）顯示出一致性閃爍之動態效果，表示該只 IC 認定正常功能。反之，若顯示出非一致性閃爍狀態，表示該只 IC 認定非正常功能。所以只要將受測 IC 妥置於活動式 IC 腳座上，於 LED 顯示同時閃爍作用，表示該受測 IC 之功能正常，若 LED 顯示非同時閃爍作用，表示該受測 IC 之功能不正常。

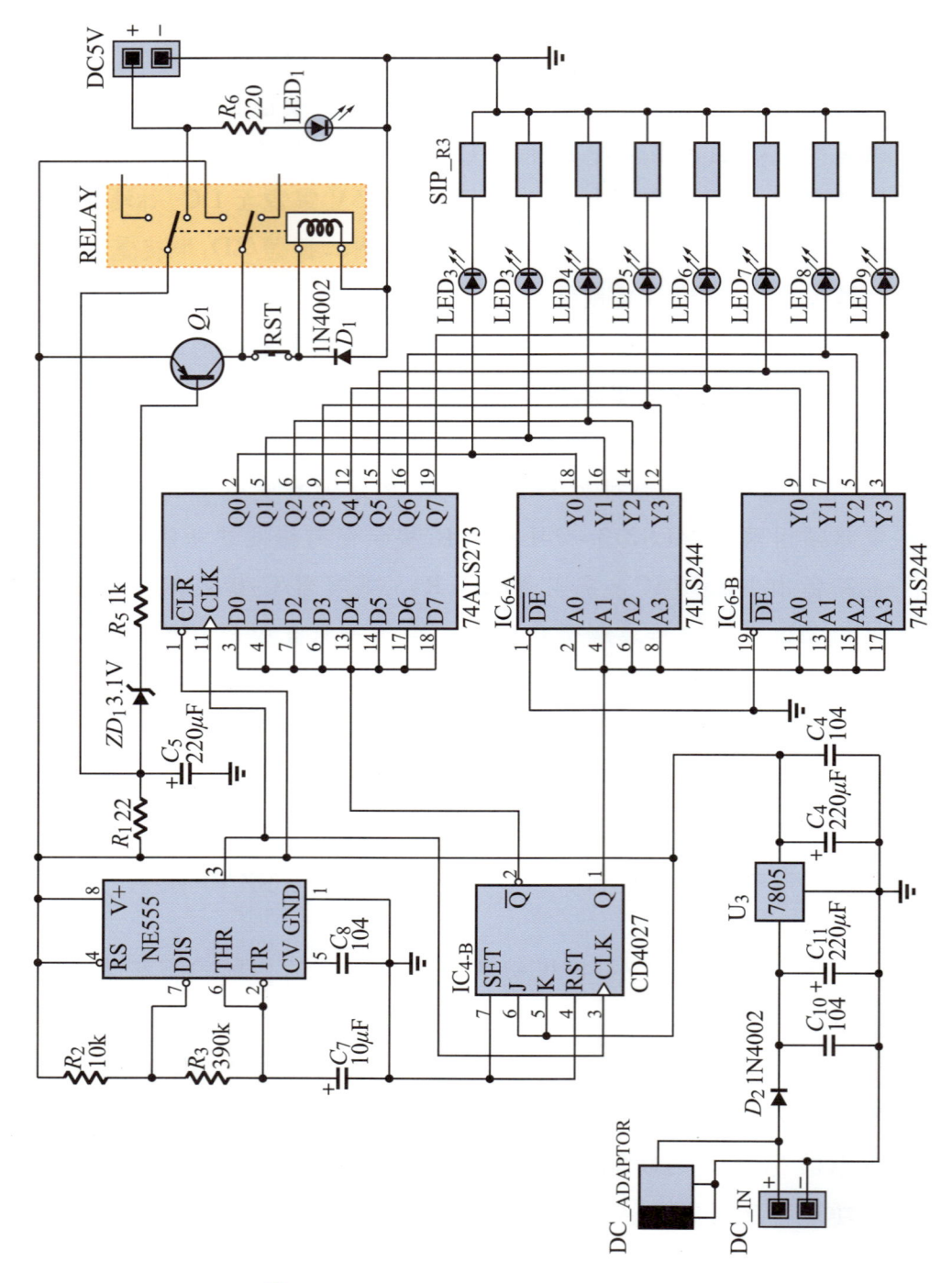

圖 4-2　過載保護與 IC 測試電路圖

4-3 MCS_51 程式流程

本文敘述單晶片 / AT89C2051 微電腦程式流程，如圖 4-3 所示：

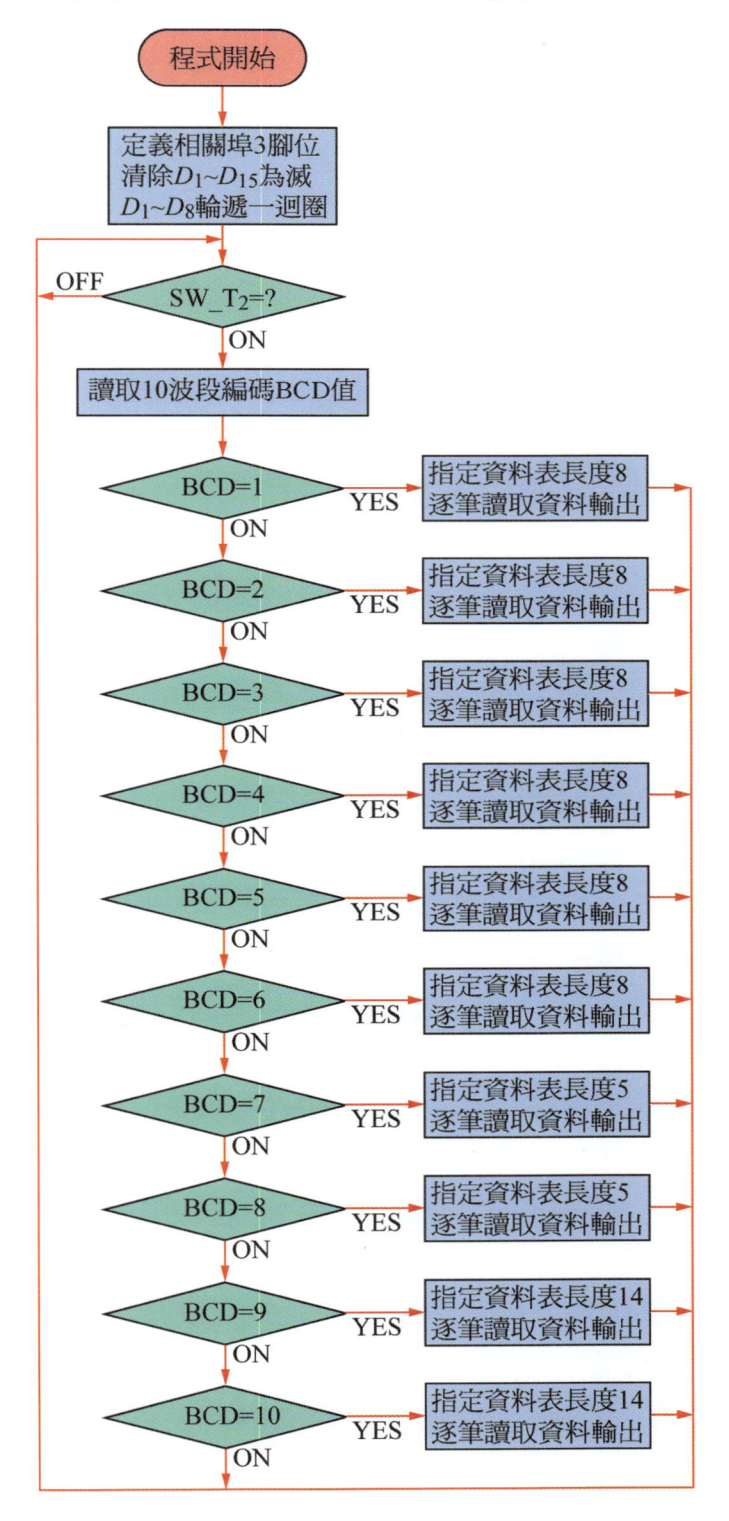

```
程式開始
   ↓
定義相關埠3腳位
清除 D₁~D₁₅為滅
D₁~D₈輪遞一迴圈
   ↓
SW_T₂=? ──OFF──┐
   │ON         │
   ↓           │
讀取10波段編碼BCD值│
   ↓           │
BCD=1 ──YES──→ 指定資料表長度8  ─┐
   │ON                        逐筆讀取資料輸出 │
   ↓                                        │
BCD=2 ──YES──→ 指定資料表長度8  ─┤
   │ON                        逐筆讀取資料輸出 │
   ↓                                        │
BCD=3 ──YES──→ 指定資料表長度8  ─┤
   │ON                        逐筆讀取資料輸出 │
   ↓                                        │
BCD=4 ──YES──→ 指定資料表長度8  ─┤
   │ON                        逐筆讀取資料輸出 │
   ↓                                        │
BCD=5 ──YES──→ 指定資料表長度8  ─┤
   │ON                        逐筆讀取資料輸出 │
   ↓                                        │
BCD=6 ──YES──→ 指定資料表長度8  ─┤
   │ON                        逐筆讀取資料輸出 │
   ↓                                        │
BCD=7 ──YES──→ 指定資料表長度5  ─┤
   │ON                        逐筆讀取資料輸出 │
   ↓                                        │
BCD=8 ──YES──→ 指定資料表長度5  ─┤
   │ON                        逐筆讀取資料輸出 │
   ↓                                        │
BCD=9 ──YES──→ 指定資料表長度14 ─┤
   │ON                        逐筆讀取資料輸出 │
   ↓                                        │
BCD=10 ──YES──→ 指定資料表長度14 ─┤
   │ON                        逐筆讀取資料輸出 │
   ↓_____│
```

▲ 圖 4-3　微電腦程式流程圖

4-4 MCS_51 程式設計

```
;--------------------------------------------------
          ORG       00H
          AJMP      MAIN
;--------------------------------------------------
S_A1      REG       P3.4              ;負緣致能輸出(74244_/OE)
INIT      REG       P3.5              ;正緣觸發（74273_CLK）
SW_T2     REG       P3.7              ;個別籤選功能確認
ST        EQU       5FH               ;堆_疊暫存器起始位址（60H）
          ORG       20H
MAIN      MOV       R1,#FFH           ;檢修卡 LED（D1 至 D8）OFF
          SETB      S_A1              ;令 74244_/OE 除能
          CLR       A
          ACALL     DOUT_T1
;------------- LED（D1 至 D8）輪遞一迴---------------
          SETB      C                 ;設定進位旗號位元為〝1〞
          MOV       R2,#08            ;輪遞一迴（8SETEP）計數器
          MOV       R1,#00
NEXT0     MOV       A,R1
          RLC A                       ;累加器（ACC）左旋 1 位元
          MOV       R1,A              ;累加器（ACC）內容移入 R1
          ACALL     DOUT_T1           ;輸出 LED（D1 至 D8）狀態
          ACALL     DEL1SEC           ;延時 1SEC（STEP）
          JNC       NEXT0             ;待左旋 8 位元（位元/次）
          AJMP      CHK_SW
;--------------------------------------------------
DOUT_T1   CLR       INIT
          MOV       P1,A
          SETB      INIT              ;產出 74HC273_CLK 信號
          CLR       INIT
          RET
;----------------- 偵測 T2 開關狀態------------------
CHK_SW    SETB      SW_T2
          JNB       SW_T2,SW_SEL      ;當 SW_T2 按下？
          AJMP      CHK_SW
;-------------------- 延時副程式--------------------
DEL1SEC   MOV       R7,#5
L1        MOV       R6,#200
L2        MOV       R5,#250
          DJNZ      R5,$
          DJNZ      R6,L2
          DJNZ      R7,L1
          RET
;----------------- 偵測輸入選擇開關-------------------
SW_SEL    MOV       A,P3              ;載入 BCD 碼
          CPL       A                 ;取補數
          ANL       A,#0FH            ;僅保留低 4 位元狀態值
          MOV       R3,A
          XRL       A,#00H
          JZ        LP_T201           ;當選擇第 1 題程式
          MOV       A,R3
          XRL       A,#01H
          JZ        LP_T202           ;當選擇第 2 題程式
```

```
            MOV     A,R3
            XRL     A,#02H
            JZ      LP_T203         ;當選擇第 3 題程式
            MOV     A,R3
            XRL     A,#03H
            JZ      LP_T204         ;當選擇第 4 題程式
            MOV     A,R3
            XRL     A,#04H
            JZ      LP_T205         ;當選擇第 5 題程式
            MOV     A,R3
            XRL     A,#05H
            JZ      LP_T206         ;當選擇第 6 題程式
            MOV     A,R3
            XRL     A,#06H
            JZ      LP_T207         ;當選擇第 7 題程式
            MOV     A,R3
            XRL     A,#07H
            JZ      LP_T208         ;當選擇第 8 題程式
            MOV     A,R3
            XRL     A,#08H
            JZ      LP_T209         ;當選擇第 9 題程式
            MOV     A,R3
            XRL     A,#09H
            JZ      LP_T210         ;當選擇第 10 題程式
            AJMP    CHK_SW
;--------------排序個別籤選功能輸出--------------------
LP_T201     MOV     R4,#8           ;第 1 題跑馬燈資料長度
            MOV     DPTR,#DTA_201
            ACALL   DAT_R
            AJMP    CHK_SW
LP_T202     MOV     R4,#8           ;第 2 題跑馬燈資料長度
            MOV     DPTR,#DTA_202
            ACALL   DAT_R
            AJMP    CHK_SW
LP_T203     MOV     R4,#8           ;第 3 題跑馬燈資料長度
            MOV     DPTR,#DTA_203
            ACALL   DAT_R
            AJMP    CHK_SW
LP_T204     MOV     R4,#8           ;第 4 題跑馬燈資料長度
            MOV     DPTR,#DTA_204
            ACALL   DAT_R
            AJMP    CHK_SW
LP_T205     MOV     R4,#8           ;第 5 題跑馬燈資料長度
            MOV     DPTR,#DTA_205
            ACALL   DAT_R
            AJMP    CHK_SW
LP_T206     MOV     R4,#8           ;第 6 題跑馬燈資料長度
            MOV     DPTR,#DTA_206
            ACALL   DAT_R
            AJMP    CHK_SW
LP_T207     MOV     R4,#5           ;第 7 題跑馬燈資料長度
            MOV     DPTR,#DTA_207
            ACALL   DAT_R
            AJMP    CHK_SW
LP_T208     MOV     R4,#5           ;第 8 題跑馬燈資料長度
```

```asm
            MOV     DPTR,#DTA_208
            ACALL   DAT_R
            AJMP    CHK_SW
LP_T209     MOV     R4,#14              ;第9題跑馬燈資料長度
            MOV     DPTR,#DTA_209
            ACALL   DAT_R
            AJMP    CHK_SW
LP_T210     MOV     R4,#14              ;第10題跑馬燈資料長度
            MOV     DPTR,#DTA_210
            ACALL   DAT_R
            AJMP    CHK_SW
;-----------------輸出跑馬燈資料-----------------
DAT_R       MOV     R0,#00H
LP_R        SETB    S_A1                ;令74244腳位（/OE）除能
            MOV     A,R0
            MOVC    A,+DPTR
            MOV     P1,A
            INC     R0
            CLR     S_A1                ;令74244腳位（/OE）致能
            ACALL   DEL1SEC
            DJNZ    R4,LP_R
            RET
;-----------------個別抽題資料表-----------------
DTA_201     DB      00000001B           ;第1題跑馬燈資料表
            DB      00000010B
            DB      00000100B
            DB      00001000B
            DB      00010000B
            DB      00100000B
            DB      01000000B
            DB      00000000B
DTA_202     DB      01000000B           ;第2題跑馬燈資料表
            DB      00100000B
            DB      00010000B
            DB      00001000B
            DB      00000100B
            DB      00000010B
            DB      00000001B
            DB      00000000B
DTA_203     DB      00000011B           ;第3題跑馬燈資料表
            DB      00000110B
            DB      00001100B
            DB      00011000B
            DB      00110000B
            DB      01100000B
            DB      01000000B
            DB      00000000B
DTA_204     DB      01100000B           ;第4題跑馬燈資料表
            DB      00110000B
            DB      00011000B
            DB      00001100B
            DB      00000110B
            DB      00000011B
            DB      00000001B
            DB      00000000B
```

```
DTA_205    DB    00000001B                ;第 5 題跑馬燈資料表
           DB    00000011B
           DB    00000111B
           DB    00001111B
           DB    00011111B
           DB    00111111B
           DB    01111111B
           DB    00000000B
DTA_206    DB    01000000B                ;第 6 題跑馬燈資料表
           DB    01100000B
           DB    01110000B
           DB    01111000B
           DB    01111100B
           DB    01111110B
           DB    01111111B
           DB    00000000B
DTA_207    DB    00001000B                ;第 7 題跑馬燈資料表
           DB    00010100B
           DB    00100010B
           DB    01000001B
           DB    00000000B
DTA_208    DB    01000001B                ;第 8 題跑馬燈資料表
           DB    00100010B
           DB    00010100B
           DB    00001000B
           DB    00000000B
DTA_209    DB    00000001B                ;第 9 題跑馬燈資料表
           DB    00000010B
           DB    00000100B
           DB    00001000B
           DB    00010000B
           DB    00100000B
           DB    01000000B
           DB    00100000B
           DB    00010000B
           DB    00001000B
           DB    00000100B
           DB    00000010B
           DB    00000001B
           DB    00000000B
DTA_210    DB    01000000B                ;第 10 題跑馬燈資料表
           DB    00100000B
           DB    00010000B
           DB    00001000B
           DB    00000100B
           DB    00000010B
           DB    00000001B
           DB    00000010B
           DB    00000100B
           DB    00001000B
           DB    00010000B
           DB    00100000B
           DB    00000000B
           DB    00000000B
           END
```

第 5 章　結論與建議

本章內容主要透過研究基礎專業理論，將實施乙級電腦硬體檢修訓練過程所發現之問題，運用單元實務操作課程所習得之專業知識，經書面資料彙整編輯、電子電路實作、撰寫組合程式、實體零件配置與焊接等過程，完成「乙級硬體檢修卡製作輔助測試裝置」之研究，提出研究結論與後續研究的建議。

5-1 結論

專題作品於全國中小學分區競賽期間，承蒙評審專家予以肯定獲選優勝，並給予諸多具體改善建議，使於原作品為基礎之上，能進一步擴展出IC測試、電源短路保護兩項功能，並加強整體作品包裝。經過與指導老師研究之後，最終實踐了評審所給予改進重點，使作品更符合實用與解決問題的價值。在老師指導之下經過一個學期時間完成此專題研究，製作出乙級電腦硬體檢修卡輔助測試裝置，作品經實際進行作品連線測試結果，存在以下研究發現：

1. 按下測試器 T_1 開關，可清楚瞭解「檢修卡製作電路」LED_1 至 LED_8 具體電路迴路或極性是否正常？與按下測試器 T_2 開關，可清楚瞭解「檢修卡製作電路」LED_9 至 LED_{15} 具體電路迴路或極性是否正常？顯見本組作品具有創新性。
2. 因檢修卡製作電路須透過電腦執行 Visual Basic 或 C 語言所撰寫的程式，始能檢驗實體「檢修卡製作」是否功能正常的不方便性，提供了簡易、快速測試的便利，對提增檢修卡製作課程學習與訓練很有幫助，顯見本組作品具有操作便利性。
3. 本組作品電路簡易且材料取得容易、製作成本低、有效提供學生進階學習光機電控制的良好題材，更能有效激發創作思考潛能，顯見本組作品具有增進專業學習教材的功能性。

5-2 建議

研究專題製作期間，由於缺乏整合測試、作品包裝、撰寫 Visual Basic 程式與操作 PADS PCB-4.0 專業軟體經驗，讓老師投入很大心血給予指導後受益良多，當作品完成後透過多次臨場演示過程並接受成員與導師提問，對陳述作品特性與個人語文表達能力不足，令人印象深刻。

專題研究初期，原本僅針對如何有效縮短學習者浪費於檢修卡製作須重複操作與檢驗功能的過程，卻無法增進作品功能趨於自動分析、紀錄檢修卡電路動態特性，如何有效縮減專題作品的實際空間達到更精緻，如何在製作的成本考量趨於精簡，將是後續研究與探討的重點。

參考文獻

1. 吳一農（民96），8051單晶片實務與應用。台北：台科大圖書股份有限公司。
2. 林豐隆（民89），專題製作。台北：雙日文化事業無限公司。
3. 林明德（民92），電子電路應用-專題製作。台北：台科大圖書股份有限公司。
4. 林明德（民95），我國高職資訊科「專題製作」教材發展及其對創造力影響之研究。國立台北科技大學技術及職業教育研究所碩士論文。
5. 林榮耀（民96），中華民國第四十六屆科學展覽會參展作品專輯-高中職組。台北：國立台灣科學教育館。
6. 黃文良（民90），專題製作及論文寫作及指導手冊。台北：東華書局。
7. 葉瑞鑫（民82），產品設計及專題製作。台北：儒林圖書有限公司。
8. 劉炳麟、李雪銀（民88），專題製作。台北：儒林圖書有限公司。

附錄

1. 檢修卡製作電路實體（頂視）圖

2. 檢修卡製作電路實體（底視）圖

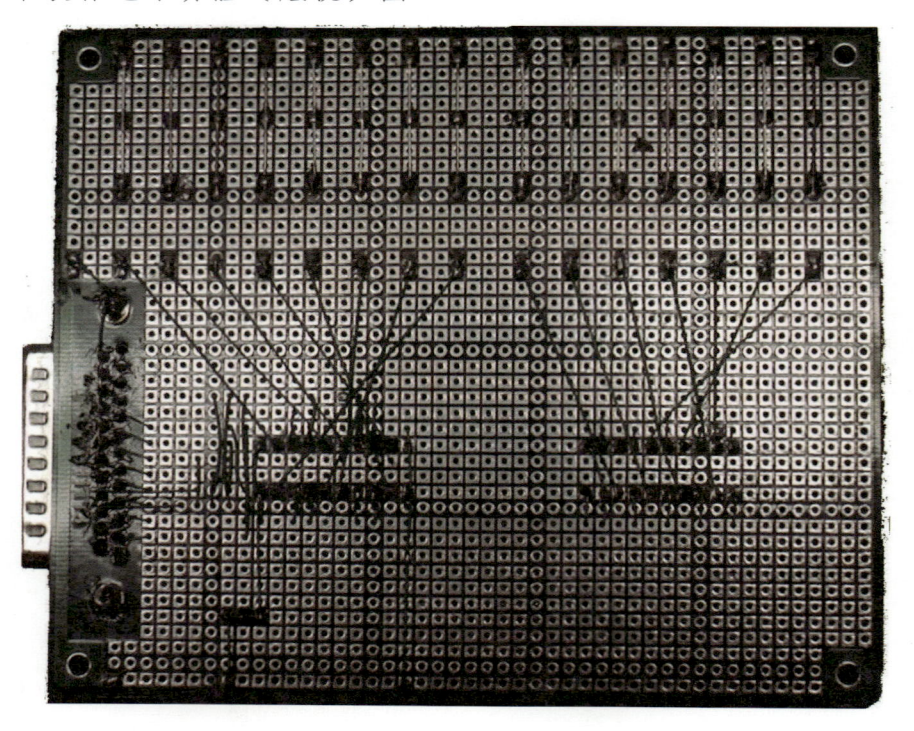

3. 檢修卡測試電路實體（頂視）圖

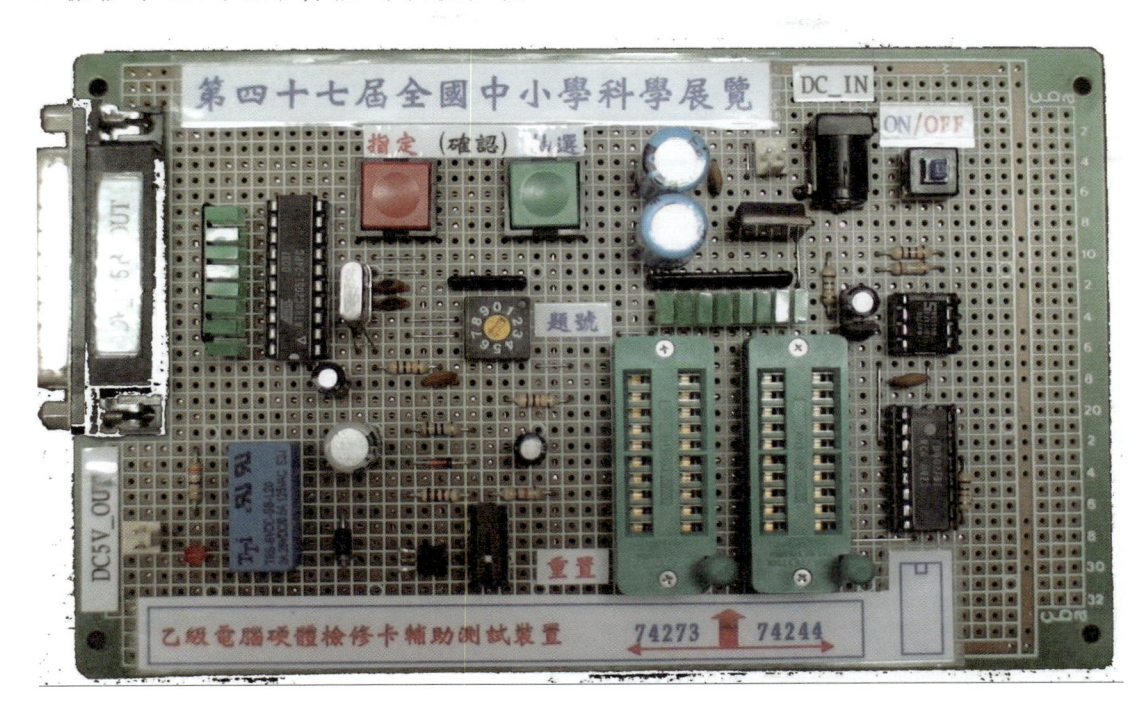

4. 檢修卡測試電路實體（底視）圖

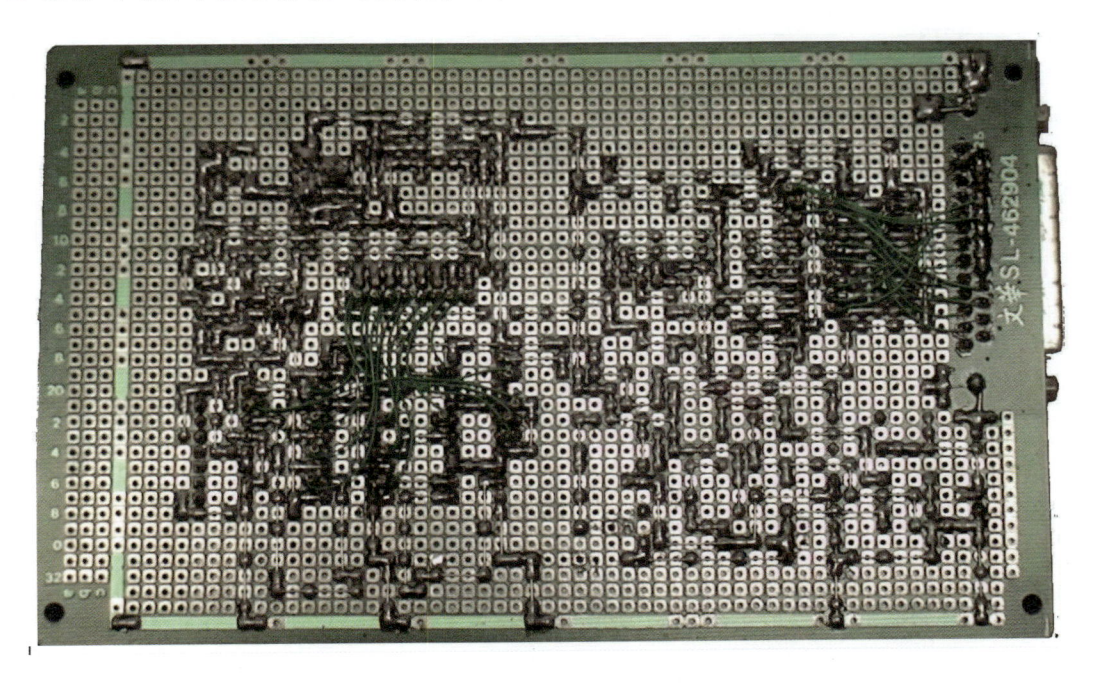

5. 74LS273 IC 特性

SN54273, SN54LS273, SN74273, SN74LS273
OCTAL D-TYPE FLIP-FLOP WITH CLEAR

SDLS090 – OCTOBER 1976 – REVISED MARCH 1988

- Contains Eight Flip-Flops With Single-Rail Outputs
- Buffered Clock and Direct Clear Inputs
- Individual Data Input to Each Flip-Flop
- Applications Include:
    Buffer/Storage Registers
    Shift Registers
    Pattern Generators

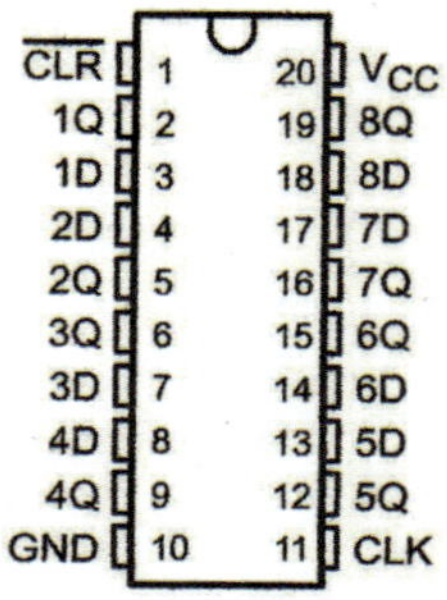

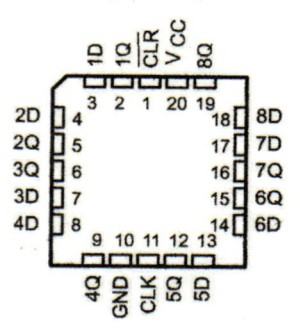

description

These monolithic, positive-edge-triggered flip-flops utilize TTL circuitry to implement D-type flip-flop logic with a direct clear input.

Information at the D inputs meeting the setup time requirements is transferred to the Q outputs on the positive-going edge of the clock pulse. Clock triggering occurs at a particular voltage level and is not directly related to the transition time of the positive-going pulse. When the clock input is at either the high or low level, the D input signal has no effect ar the output.

These flip-flops are guaranteed to respond to clock frequencies ranging form 0 to 30 megahertz while maximum clock frequency is typically 40 megahertz. Typical power dissipation is 39 milliwatts per flip-flop for the '273 and 10 milliwatts for the 'LS273.

FUNCTION TABLE (each flip-flop)

INPUTS			OUTPUT
CLEAR	CLOCK	D	Q
L	X	X	L
H	↑	H	H
H	↑	L	L
H	L	X	Q_0

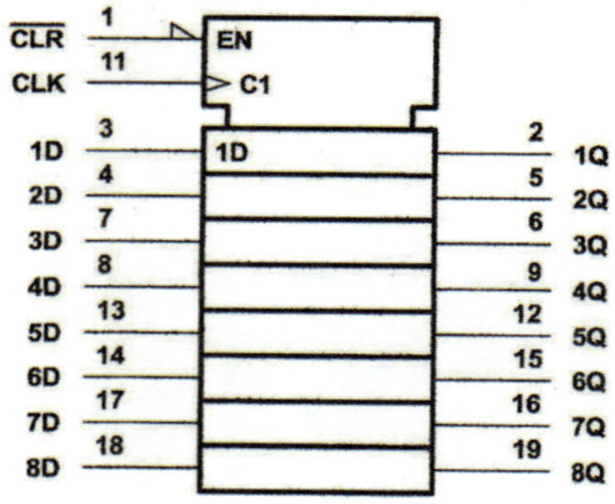

† This symbol is in accordance with ANSI/IEEE Std. 91-1984 and IEC Publication 617-12.
Pin numbers shown are for the DW, J, N, and W packages.

Copyright © 1988, Texas Instruments Incorporated

TEXAS INSTRUMENTS
POST OFFICE BOX 655303 • DALLAS, TEXAS 75265

SN54273, SN54LS273, SN74273, SN74LS273
OCTAL D-TYPE FLIP-FLOP WITH CLEAR

SDLS090 – OCTOBER 1976 – REVISED MARCH 1988

schematics of inputs and outputs

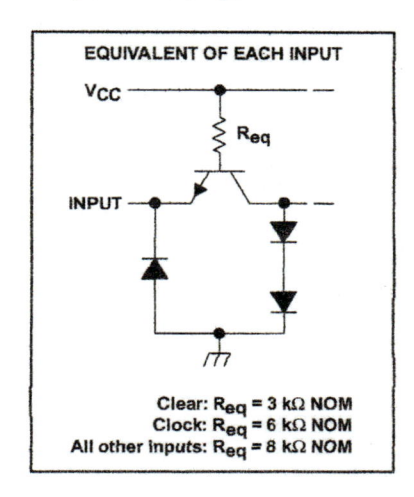

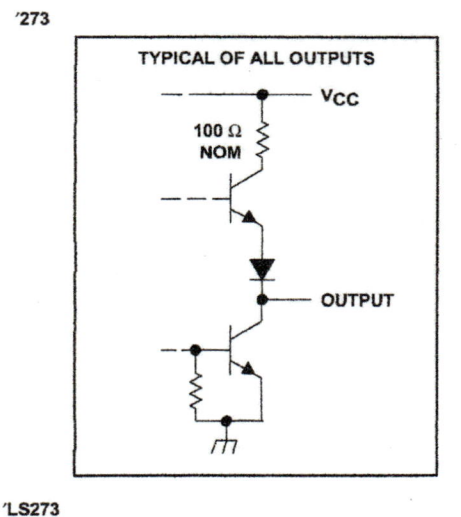

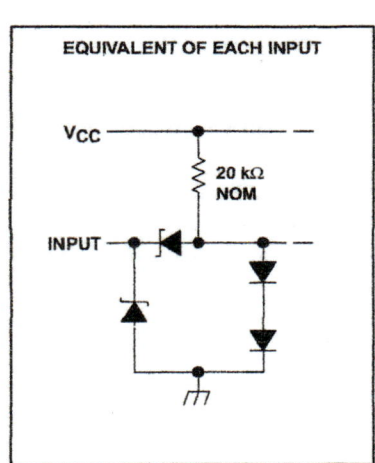

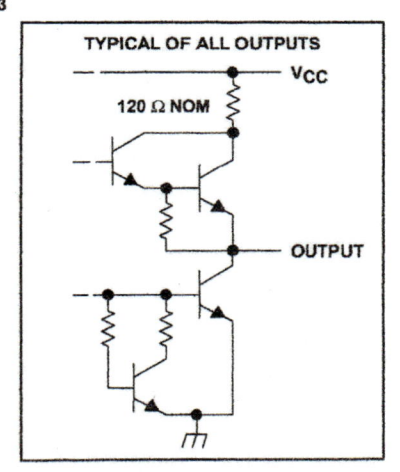

'273

EQUIVALENT OF EACH INPUT

Clear: R_{eq} = 3 kΩ NOM
Clock: R_{eq} = 6 kΩ NOM
All other inputs: R_{eq} = 8 kΩ NOM

TYPICAL OF ALL OUTPUTS — 100 Ω NOM

'LS273

EQUIVALENT OF EACH INPUT — 20 kΩ NOM

TYPICAL OF ALL OUTPUTS — 120 Ω NOM

logic diagram (positive logic)

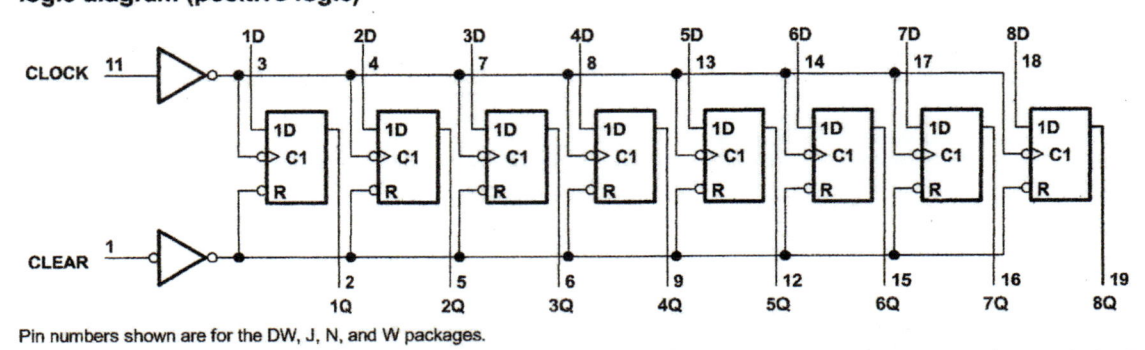

Pin numbers shown are for the DW, J, N, and W packages.

TEXAS INSTRUMENTS
POST OFFICE BOX 655303 • DALLAS, TEXAS 75265

SN54273, SN54LS273, SN74273, SN74LS273
OCTAL D-TYPE FLIP-FLOP WITH CLEAR

SDLS090 – OCTOBER 1976 – REVISED MARCH 1988

absolute maximum ratings over operating free-air temperature range (unless otherwise noted)

Supply voltage, V_{CC} (see Note 1) .... 7 V
Input voltage .... 5.5 V
Operating free-air temperature range, T_A: SN54273 .... −55°C to 125°C
                                              SN74273 .... 0°C to 70°C
Storage temperature range .... −65°C to 150°C

NOTE 1: Voltage values are with respect to network ground terminal.

recommended operating conditions

		SN54273 MIN	SN54273 NOM	SN54273 MAX	SN74273 MIN	SN74273 NOM	SN74273 MAX	UNIT
Supply voltage, V_{CC}		4.5	5	5.5	4.75	5	5.25	V
High-level output current, I_{OH}				−800			−800	µA
Low-level output current, I_{OL}				16			16	mA
Clock frequency, f_{clock}		0		30	0		30	MHz
Width of clock or clear pulse, t_w		16.5			16.5			ns
Setup time, t_{su}	Data input	20↑			20↑			ns
	Clear inactive state	25↑			25↑			
Data hold time, t_h		5↑			5↑			ns
Operating free-air temperature, T_A		−55		125	0		70	°C

↑ The arrow indicates that the rising edge of the clock pulse is used for reference.

electrical characteristics over recommended operating free-air temperature range (unless otherwise noted)

PARAMETER		TEST CONDITIONS†		MIN	TYP‡	MAX	UNIT
V_{IH}	High-level input voltage			2			V
V_{IL}	Low-level input voltage					0.8	V
V_{IK}	Input clamp voltage	V_{CC} = MIN,	I_I = −12 mA			−1.5	V
V_{OH}	High-level output voltage	V_{CC} = MIN, V_{IL} = 0.8 V,	V_{IH} = 2 V, I_{OH} = −800 µA	2.4	3.4		V
V_{OL}	Low-level output voltage	V_{CC} = MIN, V_{IL} = 0.8 V,	V_{IH} = 2 V, I_{OH} = 16 mA			0.4	V
I_I	Input current at maximum input voltage	V_{CC} = MAX,	V_I = 5.5 V			1	mA
I_{IH}	High-level input current	Clear	V_{CC} = MAX, V_I = 2.4 V			80	µA
		Clock or D				40	
I_{IL}	Low-level input current	Clear	V_{CC} = MAX, V_I = 0.4 V			−3.2	mA
		Clock or D				−1.6	
I_{OS}	Short-circuit output current§	V_{CC} = MAX		−18		−57	mA
I_{CC}	Supply current	V_{CC} = MAX,	See Note 2		62	94	mA

† For conditions shown as MIN or MAX, use the appropriate value specified under recommended operating conditions.
‡ All typical values are at V_{CC} = 5 V, T_A = 25°C.
§ Not more than one output should be shorted at a time.
NOTE 2: With all outputs open and 4.5 V applied to all data and clear inputs, I_{CC} is measured after a momentary ground, then 4.5 V, is applied to clock.

Texas Instruments
POST OFFICE BOX 655303 • DALLAS, TEXAS 75265

6. 74LS244 IC 特性

National Semiconductor

August 1989

54LS244/DM74LS244 Octal TRI-STATE® Buffers/Line Drivers/Line Receivers

General Description

These buffers/line drivers are designed to improve both the performance and PC board density of TRI-STATE buffers/drivers employed as memory-address drivers, clock drivers, and bus-oriented transmitters/receivers. Featuring 400 mV of hysteresis at each low current PNP data line input, they provide improved noise rejection and high fanout outputs and can be used to drive terminated lines down to 133Ω.

Features

- TRI-STATE outputs drive bus lines directly
- PNP inputs reduce DC loading on bus lines
- Hysteresis at data inputs improves noise margins

- Typical I_{OL} (sink current)
  54LS   12 mA
  74LS   24 mA
- Typical I_{OH} (source current)
  54LS   −12 mA
  74LS   −15 mA
- Typical propagation delay times
  Inverting   10.5 ns
  Noninverting   12 ns
- Typical enable/disable time 18 ns
- Typical power dissipation (enabled)
  Inverting   130 mW
  Noninverting   135 mW

Connection Diagram

Dual-In-Line Package

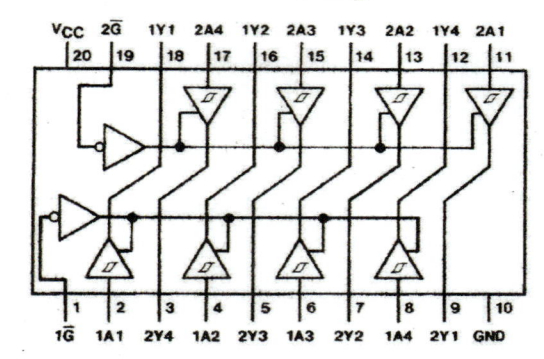

Pin assignments (top row): V_CC(20), 2G̅(19), 1Y1(18), 2A4(17), 1Y2(16), 2A3(15), 1Y3(14), 2A2(13), 1Y4(12), 2A1(11)

Pin assignments (bottom row): 1G̅(1), 1A1(2), 2Y4(3), 1A2(4), 2Y3(5), 1A3(6), 2Y2(7), 1A4(8), 2Y1(9), GND(10)

TL/F/8442–1

Order Number 54LS244DMQB, 54LS244FMQB, 54LS244LMQB, DM74LS244WM or DM74LS244N
See NS Package Number E20A, J20A, M20B, N20A or W20A

Function Table

Inputs		Output
G̅	A	Y
L	L	L
L	H	H
H	X	Z

L = Low Logic Level
H = High Logic Level
X = Either Low or High Logic Level
Z = High Impedance

TRI-STATE® is a registered trademark of National Semiconductor Corporation.

7. 需求設備零件表

項 目	品 名	單 位	數 量	規 格
1	電源供給器	只	1	± DC30V
2	數位 IC	只	1	74LS273
3	數位 IC	只	1	74LS244
4	運算 IC	只	1	89C2051
5	數位 IC	只	1	NE555
6	數位 IC	只	1	CD4027
7	穩壓 IC	只	1	μA7806
8	IC 腳座	只	3	DIP20P
9	IC 腳座	只	1	DIP16P
10	IC 腳座	只	1	DIP8P
11	活動 IC 端座	只	2	DIP20P
12	電晶體	只	1	CS9012
13	二極體	只	1	1N4001
14	然納二極體	只	1	3.1V/0.5W
15	電阻	只	15	220Ω/0.25W
16	電阻	只	1	390Ω/0.25W
17	電阻	只	1	10Ω/0.25W
18	電阻	只	4	10kΩ/0.25W
19	電阻	只	1	1kΩ/0.25W
20	電阻	只	1	470kΩ/0.25W
21	電阻	只	1	390kΩ/0.25W
22	陶瓷電容	只	3	104
23	陶瓷電容	只	2	20P
24	石英振盪	只	1	12MHz
25	電解電容	只	1	1μF
26	電解電容	只	1	22μF
27	電解電容	只	2	30μF
28	電解電容	只	1	10μF
29	電解電容	只	1	1000μF
30	繼電器	只	1	DC6/2ab
31	模式座	只	2	2P(直式)
32	排阻	只	1	5A-10KΩ
33	排阻	只	1	A-221Ω
34	電源端座	只	1	臥式 3P
35	PB-SW	只	2	1a1b
36	微動開關	只	1	1a1b
37	押式開關	只	1	2a2b
38	BCD 開關	只	1	旋轉式
39	跳線端座	只	1	直立 2P
40	綠色 LED	只	8	小圓 16Φ
41	紅色 LED	只	7	小圓 16Φ
42	綠色 LED	只	16	長方形
43	紅色 LED	只	1	長方形
44	檢定板	片	1	Jaan CH1113
45	文華-纖維板	片	1	SL462904
46	列表機接頭	只	2	DB-25P/B
47	銅柱	支	8	1cm
48	螺絲	只	8	銅柱配用

[第三篇] 錦囊篇

3

第1章 ▶ 學後習題解答

選擇題

1. (C)　2. (D)　3. (B)　4. (B)　5. (D)　6. (D)　7. (B)　8. (D)　9. (C)　10. (B)

問答題

1. 請說明專題實作課程的特色。

答：(1) 學習者主動

　　(2) 團隊合作

　　(3) 做中學

　　(4) 問題解決

　　(5) 歷程學習

2. 專題實作課程可以提升學習者哪些能力？

答：(1) 解決問題的能力

　　(2) 蒐集資料的能力

　　(3) 實務應用的能力

　　(4) 團隊合作的能力

　　(5) 知識整合與表達能力

3. 請敘述專題實作 PIPE-A 五階段，並簡述各階段的工作重點。

(1) 準備階段（Preparation）

包括尋找組員、確定專題主題、蒐集資料、撰寫計畫書等，為進行專題而準備。

(2) 實施階段（Implementation）

依據計畫書的分工與預定時程，透過可行的實施方法（研究方法）完成專題目標。為達成有效學習，應確實記錄實施過程，例如問題的發生與解決方法、專題目標的變動等，建立完整的學習歷程檔案。

(3) 呈現階段（Presentation）

當專題完成後，應依照學校或老師規定的專題實作報告格式，進行撰寫專題報告、專題成果網頁製作與口頭簡報方式等方式，呈現專題的成果。

(4) 評量階段（Evaluation）

主要是針對專題實作的成果進行評鑑，評量的項目至少包括專題成果（成品）、專題報告、口頭簡報等，另外，專題實施過程的歷程檔案也應納入評量。

(5) 進階階段（Advance）

主要是以專題實作的成果為基礎，參加各項競賽，或在相關研討會議中發表成果，分享專題成果、研究交流，並藉由別人的經驗與建議，修改或思考專題的其他可能性。

第2章 學後習題解答

水平式創意思考練習：個人練習單

一、姓名：王大明
二、物品名稱：原子筆
三、至少寫出二十種不同的用途：（愛因斯坦說：想像力比知識更重要） 1. 寫字 2. 掏耳朵 3. 當成打鼓棒 4. 在紙上挖洞的工具 5. 敲別人頭 6. 當滑雪的工具手杖 7. 射天上的飛機 8. 挖地瓜 9. 麵棍 10. 夾手指，當成處罰工具 11. 抓背搔癢的工具 12. 刺大腿，當成讀書提神的工具 13. 玩以物易物的遊戲，當成交換的禮物 14. 拿去賣錢 15. 當成小朋友的獎品 16. 釘在草地上當成綁小狗的柱子 17. 當成兩片木板組合時的卡榫 18. 餅乾塑膠袋用手打不開時，拿來戳破塑膠包裝袋 19. 射飛標 20. 取出筆心後，筆管可當成吸管使用 21. 取出筆心後，筆管可當成吹箭管 22. 拿二支原子筆，就可以當成筷子用 23. 浴室落水口堵塞不通時，拿來通落水口

第4章 ▶ 學後習題解答

觀察力練習活動單（問題觀察紀錄單）

一、姓名：張三
二、主題：問題的發現
三、每人至少提出二個困擾不方便或生活中的問題點 問題一： 當原子筆插在襯衫口袋時，原子筆的油墨時常沾染到口袋位置，以致襯衫口袋上的油墨污漬很難清洗。 是否能設計出一種不會將油墨沾染到襯衫口袋的原子筆呢？ 問題二： 當手機掉落地面時，很容易造成手機螢幕的破損或四個邊角的撞擊而損壞，維修時不但所費不貲，而且維修期間無手機可用，真是造成很大的不便。 是否能設計出一種根本不會讓手機掉落地面的裝置或即使手機掉落地面時，可馬上啟動保護手機螢幕或四個邊角撞擊作用的裝置呢？ 問題三： 每當下雨天，當撐傘搭車或走回到家裡時，雨傘因沾滿水滴，使得收傘時雨水滴到車裡、家裡弄得潮濕，讓人感到困擾。 是否能設計出一種雨傘，傘布根本是不會沾上水滴，或是在收合關閉雨傘時，傘布上的水滴能快速消除的裝置或方法呢？

第5章 ▶ 學後習題解答

分組討論（每組 2～5 人）：創意發明提案單

一、組員姓名：	林正嘉、呂文良、李明彥
二、創意發明提案名稱：	背包式 枕頭
三、專利檢索關鍵字：	枕頭
四、解決問題或情境敘述：	當旅遊的人累了，無論在車上或旅途中，可隨時小睡休息一下，恢復體力。如何把背包及枕頭結合且不佔空間。
五、可能銷售對象或市場：	喜愛出遊的人

六、創意發明示意圖與說明：

本創作利用背包及空氣枕2件不同功能的東西，結合在一起，成為方便旅人攜帶及使用的物品。

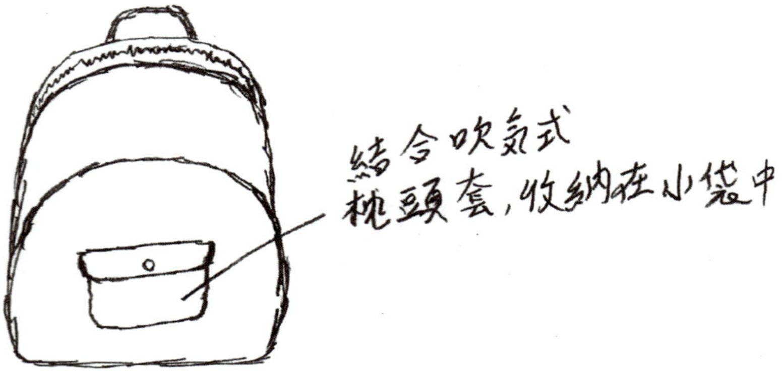

結合吹氣式枕頭套，收納在小袋中

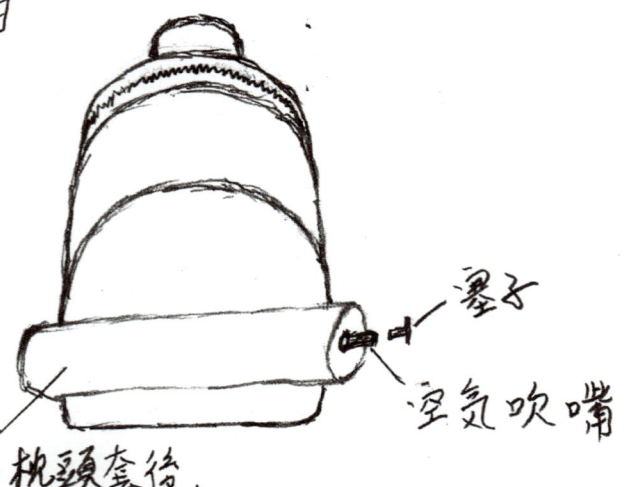

塞子

空氣吹嘴

拉出枕頭套後，吹氣便成為枕頭

APPENDIX
升學篇

1 **考招分離與多元入學**
1-1 制度內涵
1-2 其他入學管道
1-3 考招類別與科目
1-4 四技二專學校

2 **學習歷程檔案**
2-1 學習歷程檔案是什麼
2-2 如何蒐集資料
2-3 學習歷程檔案作業注意事項
2-4 學習歷程檔案效益
2-5 學習歷程檔案與現行的備審資料有何不同

1 考招分離與多元入學

1-1 制度內涵

考招分離

　　由教育部統籌辦理，成立入學測驗中心和招生策進總會二個單位，專門負責考試和招生工作，並委託技專院校辦理，各校亦可依實際情況成立招生委員會，辦理各校獨立招生事宜。

考試方式

一、**辦理單位**：技專院校入學測驗中心（http://www.tcte.edu.tw）。
二、**成績申請**：統一由入學測驗中心提供，入學測驗成績原始分數或接受各校委託提供所需之百分數或等級分數，考生憑測驗成績可向各多元入學管道報名，但限當年度有效。
三、**考試對象**：應屆畢業生或重考生。

招生方式

一、**辦理單位**：技專院校招生策進總會（http://www.techadmi.edu.tw）。
二、**招生單位**：各聯招或獨立招生委員會。
三、**招生方式規劃**：分甄選入學、聯合登記分發、技優保送入學、技優甄審入學、申請入學聯合招生、科技校院繁星計畫聯合推薦甄選、特殊選才聯合招生、各校日間部及進修部單獨招生等多元入學管道。
四、**入學標準訂定**：由各校系自訂，教育部負責彙整與協調相關事宜。

多元入學

　　多元入學方案是考招分離重要精神，學生可依實際需要，考量自身專長及依各學校條件，選擇最佳入學管道。

四技二專主要升學管道流程圖

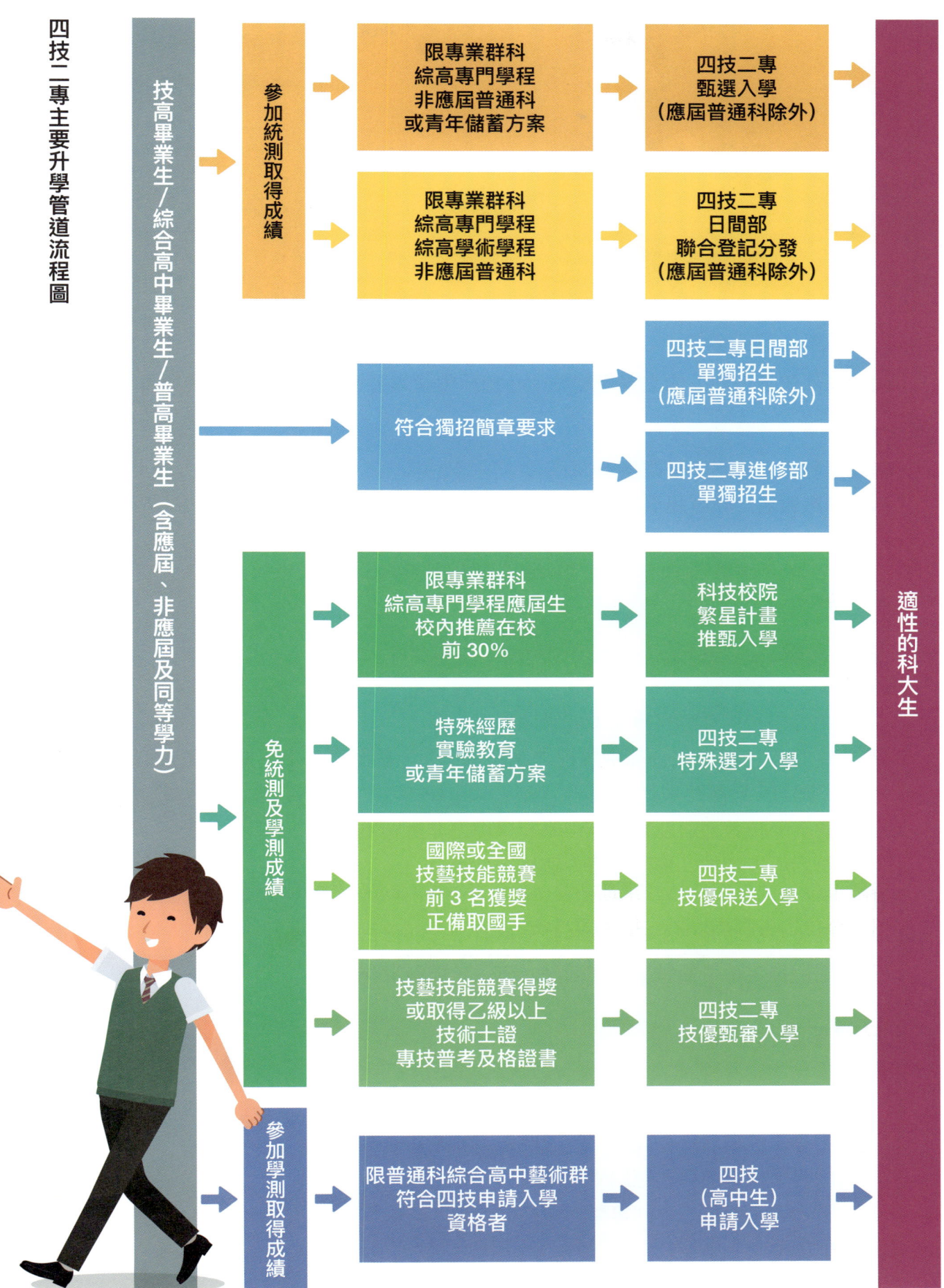

技高畢業生／綜合高中畢業生／普高畢業生（含應屆、非應屆及同等學力）

參加統測取得成績

- 限專業群科、綜高專門學程、非應屆普通科或青年儲蓄方案 → 四技二專甄選入學（應屆普通科除外）→ 適性的科大生
- 限專業群科、綜高專門學程、綜高學術學程、非應屆普通科 → 四技二專日間部聯合登記分發（應屆普通科除外）→ 適性的科大生

符合獨招簡章要求

- → 四技二專日間部單獨招生（應屆普通科除外）→ 適性的科大生
- → 四技二專進修部單獨招生 → 適性的科大生

免統測及學測成績

- 限專業群科、綜高專門學程應屆生校內推薦在校前30% → 科技校院繁星計畫推甄入學 → 適性的科大生
- 特殊經歷、實驗教育或青年儲蓄方案 → 四技二專特殊選才入學 → 適性的科大生
- 國際或全國技藝技能競賽前3名獲獎正備取國手 → 四技二專技優保送入學 → 適性的科大生
- 技藝技能競賽得獎或取得乙級以上技術士證、專技普考及格證書 → 四技二專技優甄審入學 → 適性的科大生

參加學測取得成績

- 限普通科綜合高中藝術群符合四技申請入學資格者 → 四技（高中生）申請入學 → 適性的科大生

考試

報名方式
一、**學校集體報名**：應屆畢業生
二、**個別網路報名**：非應屆畢業生及未參加學校集體報名之應屆畢業生

招生管道

一、甄選入學
㈠ **報名資格**
　1. 高級中等學校專業群科應屆或非應屆畢業生
　2. 高級中等學校辦理綜合高中學程之應屆畢業生（截至高三上學期已修畢專門學程科目 25 學分以上者）
　3. 高級中等學校普通科及綜合高中學術學程之非應屆畢業生
　4. 其他符合報考四技二專同等學力資格之考生

㈡ **成績採計方式**
　1. 第一階段為統測成績篩選，由各校系科訂定採計科目及篩選倍率
　2. 第二階段指定項目甄試，例如面試、筆試、術科實作等

二、日間部聯合登記分發
㈠ **報名資格**
　1. 高級中等學校專業群科應屆或非應屆畢業生
　2. 高級中等學校辦理綜合高中學程之應屆或非應屆畢業生
　3. 高級中等學校普通科非應屆畢業生
　4. 其他符合報考四技二專同等學力資格之考生

㈡ **成績採計方式**
　完全採計當學年度四技二專統一入學測驗考試各科成績，無畢業年資及證照加分優待。

1-2 其他入學管道

技優入學

保送

　　凡取得國際技能競賽、亞洲技能競賽、國際展能節職業技能競賽、國際科技展覽前三名或優勝者；或者經選拔具備國際技能競賽、國際展能節職業技能競賽國手資格者；或曾在全國技能競賽、全國高級中等學校技藝競賽、全國身心障礙者技能競賽獲各職類之前三名獎項者，符合上述資格之選手，無論應屆或非應屆畢業生，均符合技優保送入學資格，可直接填寫保送分發志願（最多可以填寫 50 個志願），由招生委員會依競賽獲獎種類與等第、名次及志願分發。

甄審

　　凡取得認可之競賽獲獎者、持有乙級以上技術士證或取得專門職業及技術人員普通考試及格證書者，無論應屆或非應屆畢業生，可選擇 5 個志願參加招生學校辦理之指定項目甄審。皆須至四技二專聯合甄選委員會網站登記就讀志願序，再由聯合甄選委員會依考生志願順序及正備取狀況進行統一分發。

日間部申請入學聯合招生（招收高中生）

　　高中（普通科）應屆及非應屆畢業生外，包括綜合高中學術學程及專門學程學生、藝術群專業群科（美術科、音樂科、舞蹈科、電影電視科、表演藝術科、戲劇科、劇場藝術科等）學生亦可報名參加，每位考生可至多報名 5 個校系志願。

科技校院繁星計畫聯合推薦甄選

　　高級中等學校專業群科或綜合高中已修畢專門學程科目 25 學分以上，及在校學業成績（採計至高三上學期之各學期學業成績平均）排名在所就讀科（組）或學程前 30% 以內者，並由原就讀學校申請推薦。

特殊選才聯合招生

　　在專業領域具備特殊技能或專長，或參與青年教育與就業儲蓄帳戶方案完成 2~3 年期，且符合招生學校訂定申請條件之青年。

日間部、進修部（夜間部）單獨招生

由學校自行辦理招生作業，其招生流程、考試科目、採計成績、錄取方式等，皆明訂於單獨招生簡章中。

在職專班

考生須為非應屆畢業生或同等學力者，應屆畢業生不可報名，且報名時須仍在職中，並持有在職證明。

藝術群單獨招生

具表演藝術、音樂、美術、戲劇、舞蹈等專長學生。部分科技校院藝術類系科重視考生現場創作或表演實力，採用單獨招生。

身心障礙

身心障礙學生升學大專院校甄試分視覺、聽覺、腦性麻痺、自閉症、學習障礙、肢體障礙及其他障礙生。

大專院校辦理單獨招收身心障礙學生。

運動績優

凡高級中等以上學校應屆及非應屆畢業生最近 2~3 年內獲得之運動成績合於《中等以上學校運動成績優良學生升學輔導辦法》第 4~8 條及第 21 條之 2 第 1 項規定者，得由學校集體報名，自選一種與獎狀或參賽證明相同之運動種類為限，報名參加甄審或甄試分發。

雙軌訓練旗艦計畫招生

以技高、四技、二專及二技之產學合作班招生。考生年齡限 29 歲以下，訓練生錄取後將以事業單位工作崗位訓練為主，學校學科教育為輔。

產學攜手合作計畫專班招生

各技專校院將以合作技高（或二專、五專）之產學專班學生為主要招生對象，因此技高階段專班學生畢業後皆可透過甄審繼續升學合作技專校院之四技二專專班。

產學訓合作訓練四技專班招生

由各招生學校辦理單獨招生，考生年齡限 29 歲以下，各校另可訂定相關系科或持有證照等限制條件。

科技校院辦理多元專長培力課程招生

在取得學士學位後已先修讀由學校或機構開設符合產業需求的專業課程學分班，包含推廣教育、職業訓練機構及職業繼續教育等學分課程，累積專業課程學分並經各校採認後，再加上入學後至少須修讀的 12 學分，兩者合計符合各校各學系規定之專業課程學分數（至少 48 學分），修業期滿經考試合格後，即可取得學士後多元專長學士學位。

空中進修學院二專招生

空中進修學院採登記入學，無須參加入學考試，專科部（二專）學生修畢規定之學科學分達 80 學分者，可畢業取得副學士學位，等同其他二專、五專之學歷，可繼續就讀二技。

新住民入學招生

《新住民就讀大學辦法》於 109 年 12 月 7 日正式發布實施，依國籍法第四條第一項第一款至第三款規定，申請歸化許可之新住民，得以申請入學方式就讀大學各學制，其中亦包含四技二專日間部及進修部。

1-3 考招類別與科目

考招類別共分成單類群 20 類,跨類群 6 類,共有 26 種類群,各類群考科都以共同科目國文、英文、數學各 100 分,其中數學科依類科內容分為 A、B、C 三種版本。無論是單類群或是跨類群,每一群類均有專業科目(一)及(二),每科各占 200 分,滿分為 700 分,跨類生會有兩類群的成績滿分各為 700 分,可擇單一類群分發志願或是推甄。

四技二專統一入學測驗命題範圍一覽表

群類別名稱	共同科目	專業科目(一)	專業科目(二)
01 機械群	國文 英文 數學 (C)	機件原理 機械力學	機械製造 機械基礎實習 機械製圖實習
02 動力機械群	國文 英文 數學 (C)	應用力學 引擎原理 底盤原理	引擎實習 底盤實習 電工電子實習
03 電機與電子群電機類	國文 英文 數學 (C)	基本電學 基本電學實習 電子學 電子學實習	電工機械 電工機械實習
04 電機與電子群資電類	國文 英文 數學 (C)	基本電學 基本電學實習 電子學 電子學實習	微處理機 數位邏輯設計 程式設計實習
05 化工群	國文 英文 數學 (C)	基礎化工 化工裝置	普通化學 普通化學實習 分析化學 分析化學實習
06 土木與建築群	國文 英文 數學 (C)	基礎工程力學 材料與試驗	測量實習 製圖實習
07 設計群	國文 英文 數學 (B)	色彩原理 造形原理 設計概論	基本設計實習 繪畫基礎實習 基礎圖學實習
08 工程與管理類	國文 英文 數學 (C)	物理 (B)	資訊科技
09 商業與管理群	國文 英文 數學 (B)	商業概論 數位科技概論 數位科技應用	會計學 經濟學

群類別名稱	共同科目	專業科目（一）	專業科目（二）
10 衛生與護理類	國文 英文 數學 (A)	生物 (B)	健康與護理
11 食品群	國文 英文 數學 (B)	食品加工 食品加工實習	食品化學與分析 食品化學與分析實習
12 家政群幼保類	國文 英文 數學 (A)	家政概論 家庭教育	嬰幼兒發展照護實務
13 家政群生活應用類	國文 英文 數學 (A)	家政概論 家庭教育	多媒材創作實務
14 農業群	國文 英文 數學 (B)	生物 (B)	農業概論
15 外語群英語類	國文 英文 數學 (B)	商業概論 數位科技概論 數位科技應用	英文閱讀與寫作 （初階英文閱讀與寫作練習、中階英文閱讀與寫作練習、高階英文閱讀與寫作練習）
16 外語群日語類	國文 英文 數學 (B)	商業概論 數位科技概論 數位科技應用	日文閱讀與翻譯 （日語文型練習、日語翻譯練習、日語讀解初階練習）
17 餐旅群	國文 英文 數學 (B)	觀光餐旅業導論	餐飲服務技術 飲料實務
18 海事群	國文 英文 數學 (B)	船藝	輪機
19 水產群	國文 英文 數學 (B)	水產概要	水產生物實務
20 藝術群影視類	國文 英文 數學 (A)	藝術概論	展演實務 音像藝術展演實務

註：考招類別與科目以當年入學測驗中心公布為準

1-4 四技二專學校

北部地區

國立臺北科技大學
國立臺北護理健康大學
國立臺北商業大學
國立臺灣戲曲學院
國立臺灣科技大學
中華科技大學
臺北城市科技大學
馬偕醫護管理專科學校
中國科技大學
德明財經科技大學
致理科技大學
宏國德霖科技大學
臺北海洋科技大學
亞東科技大學
黎明技術學院
耕莘健康管理專科學校
明志科技大學
聖約翰科技大學
景文科技大學
東南科技大學
醒吾科技大學
華夏科技大學
崇右影藝科技大學
經國管理暨健康學院

桃竹苗地區

新生醫護管理專科學校
龍華科技大學
健行科技大學
萬能科技大學
長庚科技大學
南亞技術學院
明新科技大學
敏實科技大學
元培醫事科技大學
育達科技大學
仁德醫護管理專科學校

東部及離島地區

聖母醫護管理專科學校
慈濟科技大學
大漢技術學院
國立臺東專科學校
國立澎湖科技大學

中部地區

國立勤益科技大學
國立臺中科技大學
弘光科技大學
嶺東科技大學
中臺科技大學
僑光科技大學
修平科技大學
朝陽科技大學
建國科技大學
中州科技大學
南開科技大學
國立雲林科技大學
國立虎尾科技大學
環球科技大學

南部地區

大同技術學院
吳鳳科技大學
崇仁醫護管理專科學校
國立臺南護理專科學校
嘉南藥理大學
臺南應用科技大學
遠東科技大學
中華醫事科技大學
敏惠醫護管理專科學校
南臺科技大學
崑山科技大學
國立高雄餐旅大學
國立高雄科技大學
高苑科技大學
文藻外語大學
東方設計大學
和春技術學院
樹人醫護管理專科學校
育英醫護管理專科學校
樹德科技大學
輔英科技大學
正修科技大學
國立屏東科技大學
大仁科技大學
美和科技大學
慈惠醫護管理專科學校

註：四技二專學校以當年度全國大專校院一覽表系統查詢為準

2 學習歷程檔案

2-1 學習歷程檔案是什麼

學生學習歷程檔案作用

一步一腳印，累積學習歷程紀錄

學生學習歷程檔案將完整記錄學生在高級中等教育階段時的學習表現。除了考試成果之外，透過學生學習歷程檔案，能更真實呈現學生的學習軌跡、個人特質、能力發展等，補強考試之外無法呈現的學習成果。藉由定期且長時間的紀錄，更能大大減輕學生在高三升學時整理備審資料的負擔。

學習歷程檔案四大優點

一、回應108新課綱的多元課程特色

學生修習各類課程所產生的課程學習成果及多元表現，是學生學習表現真實展現，也是學校課程實施成果的最好證明。

二、呈現考試難以評量的學習成果

尊重個別差異，重視考試成績以外的學習歷程，呈現學生多元表現。

三、展現個人特色和適性學習軌跡

鼓勵學生定期紀錄並整理自己的學習表現，重質不重量，展現個人學習表現的特色亮點與學習軌跡。

四、協助學生生涯探索及定向參考

學生透過整理學習歷程檔案的過程中，可以及早思索自我興趣性向，逐步釐清生涯定向。

學習歷程檔案四大項目

一、基本資料：由學校人員「每學期」進行上傳。

　　學生學籍資料，包含姓名、就讀科班等、班級及社團幹部經歷。

二、修課紀錄：由學校人員「每學期」進行上傳。

　　包括修習部定 / 校訂必修 / 選修科目等課程學分數及成績。

三、課程學習成果：由學生「每學期」進行上傳。

　　包括修課紀錄且具學分數之課程作業、作品或書面報告及其他學習成果。本項須經任課教師於系統進行認證，僅認證成果為相關修課之產出，但不會進行評分與評論。

- **注意事項**：每學年由學生勾選至多 6 件，經由學校人員提交至中央資料庫。
- **大學端參採限制**：學生自中央資料庫勾選提交至招生單位之件數上限，大學至多 3 件，技專院校至多 9 件。

四、多元表現：由學生「每學年」進行上傳。

　　對應 108 新課綱之彈性學習時間、團體活動時間及其他表現。

- **注意事項**：每學年由學生勾選至多 10 件，經由學校人員提交至中央資料庫。
- **大學端參採限制**：學生自中央資料庫勾選提交至招生單位之件數上限為 10 件。

學習歷程檔案的功能

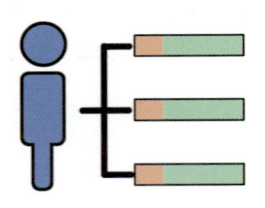

展現個人特色和適性學習軌跡

補充考試無法呈現的學習成果

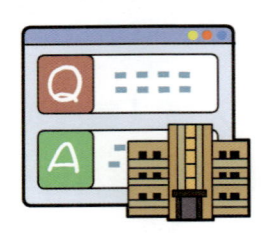

回應新課綱的校訂課程特色

強化審查資料可信度

使用時間

申請 / 甄選入學

學測 / 統測成績　　　學習歷程檔案 ＋ 校系自辦甄試

第一階段篩選　　　第二階段甄試

2-2 如何蒐集資料

學習歷程如何蒐集資料

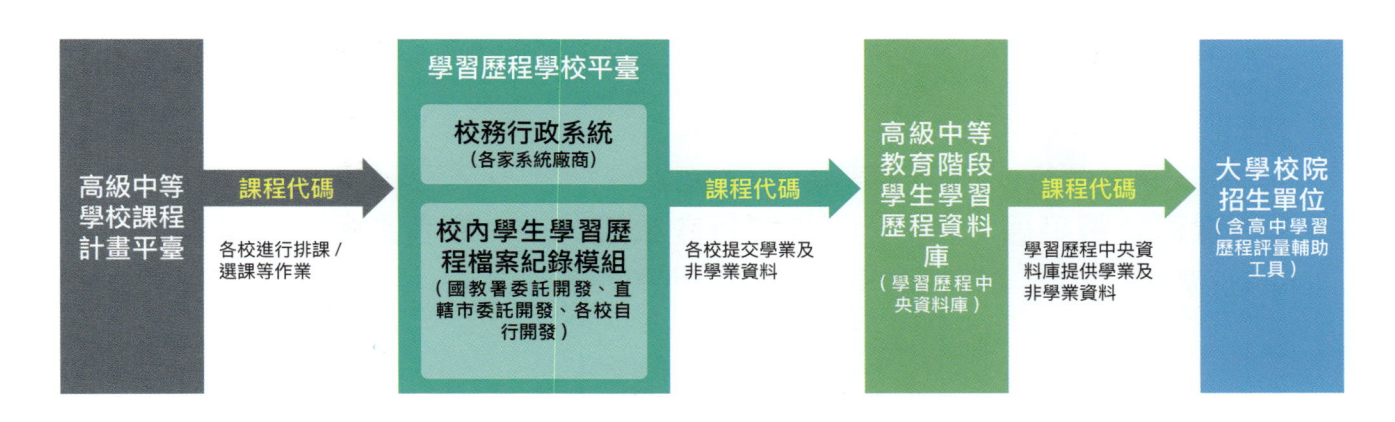

高級中等學校課程計畫平臺	→課程代碼→	學習歷程學校平臺 **校務行政系統**（各家系統廠商） **校內學生學習歷程檔案紀錄模組**（國教署委託開發、直轄市委託開發、各校自行開發）	→課程代碼→	高級中等教育階段學生學習歷程資料庫（學習歷程中央資料庫）	→課程代碼→	大學校院招生單位（含高中學習歷程評量輔助工具）
各校進行排課／選課等作業		各校提交學業及非學業資料		學習歷程中央資料庫提供學業及非學業資料		

學習歷程檔案的內容

學習歷程學校平臺		學習歷程中央資料庫
學生學籍資料	**基本資料**	同學習歷程學校平臺之資料
每學期修課紀錄，包括修習部定／校訂必修／選修等科目學分數及成績等；課程諮詢紀錄	**修課紀錄**	同學習歷程學校平臺之資料；不包括課程諮詢紀錄
（需任課教師認證） 有修課紀錄且具學分數之課程實作作品或書面報告；每學期上傳件數由學校自訂	**課程學習成果**	同學習歷程學校平臺之資料；每學期提交至多3件
彈性學習時間、團體活動時間及其他多元表現；每學年上傳件數由學校自訂	**多元表現**	同學習歷程學校平臺之資料；每學年提交至多10件

附 15

學習歷程檔案的作業系統

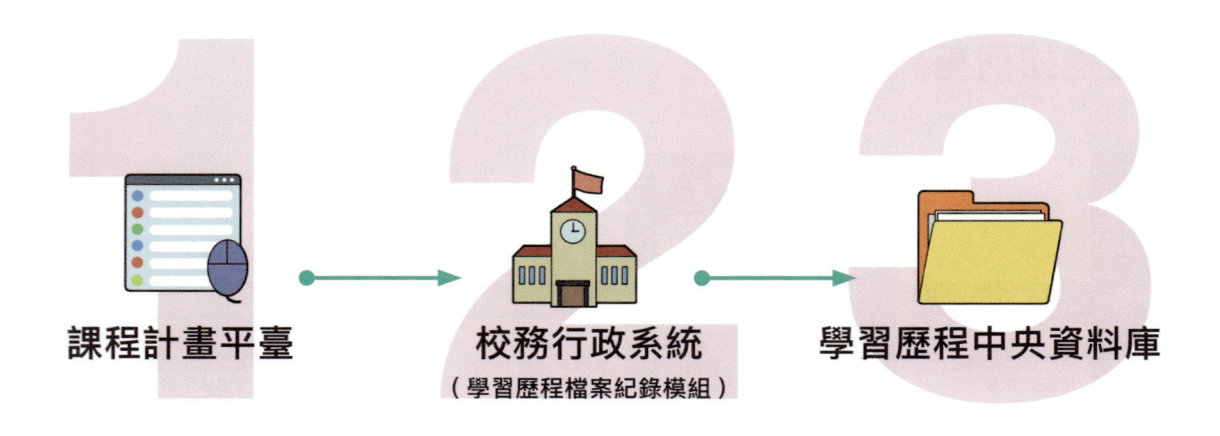

1. 課程計畫平臺 → 2. 校務行政系統（學習歷程檔案紀錄模組）→ 3. 學習歷程中央資料庫

學習歷程檔案的作業流程

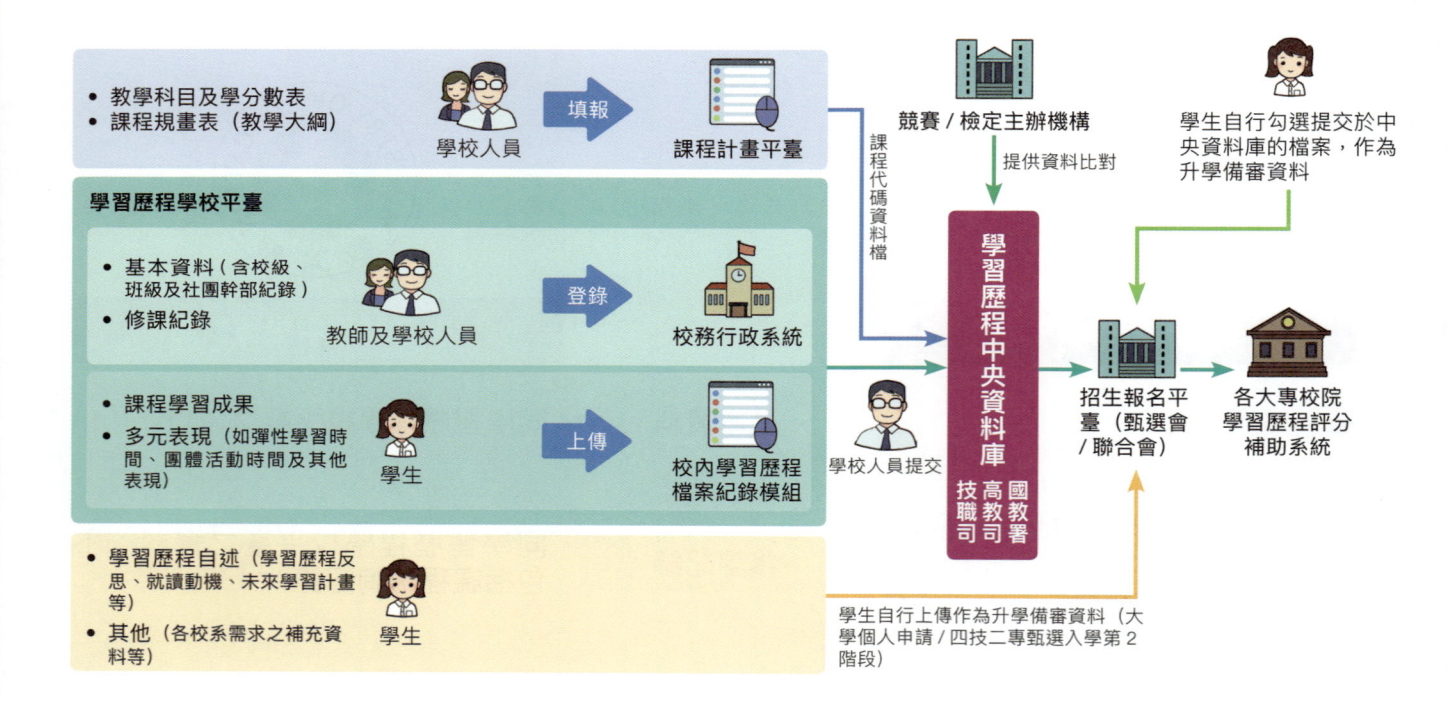

- 教學科目及學分數表
- 課程規畫表（教學大綱）

學校人員 —填報→ 課程計畫平臺

學習歷程學校平臺

- 基本資料（含校級、班級及社團幹部紀錄）
- 修課紀錄

教師及學校人員 —登錄→ 校務行政系統

- 課程學習成果
- 多元表現（如彈性學習時間、團體活動時間及其他表現）

學生 —上傳→ 校內學習歷程檔案紀錄模組

- 學習歷程自述（學習歷程反思、就讀動機、未來學習計畫等）
- 其他（各校系需求之補充資料等）

學生

課程代碼資料檔 → 學習歷程中央資料庫（國教署／高教司／技職司）

競賽／檢定主辦機構 —提供資料比對→ 學習歷程中央資料庫

學校人員提交 → 學習歷程中央資料庫

學生自行勾選提交於中央資料庫的檔案，作為升學備審資料 → 招生報名平臺（甄選會／聯合會）→ 各大專校院學習歷程評分補助系統

學生自行上傳作為升學備審資料（大學個人申請／四技二專甄選入學第2階段）→ 招生報名平臺

學習歷程檔案資料格式

學習歷程檔案格式類型及大小如下表所示。

資料項目	檔案格式類型	內容說明
課程學習成果	文件：PDF、JPG、PNG	每件固定上限 4MB
	影音檔案：MP3、MP4	每件固定上限 10MB
	簡述：文字	每件 100 個字為限
多元表現	證明文件：PDF、JPG、PNG	每件固定上限 4MB
	影音檔案：MP3、MP4	每件固定上限 10MB
	簡述：文字	每件 100 個字為限
	外部連結：文字	－

2-3 學習歷程檔案作業注意事項

一、老師方面

(一) 撰寫課程計畫
1. 吸引學生適性選擇：教師所撰寫的課程規劃表讓學生瞭解課程內涵，吸引學生適性選擇。
2. 與大專院校建立信任關係：大專校院可透過系統查閱課程大綱，協助各科系理解高中課程內容。

(二) 認證學習歷程
1. 深化課程實踐：透過課程學習成果展現考試成績以外的學習表現，避免「考試不考、學生就不學」的現象，師生皆投入課程，深化學習。
2. 落實多元評量：教師可以透過課程設計，協助學生產出課程學習成果，避免評量受限於紙筆測驗，真正落實多元評量的理想。

※ 老師僅需認證學生課程學習成果是否為課程中所產出，無須評論優缺點。

二、學生方面

(一) 了解課程計畫
1. 適性選校：國中畢業生可將高中開設的課程特色列入選校參考。
2. 適性探討：利用選修課程的機會適性探索不同領域，參考課程地圖規劃未來方向。

(二) 累積學習歷程
1. 一步一腳印：以課堂作業累積學習成果，展現自己的學習足跡。
2. 聚焦未來：上傳資料份數有上限，相關成果需呼應自身志趣與目標科系選才標準。
3. 簡化格式：僅需依照大專校院要求項目勾選資料並匯出，毋須費心美編。
4. 節省製作時間：在學期間逐年上傳資料，降低高三下申請／甄選入學時的準備負擔。

三、學校方面

㈠ 整合課程計畫
1. 校校有特色：各高中發展校訂課程特色，串聯公共關係與社區資源，建立學校願景並勾勒學生圖像，吸引學生適性就讀。
2. 減輕行政負擔：課程名稱及代碼由課程計畫平台匯入校務行政系統，避免行政人員重複建置。
3. 課程資訊透明：各校課程計畫書上傳至課程計畫平台整合，學校課程資訊可供大眾參考。

㈡ 紀錄學習歷程
1. 課程特色受重視：校訂課程列入升學參採，學校用心發展的多元課程更受重視。
2. 幫助學生探究未來：協助學生持續累積各種學習紀錄，落實學生生涯輔導工作。

四、大專院校方面

㈠ 參考課程計畫
1. 追溯高中課程學習：系統可以自動連結學生修課紀錄中的課程大綱，便於瞭解高中課程內容。
2. 校校是明星：瞭解各高中開設的校訂課程，逐漸建立高中的品牌認知。

㈡ 審閱學習歷程
1. 資料整合並優化審查品質：以清晰一致的資料架構檢閱學習歷程，減輕評閱負擔優化審查品質。
2. 真實瞭解學生學習：學期結束即上傳，經由教師認證，學習歷程能真實反映課程學習成果，強化資料公信力。
3. 有助全方位審查：補充考試無法呈現的學習面向。

2-4 學習歷程檔案效益

高中端與大學端的合作

高中校務行政系統提供學習歷程中央資料庫，再提供大學端審查

基本資料
學生學籍資料。

修課紀錄
每學期修課紀錄，包括修習部定 / 校定必修 / 選修等課程學分數及成績等。

學習歷程中央資料庫提供招生系統，再學生自主勾選，傳送大學端審查

課程學習成果（需任課教師認證）
有修課紀錄且具學分數之課程實作作品或書面報告；每學期提交至多 3 件。

多元表現
彈性學習時間、團體活動時間及其他多元表現；每學年提交合計至多 10 件。

由學生自主上傳招生系統，傳送大學端審查

自傳（含學習計畫）
依申請入學之志願科系，撰寫自傳或學習計畫。

其他
大學端需求之補充資料。

有了學習歷程檔案，技專院校怎麼看

一、提供歷程項目擇要檢視之便利介面。
二、提供單項資料統整呈現，提升資料評量一致性。
三、競賽、檢定等項目擇要與主辦單位勾稽檢核，並提供統計資訊提供評分參考。
四、串接高中課程計畫平臺，提供科目教學大綱。
五、【學習歷程自述】綜整高中階段多元學習表現。
六、逐年收集學習成果，避免高三下急就章。

未來評分作業分工優化

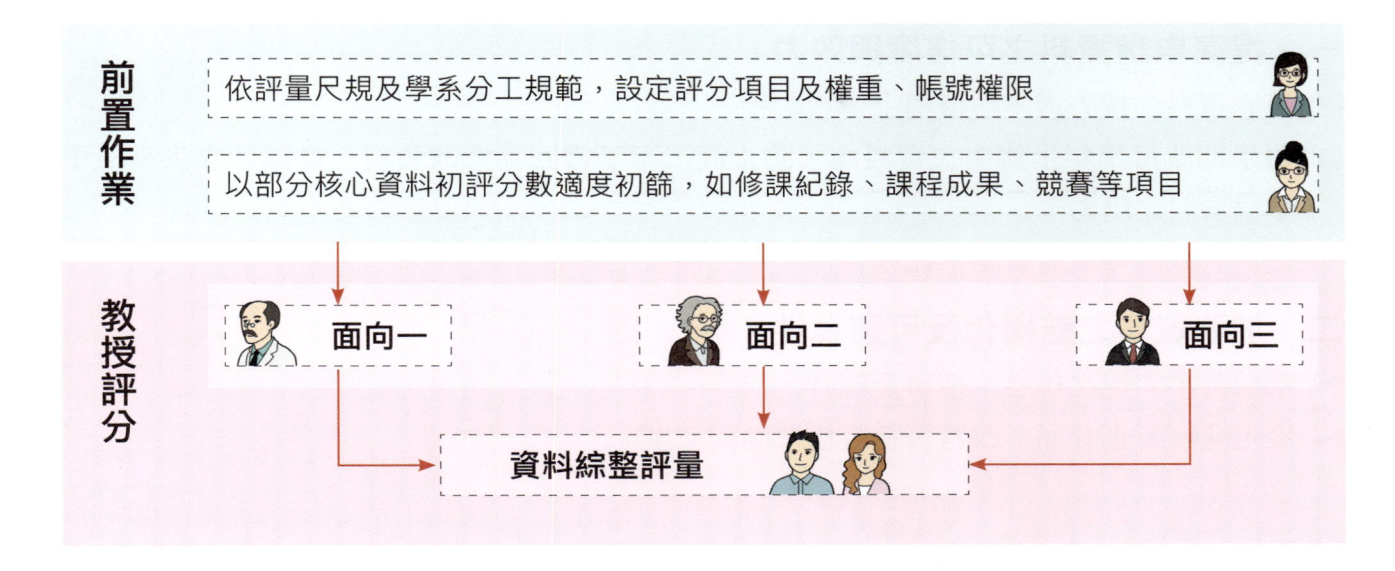

前置作業
- 依評量尺規及學系分工規範，設定評分項目及權重、帳號權限
- 以部分核心資料初評分數適度初篩，如修課紀錄、課程成果、競賽等項目

教授評分
- 面向一
- 面向二
- 面向三
- → 資料綜整評量

學習歷程相關配套方案

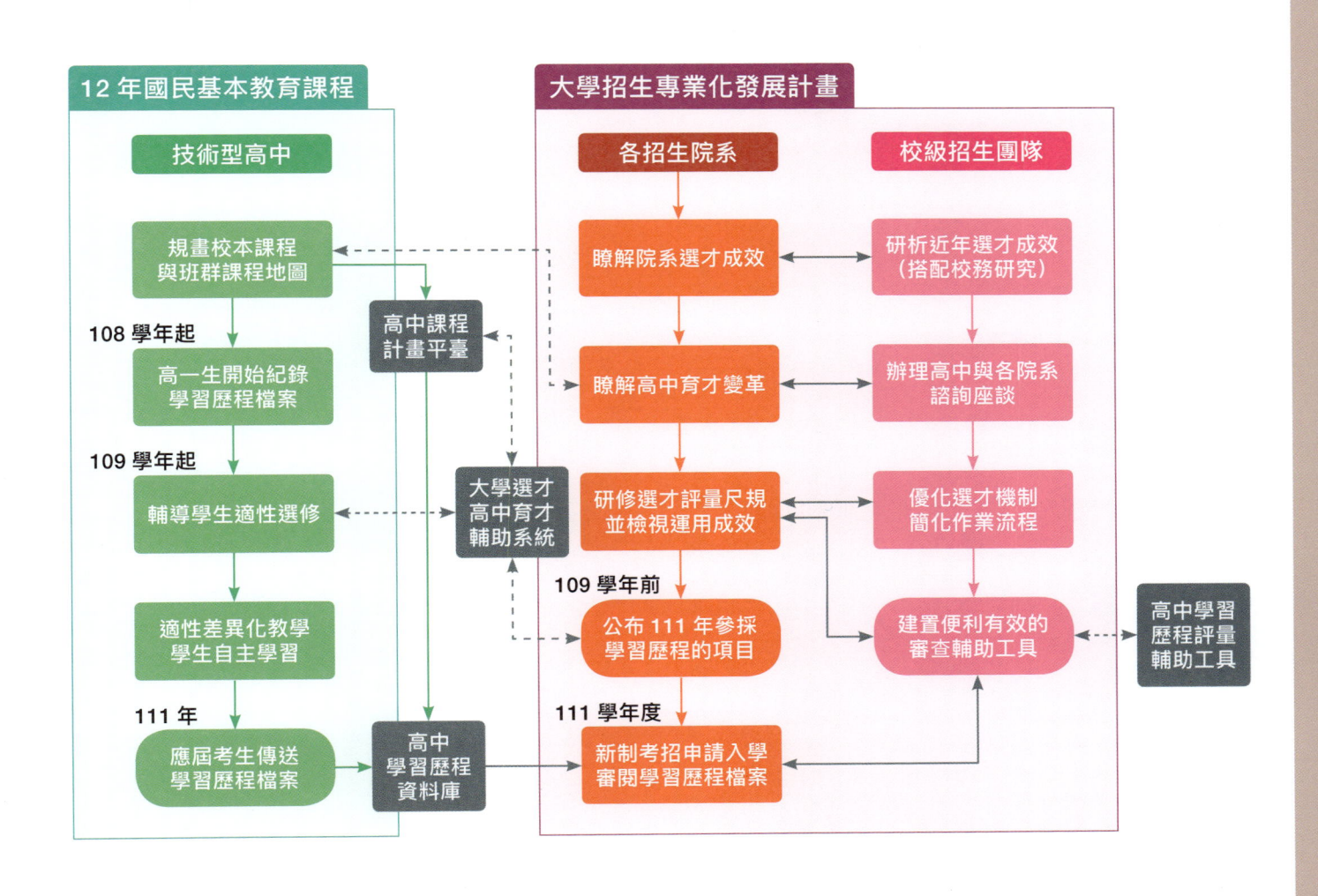

12 年國民基本教育課程

技術型高中

- 規畫校本課程與班群課程地圖
- 108 學年起：高一生開始紀錄學習歷程檔案
- 109 學年起：輔導學生適性選修
- 適性差異化教學 學生自主學習
- 111 年：應屆考生傳送學習歷程檔案

→ 高中課程計畫平臺
→ 大學選才高中育才輔助系統
→ 高中學習歷程資料庫

大學招生專業化發展計畫

各招生院系
- 瞭解院系選才成效
- 瞭解高中育才變革
- 研修選才評量尺規並檢視運用成效
- 109 學年前：公布 111 年參採學習歷程的項目
- 111 學年度：新制考招申請入學審閱學習歷程檔案

校級招生團隊
- 研析近年選才成效（搭配校務研究）
- 辦理高中與各院系諮詢座談
- 優化選才機制簡化作業流程
- 建置便利有效的審查輔助工具

→ 高中學習歷程評量輔助工具

學習歷程的效益

一、提高申請資料之可信度與效力
(一) 核心資料由校方或主辦機構上傳或勾稽。
(二) 每學期或每學年上傳中央資料庫,防止高三下不當回溯修改資料,亦減低學生高三下準備資料之壓力。
(三) 提供各式綜整統計資料供比較參考,利於檢核及防弊。

二、加強資料之結構化及可運算性
(一) 易於各項表現之排序、搜尋及統計。
(二) 優化資料審查介面,改善資料審核機制信效度。

2-5 學習歷程檔案與現行的備審資料有何不同

　　學習歷程檔案與 108 課綱同步實施，也就是 2019 年 9 月入學的高一新生開始適用。自實施後，學生可得知各校科系招生選才方向，並預作準備。

現行備審資料		學習歷程檔案
各校科系自訂繳交類別 項目不統一	資料內容	統一分類上傳項目 並有教師認證
高三下再緊急回憶蒐集製作	準備時間	各學期(年)分期上傳 高三下再勾選產出
學生自行排版與統整資料	內容格式	上傳後由資料庫系統彙整
無	項目數量	限制參採數量 且以校內活動課程為主
資料評比對照較為費時	大學審查	數位資料讓審查更系統化

　　學習歷程檔案統一制定項目格式，且納入修課紀錄與課程學習成果，除了能展現學生的個人特色，也能呈現考試看不到的成果，透過每學期/年上傳資料，能引導學生逐步探索學習的方向。

升學篇

建構理解 SDGs 與 ESG 的系統性思考篇

1　掌握 SDGs 與 ESG 的核心概念
1-1　何謂 SDGs 與 ESG
1-2　ESG 與 SDGs 的關聯性

2　永續主題的選定與系統性思考方法
2-1　系統性思考是什麼？
2-2　實踐 SDGs 的系統性思考步驟
2-3　如何運用 SDGs 與 ESG 選定主題

3　SDGs17 目標與 169 項細則

1 掌握 SDGs 與 ESG 的核心概念

1-1 何謂 SDGs 與 ESG

　　SDGs（Sustainable Development Goals，永續發展目標）為聯合國提出的全球行動架構，旨在因應人類面臨的重大生存挑戰，涵蓋 17 項主要目標與 169 項細項，涉及經濟、社會與環境三大面向。名稱中的小寫「s」表示這是一套彼此關聯、互為因果的系統性目標。

　　聯合國將「永續發展」定義為：「滿足當代需求而不損及後代世代滿足其需求的發展模式」。SDGs 凝聚全球學者多年研究成果，成為解析現實世界的認知框架，每項細則皆為當前人類面對的重要議題，亦即可作為研究與專題創作的絕佳主題來源。

　　ESG 企業永續經營（Environmental, Social, Governance，環境、社會、治理）則是企業實踐 SDGs 的行動指標，由企業界與國際組織共同推動。SDGs 與 ESG 之間呈現「目標（ends）」與「手段（means）」的關係。企業若欲落實 ESG，需先掌握 SDGs 的核心價值與內容架構。

　　永續發展受到全球高度關注，源於各國將永續發展相關的國際規範內國法化，已對全球經貿秩序產生深遠影響，迫使各國政府與企業積極進行永續轉型。近年來，全球正面臨防疫、戰爭、極端氣候與地緣政治的衝擊，強化人類對生存與永續發展的迫切意識。

1-2　SDGs 與 ESG 的關聯性

　　ESG 是一套企業實踐 SDGs 的操作指標，在選擇題目時兩者可互為參照。然而需注意，ESG 主要應用於企業永續經營，其背後有法規與國際認證標準支撐；若研究主題與企業無直接關聯，則不宜以 ESG 作為題目主軸。

　　由於 SDGs 與 ESG 所涵蓋範疇極為廣泛、系統複雜，目前尚無通用的評量標準。因此，實踐永續發展仰賴創意思維與在地行動的靈活應變。

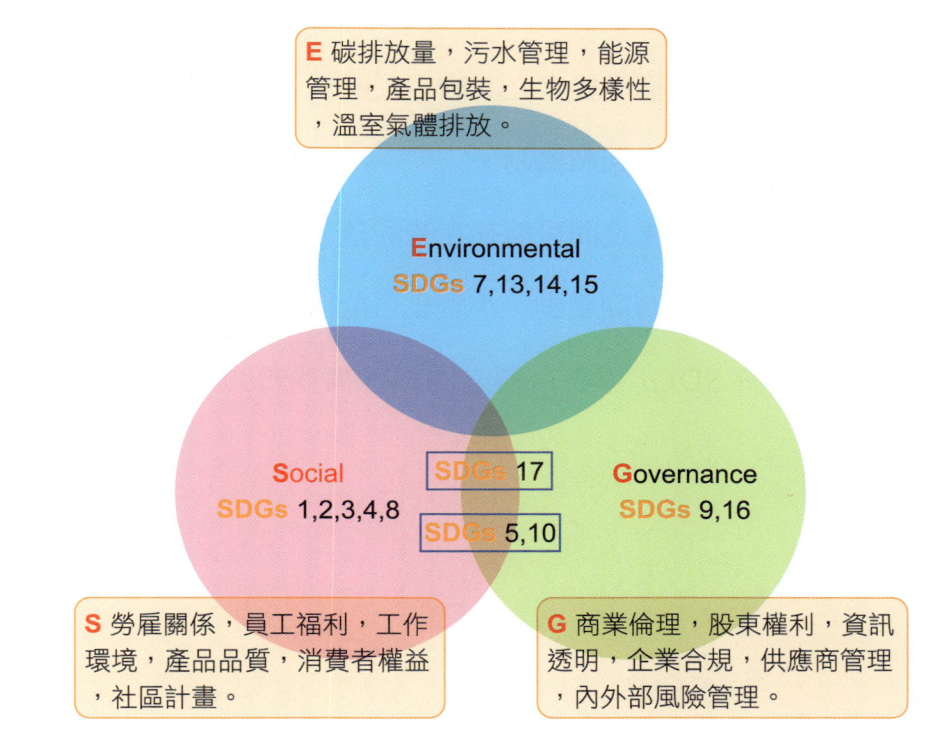

E 碳排放量，污水管理，能源管理，產品包裝，生物多樣性，溫室氣體排放。

Environmental
SDGs 7,13,14,15

Social
SDGs 1,2,3,4,8

SDGs 17

Governance
SDGs 9,16

SDGs 5,10

S 勞雇關係，員工福利，工作環境，產品品質，消費者權益，社區計畫。

G 商業倫理，股東權利，資訊透明，企業合規，供應商管理，內外部風險管理。

🔺 ESG 指標與 SDGs 目標對應關係圖（由艾葆國際學校提供），E（環境）涵蓋碳排、污水、生物多樣性等議題，S（社會）涵蓋勞雇、產品品質、社區關係等面向，G（治理）聚焦公司治理、透明度與風險管理。

2 永續主題的選定與系統性思考方法

2-1 系統性思考是什麼？

SDGs 本質上即為一套跨領域、動態演變且相互影響的複雜問題集合，而系統性思考（systems thinking）正是理解與因應此類問題的重要方法。

系統性思考強調整體觀點與長期視角，重視關係、循環與結構，並非僅針對單一現象做線性分析，其核心特點包括：

1. **整體性**：著重於系統內各構成要素之間的相互關係。

2. **循環因果**：強調正回饋與負回饋機制。

3. **延遲效應**：認知行動與結果之間可能存在時間落差。

4. **動態與非線性**：系統會隨時間變動，小變化可能引發大影響。

此思維模式有助於理解 SDGs 中各目標之間錯綜複雜的關聯，並識別根本原因與策略介入點。

2-2 實踐 SDGs 的系統性思考步驟

Step 1 繪製因果循環圖（Causal Loop Diagram）

視覺化不同 SDG 細項之間的因果關係，辨識正負回饋機制。

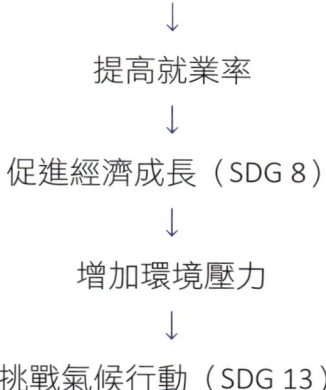

例如： 提升教育品質（SDG 4）
　　　　　↓
　　　　提高就業率
　　　　　↓
　　　促進經濟成長（SDG 8）
　　　　　↓
　　　　增加環境壓力
　　　　　↓
　　　挑戰氣候行動（SDG 13）

Step 2 找出槓桿點（Leverage Points）

尋找系統中能產生最大改變的小處。

例如：婦女教育（SDG 5）可同時帶動健康、經濟、貧窮等多個目標的改善。

Step 3 預防負面連鎖效應

分析某一政策是否引發對其他目標的負面影響。

例如：推動某類綠能若忽略資源耗損，可能反傷土地資源（SDG 15）。

2-3　如何應用 SDGs 與 ESG 選定專題製作主題

　　SDGs 整合環境保護、社會包容與經濟發展三大層面，其目標彼此交織且可能相互牴觸。在多元價值中取得對話與折衷，是推動 SDGs 的核心精神。

　　SDGs 涵蓋人類生活的各種層面，如果已經有想定或感興趣的主題，基本上都可以在 SDGs 架構中找到相對應的目標加以發揮，並進一步探索這個題目與 ESG 的關聯性。如果還沒有想定的主題，可以參考以下的選題策略：

了解 SDGs 與 ESG 的核心內容

　　SDGs（Sustainable Development Goals）共 17 項目標，內容可參考本文附錄的 17 項目標與 169 項細則的內容，並從上圖中找到與 ESG 的關聯性。

尋找題目的基本策略

　　關注你所在社區或生活圈的問題，問題是否涉及環境保護、社會不公或治理缺陷？該問題可否對應 SDGs 中的某一項目標？思考你的興趣與專業領域，你喜歡科技？可研究如何用 AI 解決 ESG 問題。你對教育有興趣？可研究如何設計促進 SDGs 意識的課程。

具體的發想方法

1. 問題導向法（problem-based）：找出一個實際存在的社會或環境問題。
   例題：本地河川污染問題的改善是否可納入 ESG 評估？
   SDG 對應：SDG6（潔淨水與衛生）
   ESG 對應：E（環境）

2. 案例研究法（case study）：研究特定企業或組織的永續報告，分析其對 SDGs 的實踐成效，是否可以擴大應用。參考已經發表過的各種相關的研究題目或是專題，從改善或優化的角度去發想主題。

3. 創新解方法（solution-based）：發想一個創新點子，用以解決 SDGs 或 ESG 相關議題。
   例題：開發一套校園用水監測系統，減少浪費並強化學生對 SDG6 的意識。

題目設計的起點模板（可依需求修改）

主題類型	題目發想句型
比較研究	比較 A 與 B 在 ESG／SDGs 實踐上的異同，並提出優化建議。
解決問題	如何設計一項創新措施，促進 SDG X 的達成？
地方關懷	某地面臨 X 問題，是否可透過某項機制達成 SDG Y 的目標？
教育推廣	設計一套教案／課程，提升學生對某項 SDG 或 ESG 的認知與實踐力。

3 SDGs17 目標與 169 項細則

1 終結貧窮	目標 1：在全世界消除一切形式的貧困
1.1	在西元 2030 年前，消除所有地方的極端貧窮，目前的定義為每日的生活費不到 1.25 美元。
1.2	在西元 2030 年前，依據國家的人口統計數字，將各個年齡層的貧窮男女與兒童人數減少一半。
1.3	對所有的人，包括底層的人，實施適合國家的社會保護制度措施，到了西元 2030 年，範圍涵蓋貧窮與弱勢族群。
1.4	在西元 2030 年前，確保所有的男男女女，尤其是貧窮與弱勢族群，在經濟資源、基本服務、以及土地與其他形式的財產、繼承、天然資源、新科技與財務服務（包括微型貸款）都有公平的權利與取得權。
1.5	在西元 2030 年前，讓貧窮與弱勢族群具有災後復原能力，減少他們暴露於氣候極端事件與其他社經與環境災害的頻率與受傷害的嚴重度。
1.a	確保各個地方的資源能夠大幅動員，包括改善發展合作，為開發中國家提供妥善且可預測的方法，尤其是最低度開發國家（以下簡稱 LDCs），以實施計畫與政策，全面消除它們國內的貧窮。
1.b	依據考量到貧窮與兩性的發展策略，建立國家的、區域的與國際層級的妥善政策架構，加速消除貧窮行動。

2 消除飢餓	**目標 2：消除飢餓，實現糧食安全，改善營養狀況和促進永續農業。**
2.1	在西元 2030 年前，消除飢餓，確保所有的人，尤其是貧窮與弱勢族群（包括嬰兒），都能夠終年取得安全、營養且足夠的糧食。
2.2	在西元 2030 年前，消除所有形式的營養不良，包括在西元 2025 年前，達成國際合意的五歲以下兒童，並且解決青少女、孕婦、哺乳婦女以及老年人的營養需求。
2.3	在西元 2030 年前，使農村的生產力與小規模糧食生產者的收入增加一倍，尤其是婦女、原住民、家族式農夫、牧民與漁夫，包括讓他們有安全及公平的土地、生產資源、知識、財務服務、市場、增值機會以及非農業就業機會的管道。
2.4	在西元 2030 年前，確保可永續發展的糧食生產系統，並實施可災後復原的農村作法，提高產能及生產力，協助維護生態系統，強化適應氣候變遷、極端氣候、乾旱、洪水與其他災害的能力，並漸進改善土地與土壤的品質。
2.5	在西元 2020 年前，維持種子、栽種植物、家畜以及與他們有關的野生品種之基因多樣性，包括善用國家、國際與區域妥善管理及多樣化的種籽與植物銀行，並確保運用基因資源與有關傳統知識所產生的好處得以依照國際協議而公平的分享。
2.a	提高在鄉村基礎建設、農村研究、擴大服務、科技發展、植物與家畜基因銀行上的投資，包括透過更好的國際合作，以改善開發中國家的農業產能，尤其是最落後國家。
2.b	矯正及預防全球農業市場的交易限制與扭曲，包括依據杜哈發展圓桌，同時消除各種形式的農業出口補助及產生同樣影響的出口措施。
2.c	採取措施，以確保食品與他們的衍生產品的商業市場發揮正常的功能，並如期取得市場資訊，包括儲糧，以減少極端的糧食價格波動。

建構理解 SDGs 與 ESG 的系統性思考篇

3 健康與福祉	**目標 3：確保健康的生活方式，促進各年齡人群的福祉。**

3.1	在西元 2030 年前，減少全球的死產率，讓每 100,000 個活產的死胎數少於 70 個。
3.2	在西元 2030 年前，消除可預防的新生兒以及五歲以下兒童的死亡率。
3.3	在西元 2030 年前，消除愛滋病、肺結核、瘧疾以及受到忽略的熱帶性疾病，並對抗肝炎，水傳染性疾病以及其他傳染疾病。
3.4	在西元 2030 年前，透過預防與治療，將非傳染性疾病的未成年死亡數減少三分之一，並促進心理健康。
3.5	強化物質濫用的預防與治療，包括麻醉藥品濫用以及酗酒。
3.6	在西元 2020 年前，讓全球因為交通事故而傷亡的人數減少一半。
3.7	在西元 2030 年前，確保全球都有管道可取得性與生殖醫療保健服務，包括家庭規劃、資訊與教育，並將生殖醫療保健納入國家策略與計畫之中。
3.8	實現醫療保健涵蓋全球（以下簡稱 UHC）的目標，包括財務風險保護，取得高品質基本醫療保健服務的管道，以及所有的人都可取得安全、有效、高品質、負擔得起的基本藥物與疫苗。
3.9	在西元 2030 年以前，大幅減少死於危險化學物質、空氣污染、水污染、土壤污染以及其他污染的死亡及疾病人數。
3.a	強化煙草管制架構公約在所有國家的實施與落實。
3.b	對主要影響開發中國家的傳染以及非傳染性疾病，支援疫苗以及醫藥的研發，依據杜哈宣言提供負擔的起的基本藥物與疫苗；杜哈宣言確認開發中國家有權利使用國際專利規範 - 與貿易有關之智慧財產權協定（以下簡稱 12 TRIPS）中的所有供應品，以保護民眾健康，尤其是必須提供醫藥管道給所有的人。

3.c	大幅增加開發中國家的醫療保健的融資與借款，以及醫療保健從業人員的招募、培訓以及留任，尤其是 LDCs 與 SIDS。（小島發展中國家）
3.d	強化所有國家的早期預警、風險減少，以及國家與全球健康風險的管理能力，特別是開發中國家。

目標 4：確保包容和公平的優質教育，讓全民終身享有學習機會。

4.1	在西元 2030 年以前，確保所有的男女學子都完成免費的、公平的以及高品質的小學與中學教育，得到有關且有效的學習成果。
4.2	在西元 2030 年以前，確保所有的孩童都能接受高品質的早期幼兒教育、照護，以及小學前教育，因而為小學的入學作好準備。
4.3	在西元 2030 年以前，確保所有的男女都有公平、負擔得起、高品質的技職、職業與高等教育的受教機會，包括大學。
4.4	在西元 2030 年以前，將擁有相關就業、覓得好工作與企業管理職能的年輕人與成人的人數增加 x%，包括技術與職業技能。
4.5	在西元 2030 年以前，消除教育上的兩性不平等，確保弱勢族群有接受各階級教育的管道與職業訓練，包括身心障礙者、原住民以及弱勢孩童。
4.6	在西元 2030 年以前，確保所有的年輕人以及至少 x% 的成人，不管男女，都具備讀寫以及算術能力。
4.7	在西元 2030 年以前，確保所有的學子都習得必要的知識與技能而可以促進永續發展，包括永續發展教育、永續生活模式、人權、性別平等、和平及非暴力提倡、全球公民、文化差異欣賞，以及文化對永續發展的貢獻。
4.a	建立及提升適合孩童、身心障礙者以及兩性的教育設施，並為所有的人提供安全的、非暴力的、有教無類的、以及有效的學習環境。

4.b	在西元 2020 年以前，將全球開發中國家的獎學金數目增加 x%，尤其是 LDCs、SIDS 與非洲國家，以提高高等教育的受教率，包括已開發國家與其他開發中國家的職業訓練、資訊與通信科技（以下簡稱 ICT），技術的、工程的，以及科學課程。
4.c	在西元 2030 年以前，將合格師資人數增加 x%，包括在開發中國家進行國際師資培訓合作，尤其是 LDCs 與 SIDS。

目標 5：實現性別平等，增強所有婦女和女童的權能。

5.1	消除所有地方對婦女的各種形式的歧視。
5.2	消除公開及私人場合中對婦女的各種形式的暴力，包括人口走私、性侵犯，以及其他各種形式的剝削。
5.3	消除各種有害的做法，例如童婚、未成年結婚、強迫結婚，以及女性生殖器切割。
5.4	透過提供公共服務、基礎建設與社會保護政策承認及重視婦女無給職的家庭照護與家事操勞，依據國情，提倡家事由家人共同分擔。
5.5	確保婦女全面參與政經與公共決策，確保婦女有公平的機會參與各個階層的決策領導。
5.6	依據國際人口與發展會議（以下簡稱 ICPD）行動計畫、北京行動平台，以及它們的檢討成果書，確保每個地方的人都有管道取得性與生殖醫療照護服務。
5.a	進行改革，以提供婦女公平的經濟資源權利，以及土地與其他形式的財產、財務服務、繼承與天然資源的所有權與掌控權。
5.b	改善科技的使用能力，特別是 ICT，以提高婦女的能力。
5.c	採用及強化完善的政策以及可實行的立法，以促進兩性平等，並提高各個階層婦女的能力。

目標 6：為所有人提供水資源衛生及進行永續管理。

6.1	在西元 2030 年以前，讓全球的每一個人都有公平的管道，可以取得安全且負擔的起的飲用水。
6.2	在西元 2030 年以前，讓每一個人都享有公平及妥善的衛生，終結露天大小便，特別注意弱勢族群中婦女的需求。
6.3	在西元 2030 年以前，改善水質，減少污染，消除垃圾傾倒，減少有毒物化學物質與危險材料的釋出，將未經處理的廢水比例減少一半，將全球的回收與安全再使用率提高 x%。
6.4	在西元 2030 年以前，大幅增加各個產業的水使用效率，確保永續的淡水供應與回收，以解決水饑荒問題，並大幅減少因為水計畫而受苦的人數。
6.5	在西元 2030 年以前，全面實施一體化的水資源管理，包括跨界合作。
6.6	在西元 2020 年以前，保護及恢復跟水有關的生態系統，包括山脈、森林、沼澤、河流、含水層，以及湖泊。
6.a	在西元 2030 年以前，針對開發中國家的水與衛生有關活動與計畫，擴大國際合作與能力培養支援，包括採水、去鹽、水效率、廢水處理、回收，以及再使用科技。
6.b	支援及強化地方社區的參與，以改善水與衛生的管理。

目標 7：確保人人負擔得起、可靠和永續的現代能源。

7.1	在西元 2030 年前，確保所有的人都可取得負擔的起、可靠的，以及現代的能源服務。
7.2	在西元 2030 年以前，大幅提高全球再生能源的共享。
7.3	在西元 2030 年以前，將全球能源效率的改善度提高一倍。

7.a	在西元 2030 年以前，改善國際合作，以提高乾淨能源與科技的取得管道，包括再生能源、能源效率、更先進及更乾淨的石化燃料科技，並促進能源基礎建設與乾淨能源科技的投資。
7.b	在西元 2030 年以前，擴大基礎建設並改善科技，以為所有開發中國家提供現代及永續的能源服務，尤其是 LDCs 與 SIDS。

目標 8：促進持久、包容和永續經濟增長，促進充分的生產性就業和人人獲得適當工作。

8.1	依據國情維持經濟成長，尤其是開發度最低的國家，每年的國內生產毛額（以下簡稱 GDP）成長率至少 7%。
8.2	透過多元化、科技升級與創新提高經濟體的產能，包括將焦點集中在高附加價值與勞動力密集的產業。
8.3	促進以開發為導向的政策，支援生產活動、就業創造、企業管理、創意與創新，並鼓勵微型與中小企業的正式化與成長，包括取得財務服務的管道。
8.4	在西元 2030 年以前，漸進改善全球的能源使用與生產效率，在已開發國家的帶領下，依據十年的永續使用與生產計畫架構，努力減少經濟成長與環境惡化之間的關聯。
8.5	在西元 2030 年以前，實現全面有生產力的就業，讓所有的男女都有一份好工作，包括年輕人與身心障礙者，並實現同工同酬的待遇。
8.6	在西元 2020 年以前，大幅減少失業、失學或未接受訓練的年輕人。
8.7	採取立即且有效的措施，以禁止與消除最糟形式的童工，消除受壓迫的勞工；在西元 2025 年以前，終結各種形式的童工，包括童兵的招募使用。
8.8	保護勞工的權益，促進工作環境的安全，包括遷徙性勞工，尤其是婦女以及實行危險工作的勞工。

8.9	在西元 2030 年以前,制定及實施政策,以促進永續發展的觀光業,創造就業,促進地方文化與產品。
8.10	強化本國金融機構的能力,為所有的人提供更寬廣的銀行、保險與金融服務。
8.a	提高給開發中國家的貿易協助資源,尤其是 LDCs,包括為 LDCs 提供更好的整合架構。
8.b	在西元 2020 年以前,制定及實施年輕人就業全球策略,並落實全球勞工組織的全球就業協定。

目標 9:建設具防災能力的基礎設施,促進具包容性的永續工業化及推動創新。

9.1	發展高品質的、可靠的、永續的,以及具有災後復原能力的基礎設施,包括區域以及跨界基礎設施,以支援經濟發展和人類福祉,並將焦點放在為所有的人提供負擔的起又公平的管道。
9.2	促進包容以及永續的工業化,在西元 2030 年以前,依照各國的情況大幅提高工業的就業率與 GDP,尤其是 LDCs 應增加一倍。
9.3	提高小規模工商業取得金融服務的管道,尤其是開發中國家,包括負擔的起的貸款,並將他們併入價值鏈與市場之中。
9.4	在西元 2030 年以前,升級基礎設施,改造工商業,使他們可永續發展,提高能源使用效率,大幅採用乾淨又環保的科技與工業製程,所有的國家都應依據他們各自的能力行動。
9.5	改善科學研究,提高五所有國家的工商業的科技能力,尤其是開發中國家,包括在西元 2030 年以前,鼓勵創新,並提高研發人員數,每百萬人增加 x%,並提高公民營的研發支出。
9.a	透過改善給非洲國家、LDCs、內陸開發中國家(以下簡稱 LLDCs)與 SIDS 的財務、科技與技術支援,加速開發中國家發展具有災後復原能力且永續的基礎設施。

9.b	支援開發中國家的本國科技研發與創新,包括打造有助工商多元發展以及商品附加價值提升的政策環境。
9.c	大幅提高 ICT 的管道,在西元 2020 年以前,在開發度最低的發展中國家致力提供人人都可取得且負擔的起的網際網路管道。

目標 10:減少國家內部和國家之間的不平等。

10.1	在西元 2030 年以前,以高於國家平均值的速率漸進地致使底層百分之 40 的人口實現所得成長。
10.2	在西元 2030 年以前,促進社經政治的融合,無論年齡、性別、身心障礙、種族、人種、祖國、宗教、經濟或其他身份地位。
10.3	確保機會平等,減少不平等,作法包括消除歧視的法律、政策及實務作法,並促進適當的立法、政策與行動。
10.4	採用適當的政策,尤其是財政、薪資與社會保護政策,並漸進實現進一步的平等。
10.5	改善全球金融市場與金融機構的法規與監管,並強化這類法規的實施。
10.6	提高發展中國家在全球經濟與金融機構中的決策發言權,以實現更有效、更可靠、更負責以及更正當的機構。
10.7	促進有秩序的、安全的、規律的,以及負責的移民,作法包括實施規劃及管理良好的移民政策。
10.a	依據世界貿易組織的協定,對開發中國家實施特別且差異對待的原則,尤其是開發度最低的國家。
10.b	依據國家計畫與方案,鼓勵官方開發援助(以下簡稱 ODA)與資金流向最需要的國家,包括外資直接投資,尤其是 LDCs、非洲國家、SIDS、以及 LLDCs。
10.c	在西元 2030 年以前,將遷移者的匯款手續費減少到小於 3%,並消除手續費高於 5% 的匯款。

11 永續城鄉

目標 11：建設包容、安全、具防災能力與永續的城市和人類住區。

11.1	在西元 2030 年前，確保所有的人都可取得適當的、安全的，以及負擔的起的住宅與基本服務，並改善貧民窟。
11.2	在西元 2030 年以前，為所有的人提供安全的、負擔的起、可使用的，以及可永續發展的交通運輸系統，改善道路安全，尤其是擴大公共運輸，特別注意弱勢族群、婦女、兒童、身心障礙者以及老年人的需求。
11.3	在西元 2030 年以前，提高融合的、包容的以及可永續發展的都市化與容積，以讓所有的國家落實參與性、一體性以及可永續發展的人類定居規劃與管理。
11.4	在全球的文化與自然遺產的保護上，進一步努力。
11.5	在西元 2030 年以前，大幅減少災害的死亡數以及受影響的人數，並將災害所造成的 GDP 經濟損失減少 y%，包括跟水有關的傷害，並將焦點放在保護弱勢族群與貧窮者。
11.6	在西元 2030 年以前，減少都市對環境的有害影響，其中包括特別注意空氣品質、都市管理與廢棄物管理。
11.7	在西元 2030 年以前，為所有的人提供安全的、包容的、可使用的綠色公共空間，尤其是婦女、孩童、老年人以及身心障礙者。
11.a	強化國家與區域的發展規劃，促進都市、郊區與城鄉之間的社經與環境的正面連結。
11.b	在西元 2020 年以前，致使在包容、融合、資源效率、移民、氣候變遷適應、災後復原能力上落實一體政策與計畫的都市與地點數目增加 x%，依照日本兵庫縣架構管理所有階層的災害風險。（WCDR 2005 世界減災會議 - 兵庫宣言與行動綱領）
11.c	支援開發度最低的國家，以妥善使用當地的建材，營建具有災後復原能力且可永續的建築，作法包括財務與技術上的協助。

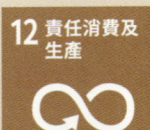

目標 12：確保永續的消費和生產模式。

12.1	實施永續消費與生產十年計畫架構（以下簡稱 10YEP），所有的國家動起來，由已開發國家擔任帶頭角色，考量開發中國家的發展與能力。
12.2	在西元 2030 年以前，實現自然資源的永續管理以及有效率的使用。
12.3	在西元 2030 年以前，將零售與消費者階層上的全球糧食浪費減少一半，並減少生產與供應鏈上的糧食損失，包括採收後的損失。
12.4	在西元 2020 年以前，依據議定的國際架構，在化學藥品與廢棄物的生命週期中，以符合環保的方式妥善管理化學藥品與廢棄物，大幅減少他們釋放到空氣、水與土壤中，以減少他們對人類健康與環境的不利影響。
12.5	在西元 2030 年以前，透過預防、減量、回收與再使用大幅減少廢棄物的產生。
12.6	鼓勵企業採取可永續發展的工商作法，尤其是大規模與跨國公司，並將永續性資訊納入他們的報告週期中。
12.7	依據國家政策與優先要務，促進可永續發展的公共採購流程。
12.8	在西元 2030 年以前，確保每個地方的人都有永續發展的有關資訊與意識，以及跟大自然和諧共處的生活方式。
12.a	協助開發中國家強健它們的科學與科技能力，朝向更能永續發展的耗用與生產模式。
12.b	制定及實施政策，以監測永續發展對創造就業，促進地方文化與產品的永續觀光的影響。
12.c	依據國情消除市場扭曲，改革鼓勵浪費的無效率石化燃料補助，作法包括改變課稅架構，逐步廢除這些有害的補助，以反映他們對環境的影響，全盤思考開發中國家的需求與狀況，以可以保護貧窮與受影響社區的方式減少它們對發展的可能影響。

目標 13：採取緊急行動應對氣候變遷及其衝擊。

13.1	強化所有國家對天災與氣候有關風險的災後復原能力與調適適應能力。
13.2	將氣候變遷措施納入國家政策、策略與規劃之中。
13.3	在氣候變遷的減險、適應、影響減少與早期預警上，改善教育，提升意識，增進人與機構的能力。
13.a	在西元 2020 年以前，落實 UNFCCC 已開發國家簽約國的承諾，目標是每年從各個來源募得美元 1 千億，以有意義的減災與透明方式解決開發中國家的需求，並盡快讓綠色氣候基金透過資本化而全盤進入運作。
13.b	提昇開發度最低國家中的有關機制，以提高能力而進行有效的氣候變遷規劃與管理，包括將焦點放在婦女、年輕人、地方社區與邊緣化社區。

目標 14：保護和永續利用海洋和海洋資源，促進永續發展。

14.1	在西元 2025 年以前，預防及大幅減少各式各樣的海洋污染，尤其是來自陸上活動的污染，包括海洋廢棄物以及營養污染。
14.2	在西元 2020 年以前，以可永續的方式管理及保護海洋與海岸生態，避免重大的不利影響，作法包括強健他們的災後復原能力，並採取復原動作，以實現健康又具有生產力的海洋。
14.3	減少並解決海洋酸化的影響，作法包括改善所有階層的科學合作。
14.4	在西元 2020 年以前，有效監管採收，消除過度漁撈，以及非法的、未報告的、未受監管的（以下簡稱 IUU）、或毀滅性魚撈作法，並實施科學管理計畫，在最短的時間內，將魚量恢復到依據它們的生物特性可產生最大永續發展的魚量。

建構理解 SDGs 與 ESG 的系統性思考篇

14.5	在西元 2020 年以前，依照國家與國際法規，以及可取得的最佳科學資訊，保護至少 10% 的海岸與海洋區。
14.6	在西元 2020 年以前，禁止會造成過度魚撈的補助，消除會助長 IUU 魚撈的補助，禁止引入這類補助，承認對開發中國家與開發度最低國家採取適當且有效的特別與差別待遇應是世界貿易組織漁撈補助協定的一部分。
14.7	在西元 2030 年以前，提高海洋資源永續使用對 SIDS 與 LDCs 的經濟好處，作法包括永續管理漁撈業、水產養殖業與觀光業。
14.a	提高科學知識，發展研究能力，轉移海洋科技，思考跨政府海洋委員會的海洋科技轉移準則，以改善海洋的健康，促進海洋生物多樣性對開發中國家的發展貢獻，特別是 SIDS 與 LDCs。
14.b	提供小規模人工魚撈業者取得海洋資源與進入市場的管道。
14.c	確保聯合國海洋法公約（以下簡稱 UNCCLOS）簽約國全面落實國際法，包括現有的區域與國際制度，以保護及永續使用海洋及海洋資源。

目標 15：保育和永續利用陸域生態系統，永續管理森林，防治沙漠化，防止土地劣化，遏止生物多樣性的喪失。

15.1	在西元 2020 年以前，依照在國際協定下的義務，保護、恢復及永續使用領地與內陸淡水生態系統與他們的服務，尤其是森林、沼澤、山脈與旱地。
15.2	在西元 2020 年以前，進一步落實各式森林的永續管理，終止毀林，恢復遭到破壞的森林，並讓全球的造林增加 x%。
15.3	在西元 2020 年以前，對抗沙漠化，恢復惡化的土地與土壤，包括受到沙漠化、乾旱及洪水影響的地區，致力實現沒有土地破壞的世界。
15.4	在西元 2030 年以前，落實山脈生態系統的保護，包括他們的生物多樣性，以改善他們提供有關永續發展的有益能力。

15.5	採取緊急且重要的行動減少自然棲息地的破壞,終止生物多樣性的喪失,在西元 2020 年以前,保護及預防瀕危物種的絕種。
15.6	確保基因資源使用所產生的好處得到公平公正的分享,促進基因資源使用的適當管道。
15.7	採取緊急動作終止受保護動植物遭到盜採、盜獵與非法走私,並解決非法野生生物產品的供需。
15.8	在西元 2020 年以前,採取措施以避免侵入型外來物種入侵陸地與水生態系統,且應大幅減少他們的影響,並控管或消除優種。
15.9	在西元 2020 年以前,將生態系統與生物多樣性價值納入國家與地方規劃、發展流程與脫貧策略中。
15.a	動員並大幅增加來自各個地方的財物資源,以保護及永續使用生物多樣性與生態系統。
15.b	大幅動員來自各個地方的各階層的資源,以用於永續森林管理,並提供適當的獎勵給開發中國家改善永續森林管理,包括保護及造林。
15.c	改善全球資源,以對抗保護物種的盜採、盜獵與走私,作法包括提高地方社區的能力,以追求永續發展的謀生機會。

目標 16:創建和平與包容的社會以促進永續發展,提供公正司法之可及性,建立各級有效、負責與包容的機構。

16.1	大幅減少各地各種形式的暴力以及有關的死亡率。
16.2	終結各種形式的兒童虐待、剝削、走私、暴力以及施虐。
16.3	促進國家與國際的法則,確保每個人都有公平的司法管道。
16.4	在西元 2030 年以前,大幅減少非法的金錢與軍火流,提高失物的追回,並對抗各種形式的組織犯罪。
16.5	大幅減少各種形式的貪污賄賂。

16.6	在所有的階層發展有效的、負責的且透明的制度。
16.7	確保各個階層的決策回應民意,是包容的、參與的且具有代表性。
16.8	擴大及強化開發中國家參與全球管理制度。
16.9	在西元 2030 年以前,為所有的人提供合法的身分,包括出生登記。
16.10	依據國家立法與國際協定,確保民眾可取得資訊,並保護基本自由。
16.a	強化有關國家制度,作法包括透過國際合作,以建立在各個階層的能力,尤其是開發中國家,以預防暴力並對抗恐怖主義與犯罪。
16.b	促進及落實沒有歧視的法律與政策,以實現永續發展。

目標 17:加強執行手段,重振永續發展的全球夥伴關係。

財政	
17.1	強化本國的資源動員,作法包括提供國際支援給開發中國家,以改善他們的稅收與其他收益取得的能力。
17.2	已開發國家全面落實他們的 ODA 承諾,包括在 ODA 中提供國民所得毛額(以下簡稱 GNI)的 0.7% 給開發中國家,其中 0.15-0.20% 應提供該給 LDCs。
17.3	從多個來源動員其他財務支援給開發中國家。
17.4	透過協調政策協助開發中國家取得長期負債清償能力,目標放在提高負債融資、負債的解除,以及負責的重整,並解決高負債貧窮國家(以下簡稱 HIPC)的外部負債,以減少負債壓力。
17.5	為 LDCs 採用及實施投資促進方案。

技術	
17.6	在科學、科技與創新上,提高北半球與南半球、南半球與南半球,以及三角形區域性與國際合作,並使用公認的詞語提高知識交流,作法包括改善現有機制之間的協調,尤其是聯合國水平,以及透過合意的全球科技促進機制。
17.7	使用有利的條款與條件,包括特許權與優惠條款,針對開發中國家促進環保科技的發展、轉移、流通及擴散。
17.8	在西元 2017 年以前,為 LDCs 全面啟動科技銀行以及科學、科技與創新(以下簡稱 STI)能力培養機制,並提高科技的使用度,尤其是 ICT。
能力建置	
17.9	提高國際支援,以在開發中國家實施有效且鎖定目標的能力培養,以支援國家計畫,落實所有的永續發展目標,作法包括北半球國家與南半球國家、南半球國家與南半球國家,以及三角合作。
貿易	
17.10	在世界貿易組織(以下簡稱 WTO)的架構內,促進全球的、遵循規則的、開放的、沒有歧視的,以及公平的多邊貿易系統,作法包括在杜哈發展議程內簽署協定。
17.11	大幅增加開發中國家的出口,尤其是在西元 2020 年以前,讓 LDCs 的全球出口占比增加一倍。
17.12	對所有 LDCs,依照 WTO 的決定,如期實施持續性免關稅、沒有配額的市場進入管道,包括適用 LDCs 進口的原產地優惠規則必須是透明且簡單的,有助市場進入。
制度議題;政策與制度連貫	
17.13	提高全球總體經濟的穩定性,作法包括政策協調與政策連貫。
17.14	提高政策的連貫性,以實現永續發展。
17.15	尊敬每個國家的政策空間與領導,以建立及落實消除貧窮與永續發展的政策。

多邊合作	
17.16	透過多邊合作輔助並提高全球在永續發展上的合作，動員及分享知識、專業、科技與財務支援，以協助所有國家實現永續發展目標，尤其是開發中國家。
17.17	依據合作經驗與資源策略，鼓勵及促進有效的公民營以及公民社會的合作。
資料、監督及責任	
17.18	在西元 2020 年以前，提高對開發中國家的能力培養協助，包括 LDCs 與 SIDS，以大幅提高收入、性別、年齡、種族、人種、移民身分、身心障礙、地理位置，以及其他有關特色的高品質且可靠的資料數據的如期取得性。
17.19	在西元 2030 年以前，依據現有的方案評量跟 GDP 有關的永續發展的進展，並協助開發中國家的統計能力培養。

資料來源：行政院國家永續發展委員會

書　　　名	電子電路創意專題實作 含SDGs永續發展目標與ESG
書　　　號	AT103
版　　　次	2009年1月初版 2025年8月四版
編 著 者	林明德‧葉忠福‧WonDerSun
責 任 編 輯	郭瀞文
校 對 次 數	8次
版 面 構 成	陳依婷
封 面 設 計	陳依婷

國家圖書館出版品預行編目資料

電子電路創意專題實作含SDGs永續發展目標與ESG / 林明德 葉忠福 WonDerSun
— 四版. — 新北市：台科大圖書, 2025. 8
　　面；　公分
ISBN 978-626-391-606-7（平裝）
1. CST：電子工程　　2. CST：電路
448.62　　　　　　　　　　　　114011089

出 版 者	台科大圖書股份有限公司
門 市 地 址	24257新北市新莊區中正路649-8號8樓
電　　　話	02-2908-0313
傳　　　真	02-2908-0112
網　　　址	tkdbook.jyic.net
電 子 郵 件	service@jyic.net

版權宣告　　**有著作權　侵害必究**

本書受著作權法保護。未經本公司事前書面授權，不得以任何方式（包括儲存於資料庫或任何存取系統內）作全部或局部之翻印、仿製或轉載。

書內圖片、資料的來源已盡查明之責，若有疏漏致著作權遭侵犯，我們在此致歉，並請有關人士致函本公司，我們將作出適當的修訂和安排。

郵 購 帳 號	19133960
戶　　　名	台科大圖書股份有限公司
	※郵撥訂購未滿1500元者，請付郵資，本島地區100元 / 外島地區200元
客 服 專 線	0800-000-599

網路購書：勁園科教旗艦店 蝦皮商城　博客來網路書店 台科大圖書專區　勁園商城

各服務中心	總　公　司	02-2908-5945	台中服務中心	04-2263-5882
	台北服務中心	02-2908-5945	高雄服務中心	07-555-7947

線上讀者回函
歡迎給予鼓勵及建議
tkdbook.jyic.net/AT103